스킨

피부색에 감춰진 비밀

Skin

A NATURAL HISTORY

피부색에 감춰진 비밀

니나 자블론스키 지음 | 진선미 옮김

YANG MOON

SKIN: A Natural History

by Nina G. Jablonski

Copyright ⓒ 2006 The Regents of the University of California
All rights reserved.

This Korean edition was published by Yangmoon Publishing Co., Ltd. in 2012 by arrangement
with University of California Press through KCC(Korea Copyright Center Inc.), Seoul.

contents

피부는 우리 몸과 주위 환경 사이에서 이루어지는 가장 중요한 상호작용들을 매개한다. 즉 우리 몸의 생리기능, 감각인지, 정보수집, 그리고 다른 사람들과의 관계 등에서 핵심 기능을 한다. 피부가 수행하는 기능은 그 중요성에 비해 제대로 평가받지 못하고 있지만, 신체에서 가장 두드러지고 다양한 기능을 수행하는 부위이다.

피부를 간단히 정의하면 외부 환경으로부터 신체 내부의 장기를 안전하게 보호해주는 덮개로, 유연하면서도 치밀한 조직이다. 물리적·화학적 공격과 미생물들의 침입으로부터 우리를 보호하고 태양에서 오는 유해한 광선들 대부분을 차단해준다. 그리고 체온 조절이라는 어려운 과제도 수행한다. 그러나 피부는 꽉 막힌 장벽이라기보다는 선택적으로 통과시키는 성벽에 비유할 수 있다. 끊임없이 정밀하게 감시하며 어떤 것은 통과시키고 어떤 것은 차단한다. 또 피부에는 수억 마리의 미생물들이 피부의 인설鱗屑과 분비물들을 먹으며 살고 있다.[1] 그러나 피부는 방어막이나 수문장, 그리고 미생물들을 먹여 살리는 사설 동물원 이상의 기능을 한다.

피부에 존재하는 구멍 및 신경말단들은 우리와 주위 환경을 연결시킨다. 피부는 우리가 서로를 만지고, 주위 환경 중 많은 부분을 감지할 수 있도록 하는 통로다. 피부를 통해 우리는 녹고 있는 얼음이 미끄러우면서도 차갑다는 것을 느끼고, 여름날 저녁에 부는 바람이 부드럽고 따뜻하다는 것을 느낀다. 벌레에 물린 자리는 가렵고, 넘어져서 무릎이 까지면 욱신거린다. 엄마의 손은 편안하고 아늑하며, 연인의 손길이 닿을 때는 떨리는 느낌이 든다.

약 600만 년에 달하는 인류 진화계통의 역사를 통해 피부는 기후와 생활양식에서 헤아릴 수 없이 많은 변화를 겪으며 우리와 함께 여행하고 진화해왔다.[2] 피부는 신체와 환경 사이의 경계막이 될 뿐만 아니라, 최근 들어서는 사회적 의미의 그림을 그리거나 상징을 새겨넣는 캔버스 역할도 했다. 피부를 보면 우리의 나이, 혈통과 건강상태, 문화적 특성 등을 짐작할 수 있으며, 우리가 스스로에 대해 세상에 알리고자 하는 많은 것들이 담겨 있다. 거의 모든 문명의 사람들이 어떤 방법으로든 자신들의 피부를 변화시키는데, 때로는 섬세한 표식을 새겨넣음으로써 매우 개인적인 정보를 다른 이들에게 전달한다.

우리 신체에서 피부만큼 다양하고도 중요한 기능을 담당하는 기관은 없다. 그러나 피부를 신체기관 가운데 하나라고 생각하는 사람은

피부색에 감춰진 비밀

거의 없다. 사실 '피부'라는 단어에서는 '간장'이나 '췌장' 등에서와 같은 '육질肉質'의 이미지를 떠올리기 힘들며, 내장기관을 떠올릴 때 따라오는 메스꺼운 느낌도 들지 않는다. 그러나 분명 피부는 신체에서 가장 크고 뚜렷하게 보이는 기관이다.[3] 넓이는 약 2제곱미터(약 0.6평), 평균 무게는 4킬로그램이나 된다. 피부는 심장이나 신장과 달리 끊임없이 재생되기 때문에 기능 부전 상태에 빠지지 않는다.

인간의 피부는 세 가지 면에서 독특하다. 첫째, 털이 없고 땀을 흘린다. 두피와 외음부, 겨드랑이, 그리고 남성의 턱을 제외하면 우리 몸에는 사실상 거의 털이 없다. 이는 인간을 다른 포유류들과 명백하게 구분하는 현상이기 때문에 많은 과학자들과 이론가들의 관심을 끌었으며, 그들은 이와 관련하여 각자 나름대로 수많은 설명을 만들어냈다. 인간에게 털이 없는 이유를 설명해주는 여러 이론들 중에서는, 뜨거운 환경에서 생활하거나 운동할 때 몸을 식히기 용이하게끔 하려고 신체의 털을 소실하게 되었다는 설명이 가장 설득력을 지닌다. 인간은 다른 포유류들보다 땀을 훨씬 더 많이 흘리며, 피부에 털이 없기 때문에 땀이 빨리 증발하고 더 효과적으로 몸을 식힐 수 있다.[4]

인간의 피부는 짙은 갈색이나 거의 검정색에서 창백한 상아색이나 거의 흰색에 이르기까지 자연적으로 매우 다양한 색을 가지는데, 이는 다른 포유류들과 구분되는 두번째 특성이라 할 수 있다. 적도 부근의 가장 짙은 색 피부에서부터 극지방 인근의 가장 밝은 색 피부에 이르기까지 마치 무지개처럼 펼쳐져 있다. 자연적인 경사, 즉 연속변이의 형태인데 이것은 자외선의 강도와 가장 큰 관련이 있다. 자외선은 지표의 위도에 따라 그 강도가 달라진다. 진화가 우리 몸을 주위 환경에 맞춰 정교하게 변화시키는 방법들 중 하나가 피부색이라 할 수 있다. 적응이라는 팔레트를 통해 인류와 환경이 일체화되었다. 피부색이 인종이라는 파괴적 개념에 연계됨으로써 인류의 분열에 기여한 것은 큰 불행이라 할 수 있다. 근거도 없이 피부색과 사회적 지위를 연결시켜서 수 세기 동안 민족과 국가를 찢어놓았다.

인간의 피부는 장식에도 사용되는데, 이는 다른 포유류들의 피부와 구분되는 세번째 특성이다. 우리의 피부는 단순히 생리적 상태나 나이만을 반영해주는 수동적 덮개가 아니다. 피부는 우리 자신이 어떤 사람인지 혹은 어떤 사람이 되길 원하는지 세계를 향해 말해주는 개인적 태피스트리이기도 하다. 그리고 자신의 의사와 상관없이 피부색으로 드러나는 모습과 달리, 피부에 인위적으로 만드는 장식은 정교하고도 의지가 담긴 광고다. 이때 피부는 사회적 플래카드가 되며, '광고판 겸용 포장재' 기능을 한다.[5] 다른 어떤 생명체도 자신의 피부 외관에 대해 그처럼 막대한 통제력을 행사하지 않는다. 인간은 주위 사람들에게 자기 자신에 관한 특별한 이야기를 알리기 위해 피부를 노출시키고, 덮고, 색칠하고, 문신을 새기고, 흉터를 만들거나 구멍을 뚫는다. 세계화의 큰 흐름 속에 사람들의 모양새가 점점 더 비슷해지고 있는 오늘날, 피부 장식은 사람들이 자신의 정체성과 개인의 특별함을 표현하는 마지막 보루라 할 수 있다.

피부는 인체의 다른 어떤 부분들보다 더 우리를 인간적이고 개성 넘치게 해주며, 우리가 '개성'이라는 용어에서 의미하는 바의 핵심을

피부색에 감춰진 비밀

형성해준다. '피부'라는 단어는 몸 전체나 한 존재 그 자체를 표현해 주기도 하며, 대화 중에 사용될 때는 지극히 개인적인 느낌 혹은 개인의 정체성이나 외모에 대한 강렬한 느낌을 전달해줄 수 있다.⁶ 일상적 대화를 할 때나 글을 쓸 때 '피부skin'라는 단어가 얼마나 자주 쓰이는지 생각해보라. 지독하게 추운 날씨를 표현할 때는 "살(피부)을 에는 듯한 추위다"라고 말하고, 성서에는 욥이 "뼈에 가죽만 남아 잇몸skin of teeth으로 겨우 연명하는 이 신세(욥기 19:20)"라는 표현이 있다. 우리는 피부로 개인의 감성을 표현할 때도 많다. 예를 들어 "그는 낯짝(얼굴 피부)이 두꺼워서 어지간해서는 부끄러워하지 않아" "그가 무슨 짓을 했는지는 금방 알 수 있어, 자신이 한 일을 얼굴(피부)에 그대로 써놓고 다니기 때문이야" "얼굴(피부)색도 변하지 않고 거짓말을 해"와 같은 표현들이 있다. 한편 관계에 관해서는 '살갗을 맞대고 지내는 사이'라든가 '닭살 커플'이라는 표현이 있다. 너무 여윈 사람에 대해서는 "피골(피부와 뼈)이 상접해 있다"고 표현한다. 미모만으로 사람을 평가해선 안 된다는 뜻인 "미모는 겨우 거죽(피부) 한 꺼풀에 불과하다"는 영국 속담도 있다. T. S. 엘리엇의 시 〈불멸의 속삭임Whispers of Immortality〉도 이와 같은 이미지로 시작한다: "웹스터는 죽음에 사로잡혀Webster was much possessed by death/ 피부 밑 두개골을 보았다And saw the skull beneath the skin."⁷ 이렇게 사용되는 이미지와 패턴은 현재성과 직접성을 지닌다. 왜냐하면 우리는 피부를 존재의 본질과 매우 밀접하게 연관시키기 때문이다. 즉 취약한 자아와 피부의 분명한 연관성 때문에 공감을 불러일으키는 것이다.

나는 오랫동안 학생들에게 인체 해부학을 가르치면서 학생들이 처음으로 실제 인체를 절개할 때 보이는 반응에 주목해왔다. 대부분의 학생들이 할당된 과제를 수행하기를 망설이고, 그 가운데 몇몇은 공포에 사로잡히기도 한다. 많은 학생들에게 있어 이와 같은 망설임은 죽은 사람을 만진다는 두려움에서 기인하며, 덧붙인다면 그들 가운데 대다수가 이전까지는 한 번도 그런 경험을 해본 적이 없다는 데서 기인한다. 그러나 사실 그들의 신중한 태도는 자신들이 넘을 것이라고는 생각하지 못했던 경계선을 침입할 때의 두려움으로부터 비롯된다. 해부용 사체의 피부에서 특히 얼굴 부위가 온전하게 보존되어 있으면 울고 웃으며 살아가는 그들과 같은 사람, 즉 불과 몇 달 혹은 몇 년 전까지만 해도 기쁨과 슬픔을 느끼며 살았을 진짜 사람이 연상된다. 그러나 차근차근 피부를 제거해감에 따라 그들의 망설임은 서서히 사라져간다. 몸에서 피부가 완전히 제거된 것은 아니지만, 부분적으로 피부가 벗겨진 사체는 학생들에게 움직이는 사람을 연상시키지 못한다. 인격과 개성을 드러내는 얇은 막이 제거되자 생물학적 인간 종이 가진 근육, 신경, 그리고 힘줄들이 드러난다.

오늘날 '에코르셰écorché'는 신체의 피부를 벗겨냈을 때의 해부학적 형태를 표현하는 예술이다(컬러 사진 1). 이렇게 표현된 작품은 피부가 없어도 실제 인간임을 보여주지만 개인의 정체성이나 개성은 찾아볼 수 없다. 해부용 사체에는 타고난 피부색이나 장식, 그리고 감정표현의 흔적 등이 없기 때문에, 생물학적 인간이긴 해도 한 개인으로서 사람은 아니다. 여기서 우리는 피부가 가지는 장벽으로서 의미에 대

피부색에 감춰진 비밀

해, 그리고 한 개인으로서 우리 자신을 어떻게 정의할 수 있을지에 대해 깊이 생각해보게 된다. 피부가 벗겨진 해부용 사체는 보는 사람에게 이렇게 묻는다. '피부가 없는 내가 누군지 알아보겠나?' 그러나 피부가 없으면 보편적 인간 형태가 드러나고 피부 아래에서 우리가 함께 나눠온 공동의 역사를 더 많이 알 수 있다. 학생들은 사체의 피부 대부분을 벗겨낸 다음에야 망설임 없이 해부학에 열정을 갖기 시작해 비로소 복잡하고 신비한 인체 내부를 탐색해간다. 그들은 더 이상 자신들이 한 개인의 고유한 공간을 파괴하고 있다고 느끼지 않게 된 것이다.

피부는 인체 생물학적으로 매우 중요하며, 사람들 사이의 관계에서도 언제나 중요한 역할을 해왔다. 그럼에도 풍부하고 흥미진진한 피부의 역사는 거의 주목받지 못했다. 이 책에서는 바로 피부의 역사를 깊이 있게 탐구한다. 하지만 이 책은 체계적인 논문이나 지침서가 아니다. 그보다는 오랜 기간에 걸친 연구 생활에서 나를 가장 매혹시킨 '피부'에 관한 개인적 연구 성과와 견해가 담긴 독특한 안내서라 할 수 있다. 인류학자로서 나는 비교생물학 연구 방법론도 익혔기 때문에 복잡한 인간 피부를 탐구하는 데 도움을 얻기 위해 하마와 박쥐 피부도 상세히 분석할 수 있었다. 그래서 예상치 못했거나 특이한 사실들도 알 수 있었다. 이 책의 가장 큰 목적은 조언보다는 정보를 제공하는 데 있다. 하지만 일부 영역에서는—햇빛과 피부 관리, 피부색과 인종 등—이러한 문제들이 오늘날 우리에게 왜 그리고 어떻게 중요한지 그 정보를 제공하면서 자연스럽게 조언한다.

첫 장에서는 피부가 어떤 모양을 하고 있으며 어떻게 작동하는지 살펴본다. 층을 형태 구조와 여러 가지 기능들의 기초적 측면들을 설명하며, 관련된 내용을 쉽게 보여주는 그림들도 제시한다. 피부의 구조와 기능들을 이해하고 나면 일상생활에서 피부가 많은 역할을 수행하고 있다는 사실을 알고, 자신의 피부가 새삼스레 고맙게 느껴질 것이다.

2장에서는 300만 년 이상에 걸친 피부 진화 역사를 비교생물학적 도구를 이용해서 살펴본다. 비교해부학과 생리학, 그리고 유전학적 연구로부터 이끌어낸 증거를 토대로 육상 척추동물의 피부에 일어난 진화의 중요한 단계들을 재구성한다. 피부는 수천 년 이상 보존되는 경우가 매우 드물며 화석화된 피부는 거의 존재하지 않는다. 따라서 화석 기록은 이러한 연구에 큰 도움이 되지 못한다. 이 단원에서는 피부의 가장 바깥층(표피)의 진화를 중요하게 다루는데, 인간뿐 아니라 모든 육상동물 선조들이 육지에서 생활할 수 있도록 만들어준 표피 구조에 대해 이야기한다.

척추동물 피부에 대한 이와 같은 일반적 논의를 바탕으로 3장에서는 인간의 피부를 '털 없음'과 '땀 배출'이라는 주제를 중심으로 좀 더 상세히 탐구한다. 땀 배출은 우리의 피부가 수행하는 가장 중요한 기능 중 하나다. 오늘날 선진 산업국가의 시민들은 거의 모두가 땀이 나는 것을 기피하는 추세지만, 사실 땀이 없었다면 우리의 모습이 형편없이 일그러졌을지도 모른다. 땀은 열에 매우 민감한 뇌를 포함하여 우리 몸을 식히는 데 도움을 주며, 이것은 인류 진화에서 필수적인 기능이었다.

피부는 여러 화학적 과정들이 진행되는 공장에 비유할 수 있으며,

피부색에 감춰진 비밀

햇빛에 노출됨으로써 발생하는 화학 반응도 여기에 포함된다. 우리 피부 안에서 이루어지는 일들 중 많은 부분은 생리학적 관점에서 볼 때 햇빛 특히 그중에서도 자외선에 대한 반응이며, 다른 파장 혹은 다른 에너지 수준의 자외선은 다른 화학적 반응을 일으킨다. 4장에서는 피부에서 만들어지는 비타민 D에 관한 중요한 이야기를 들려주며, 5장에서는 인간 피부의 가장 중요한 색소인 멜라닌의 기능을 살펴본다. 멜라닌은 최소한 지난 4억 년 동안 생명체에서 말할 수 없이 중요한 역할을 담당해왔다. 고에너지 태양복사를 흡수해 그것이 만들어내는 여러 유해한 화학물질들로부터 우리 신체를 보호해준다.

6장에서 다루는 피부색은 개인적으로 큰 관심을 가지고 거의 15년 동안 연구해온 주제다. 최근까지만 해도 인간 피부색의 생물학에 대한 연구는 거의 없었다. 따라서 대중들뿐 아니라 과학계에서도 피부색을 제대로 이해하지 못했다. 피부색은 대학 강의실이나 연구실에서 다루기에는 사회적으로 너무 민감한 주제로 생각되었기 때문이다. 눈으로 보면서도 말로 끄집어낼 수는 없는 사안이었다. 그러나 지난 10년 동안 인간의 피부색이 다양해진 진화론적 이유와 유전학적 변이, 그리고 이러한 차이가 다양한 환경에서 거주하는 주민들의 건강과 안녕에 중요하다는 사실 등이 알려지면서 상황이 달라졌다. 피부색은 개인의 건강에서부터 사회 구성원들이 서로를 대하는 방법에 이르기까지 우리 삶의 많은 측면들에 영향을 준다.

7장에서는 촉각 기관으로서 피부에 대해 탐구하며, 피부에는 이러한 감각을 통해 정보를 교류하는 매체 기능이 있음을 살펴본다. 촉각의 민감성은 영장류가 진화하는 데 중요한 역할을 했을 뿐 아니라 우리가 영위하는 일상의 거의 모든 측면에서 큰 의미가 있다. 촉각은 먹을거리를 발견하는 데서부터 우리가 느끼는 기본적 감정들을 서로 교류하는 데까지 널리 사용된다. 이 단원에서는 인간의 지문에 대해서도 설명하는데, 본래 우리 선조들에게 지문이 중요했던 까닭을 살펴보고, 개인별로 고유한 지문 및 그러한 지문을 확인하는 데 사용되는 현대적 기술들에 대해서도 언급한다.

피부에는 자신의 감정 및 기분이 반영된다. 따라서 8장에서 설명하는 것처럼 피부는 우리가 원하든 원치 않든 우리의 감정을 그대로 드러낸다. 당황할 때 얼굴이 화끈거리며 붉어지는 것과 불안할 때 창백하고 싸늘해지며 손바닥에 땀이 맺히는 것은 우리 모두 공통적으로 경험하는 현상이며, 오늘날에는 그 기전을 잘 이해하고 있다. 인간을 포함한 많은 동물들에게서 피부는 자연적 알림판으로, 한 개체의 나이·건강·감정 상태에 대해 많은 정보를 전달할 뿐만 아니라 일부 동물에서는 성적 수용성이 활성화되는 시기, 즉 발정기를 나타내기도 한다.

피부는 '만인의 길The way of all flesh'(1903년 출간된 새뮤얼 버틀러Samuel Butler의 소설 제목이기도 하다—옮긴이)을 따라 언젠가 제 생명을 다할 때가 온다. 9장에서는 우리의 피부가 노화, 환경, 질병 등으로 파괴되고 황폐화될 때 어떻게 반응하는지 살펴본다—하지만 피부과 교재에 나올 법한 섬뜩하고 상세한 내용은 다루지 않는다. '세상을 향한' 우리의 얼굴인 피부는 거의 매일 크고 작은 손상이 발생하며 무수히 많은 미생물들의 감염 대상이 된다. 노화와 관련된 피부 변화, 특히 주름살에

피부색에 감춰진 비밀

대한 현대인들의 강박관념도 이 단원에서 다룬다.

10장은 복잡한 문화적 존재로서 우리 인간이 피부에 시술하는 행위에 대해 개관하는데, 최근의 각종 관련서적에서도 집중적으로 다루는 과제다.[8] 피부 장식의 기원은 매우 오래되었는데 그 역사를 간단히 살펴보는 것으로 시작한다. 피부에 만드는 여러 형태의 표식들과 피부를 변형시키는 경향들을 살펴보면 여러 문화에서 오랜 시간에 걸쳐 집중해온 주제를 발견할 수 있다. 특히 이 단원에서는 사람들이 자신들의 정체성을 정립하고 성적 매력을 드러내기 위해 피부에 화장품을 사용하거나 그림을 그려 넣어왔음에 주목하며, 문신이 인간 사회에서 개인의 개성이나 집단의 연대감을 표현하는 방법으로 사용되어왔다고 설명한다.

마지막 장에서는 피부의 미래에 대해 조감해본다. 고객을 위한 맞춤형 인공 피부에서부터 원거리 터치touch를 이용한 커뮤니케이션과 엔터테인먼트의 확장까지 그 가능성을 전망해본다. 피부와 촉각에 의한 커뮤니케이션은 항상 사람들에게 중요한 요소였다. 하지만 먼 거리까지 촉감을 전달하고 감각하는 고도의 기술이 개발되면 그 중요성이 훨씬 커질 것이다. 지금 우리는 멋진 신세계로 들어가는 중이다. 그곳에서는 피부가 사람들 사이의 관계와 폭넓은 사회적 커뮤니케이션에서 새로운 역할을 담당할 것이다. 현대 인류의 역사에서 피부는 인간의 창조성을 표현하는 캔버스였으며, 이와 같이 매우 독특한 외투 덕분에 우리 인간은 영장류 친척들과 구분될 수 있었다. 그리고 그러한 피부의 역할은 계속될 것이다.

1

알몸을 드러낸 피부

우리는 가장 중요한 기관인 피부를 너무 당연하게 받아들이는 경향이 있다. 다음과 같은 상황을 생각해보자. 당신은 여름날 늦은 오후 습하고 그늘진 과수원 한 곳에 서 있다. 이때 당신은 피부가 체온을 조절하고 자외선을 막아주는 덕분에 몸이 과도하게 뜨거워지지 않은 상태로 편안하게 야외에 있을 수 있다. 눈썹과 윗입술로 흘러내리는 몇 방울의 땀은 피부가 몸을 식히고 있다는 표시다. 얼굴에 앉으려는 파리를 손으로 쫓을 때, 당신은 피부가 파리의 다리나 주둥이에 묻은 미생물로부터 자신을 보호해주고 있다는 생각은 하지 않을 것이다.

당신은 머리 위의 가지에 매달린 복숭아를 쳐다보며, 그것을 따서 먹고 싶다고 생각한다. 탐스런 복숭아 쪽으로 팔을 뻗던 중 다시 파리 때문에 움츠리고, 이때 낡은 나뭇가지에 손을 긁힌다. 피부 표면도 꽤 거칠기 때문에 긁힌 곳은 문제가 되지 않는다. 몇 분 후 상처가 부풀어 오르지만 피부의 가장 바깥층은 이런 생채기를 잘 견뎌내므로 심각하게 손상되지 않는다. 당신은 다시 팔을 뻗고, 몸통과 팔을 덮은 피부에 탄력성이 있어서 발끝만 살짝 들면 힘 들이지 않고 복숭아에 손이 닿는다. 이제 과일을 쥐고 살며시 힘을 주자 손가락 끝 피부에서 민감하게 압력을 감지하는 센서를 통해 미묘한 부드러움이 전해져온다. 잘 익었다. 나무에서 복숭아를 딸 때, 당신의 손을 덮고 있는 피부에서 온도를 감지하는 센서들은 과일에 약간의 온기가 있음을 알려준다. 팔을 내리자 늘어나 있던 몸통과 팔의 피부가 즉시 원래의 모양으로 돌아간다.

복숭아를 코로 가져가 냄새를 맡고는 뺨에 대고 살짝 문질러서 부드러운 감각을 즐긴다. 섬세한 촉각 센서들이 밀집해 있는 얼굴 피부는 복숭아에서 느껴지는 질감을 뇌로 전달한다. 한 입 베어 물려는데 발목이 성가시게 근질거리기 시작한다. 복숭아의 냄새와 느낌에 즐겁게 빠져 있는 동안 모기가 문 것이다. 피부의 구조 및 피부가 가진 다양한 능력들이 이와 같은 시나리오가 실제로 가능하게 만들어준다. 이를 구체적으로 이해하기 위해서는 인간 피부의 구조와 그 기본적 기능을 살펴보는 여행부터 시작해야 할 것이다.

인간 피부의 가장 놀라운 특성들 중 하나는 기본적으로 털이 없다는 사실인데, 대부분의 다른 온혈동물들의 피부와는 다른 특징이다. 조류와 포유류의 선조들은 피부에 실처럼 섬세한 부속물들—깃털과 털—을 진화시켰는데, 그것들은 열 교환을 조절하고 수분 손실과 물

피부색에 감춰진 비밀

리적 손상도 막아주는 기능을 한다. 털이 없는 인간 피부는 그와 같은 보호를 받지 못하기 때문에 여러 구조적 변화를 통해 강도와 탄력성, 그리고 민감도를 확보해야만 했다.[1] 우리 인간의 피부는 완벽하지 않지만 매우 우수한 것만은 틀림없다. 우리가 입고 있는 이 옷은 닳아 없어지지 않으며, 솔기가 터지거나 내용물이 저절로 새어나가지 않는다. 그리고 욕조의 더운 물에 담가도 물풍선처럼 팽창하지 않는다.

피부의 중요한 특성 가운데 하나는 햇빛과 관련되어 있다. 인간의 피부 및 피부에 포함된 색소는 태양으로부터 오는 자외선을 선택적으로 걸러낸다. 우리의 피부는 햇빛의 유해한 효과를 차단하는 보호막으로 기능할 뿐 아니라 동일한 햇빛을 몸에 유익하게 활용하기도 하는 놀라운 능력을 지녔다. 피부에서 비타민 D 생산 과정을 시작하는 것이다. 그러므로 우리의 피부는 신체 다른 부위들과 마찬가지로 진화의 협상 테이블을 거쳐 나온 산물이라 할 수 있다. 피부의 복잡한 특성들은 서로 충돌하는 요구들—여기서는 유해한 태양복사의 차단과 필수적인 비타민 생산—이 자연선택을 통해 타협되면서 만들어진 균형을 반영한다.

피부는 서로 다른 물리적 · 화학적 특성을 가진 여러 층들로 구성된다. 이렇게 층 구조를 가지기 때문에 잘 마모되거나 뚫리지 않으며, 대부분의 물질들이 흡수되지 않는다. 피부는 크게 표피表皮와 진피眞皮로 나눌 수 있는데, 이 두 층들은 구성이나 기능이 매우 다르다(그림 1). 피부에는 또한 배아 발달 초기에 이미 피부 속으로 들어간 여러 형태의 세포들이 있다. '이주세포移住細胞'라 부르는 이 세포들은 피부를 보호하

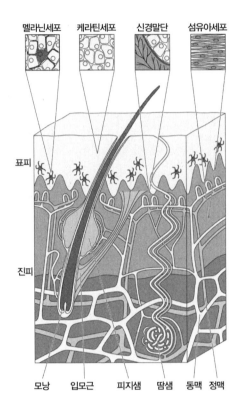

멜라닌세포 케라틴세포 신경말단 섬유아세포

표피

진피

모낭   입모근   피지샘   땀샘   동맥 정맥

그림 1. 인간의 피부 단면도. 층 구조와 분비샘들, 그리고 가장 중요한 기능을 하는 이주세포들이 보인다. Illustration © Jennifer Kane

는 데 다양하고 중요한 역할을 하며, 이번 장의 뒤에서 설명할 것이다.

피부의 가장 바깥을 이루는 '표피'는 주변 환경에 있는 옥시던트 Oxydant(배기가스 등 광화학 스모그의 원인이 되는 산화성 물질들의 통칭)와 열로부터 우리 몸을 보호하며, 물·마모·녹·미생물과 여러 화학물질 등에도 저항성이 있다. 피부가 막아내는 그 수많은 목록들은 표피가 자연에 있는 어떤 물질보다 혁명적이고 새로운 유형의 덮개라고 여겨지게 만든다. 더욱 놀라운 것은 이토록 유용한 특성들이 자체 갱신되는 단 1밀리미터 두께의 층에서 만들어진다는 점이다. 가장 바깥에 있는 세포들은 떨어져 나가고 그 자리는 아래에서 올라온 세포들로 계속 교체되는 상태에서도 끊임없이 모든 기능을 수행한다.[2] 표피는 편평하게 변한 세포들이 여러 층으로 구성된 특수한 형태의 '상피上皮'(몸의 내부 혹은 외부 표면을 덮는 모든 조직들)로 되어 있다. 이 세포들은 보호 기능이 있는 단백질인 케라틴Keratin(각질)을 많이 함유하기 때문에 과학적 용어로는 '중층각화상피重層角化上皮'로 알려져 있다.

표피의 바깥쪽 표면은 가장 특징적인 층으로, '각질층角質層'이라 불린다(그림 2). 피부 각질층은 죽어 있는 편평 세포들로 구성된 얇은 층으로, 표면이 매끈하고 상당히 질기며 방수성이 있다. 그 표면에 나 있는 유일한 틈새는 모낭毛囊과 땀샘 구멍이며, 소위 이주세포들도 피부의 복잡한 중층 구조의 일부를 이룬다. 피부는 모든 종류의 환경적 유해인자들, 특히 자외선, 오존, 대기 오염, 병원성 미생물, 화학적 산화제, 국소적으로 도포된 약물 등과 같은 산화성 스트레스들로부터 우리 몸을 방어하는데, 이는 모두 각질층이 온전하다는 전제에 기대고 있다.[3]

피부가 환경적 스트레스 요인으로부터 스스로를 방어하기 위한 방법 가운데 하나는 피부를 두껍게 만드는 것이다. 예를 들어 피부가 반복적으로 자외선에 노출되면 표피 가장 아래층인 기저층에서 세포분열이 증가한다. 표피세포의 원천인 기저층에서 세포분열이 증가함에 따라 각질층이 두꺼워진다.[4] 외적·내적 스트레스—지나친 자외선, 고열, 산과 같은 부식성 화학물질, 일부 질환 및 유전적 문제—가 너무 심하다면 각질층이 더 이상 효과적인 보호 장벽이 되지 못한다. 그

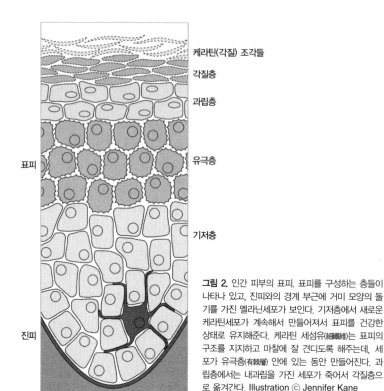

케라틴(각질) 조각들

각질층

과립층

표피

유극층

기저층

진피

그림 2. 인간 피부의 표피. 표피를 구성하는 층들이 나타나 있고, 진피와의 경계 부근에 거미 모양의 돌기를 가진 멜라닌세포가 보인다. 기저층에서 새로운 케라틴세포가 계속해서 만들어져서 표피를 건강한 상태로 유지해준다. 케라틴 세섬유(細纖維)는 표피의 구조를 지지하고 마찰에 잘 견디도록 해주는데, 세포가 유극층(有棘層) 안에 있는 동안 만들어진다. 과립층에서는 내과립을 가진 세포가 죽어서 각질층으로 옮겨간다. Illustration ⓒ Jennifer Kane

리고 만약 피부의 넓은 부위에 이와 같은 문제가 생긴다면 아주 중대한 결과를 초래하게 된다.

표피에서 발견되는 가장 흔한 세포인 케라틴세포는 '케라틴'이라는 단백질로 구성되어 있다. 케라틴세포는 피부 표면의 강도, 저항성, 신축성 등을 책임지고 있다. 케라틴세포의 젤리처럼 생긴 세포간질(細胞間質) 내에 케라틴 세섬유가 들어 있으며, 이러한 세포들이 아래에서부터 몇 겹의 층을 이루며 표피를 만든다. 세포들 사이의 좁은 공간은 단백질과 지질(脂質)을 주성분으로 하는 물질로 메워진다. 이와 같은 '벽돌

피부색에 감춰진 비밀

과 시멘트' 구조 덕분에 표피, 특히 각질층의 탄력성이나 물질을 통과시키지 않는 특성이 나타난다. 즉 세포들 사이를 단백질 및 지질로 된 물질이 빈틈없이 강하게 물리적으로 연결시켜준다.[5] 짙은 색 피부를 가진 사람들의 경우에는 케라틴세포가 멜라닌색소 조각들(이른바 멜라닌 더스트melanin dust)을 함유하여 자외선으로부터 피부를 보호하는 또 다른 층 역할을 한다.

학자들은 오래전부터 인간의 피부가 매우 독특하다고 생각해왔다. 왜냐하면 표면에 사실상 털이 없음에도 우리 몸을 보호하는 임무를 잘 수행해내고 있기 때문이다. 하지만 그처럼 고유한 특성에 대한 유전학적 배경은 비교적 최근에 와서야 알려졌다. 인간의 유전자 구성 중 침팬지 같은 유인원 친척들과 다른 것 가운데 하나가 표피의 구조를 결정하는 유전자다. 최근 침팬지 게놈gonome의 유전자 염기배열을 분석한 결과에 따르면, 인간과 침팬지 사이에는 많은 차이가 없지만 피부의 케라틴 층을 형성하는 단백질 생산 및 표피의 분화를 조절하는 유전자들은 크게 다르다고 한다.[6] 최소한 영장류의 피부 범위 안에서 본다면 인간의 표피는 견고한 재질로 되어 있다.

표피 속의 이주세포들은 피부의 다른 세포들과 함께 다양한 역할을 수행한다. 이 세포들은 발달 초기에 신체 다른 곳에서 피부 속으로 옮겨와, 자외선과 병원균 그리고 고도의 물리적 압력 같은 잠재적 환경인자들에 대항해 물리적·화학적 보호막을 제공해준다. 이주세포들은 발달 과정에서 끼어든 존재들이지만 피부의 물리적 구조를 조금도 약화시키지 않는다. 표피 속에 있는 중요한 이주세포들은 세 가지 유형이 있다.

우선 멜라닌세포(그림 1과 그림 2 참조)는 피부의 기본 색소이자 자연적인 자외선 차단제 역할을 하는 멜라닌을 생산한다. 이 세포는 배아 발달 초기에 원래 있던 자리인 척추 측면으로부터 피부로 옮겨간다. 피부에 도착하면 멜라닌을 생산하기 위해 진피와 표피의 접점 가까이에 자리를 잡는다. 어떤 사람들은 멜라닌세포에서 많은 양의 멜라닌을 생산하지만, 또 다른 이들은 아주 적은 양의 멜라닌만을 생산한다. 이는 그들의 선조가 살았던 환경의 자외선 양에 따라 달라진다. 피부의 색조는 멜라닌세포의 활성도 및 멜라닌 생산량에 따라 결정되며, 이는 자연선택이 엄격히 적용되는 진화 과정을 거쳐 왔다.

다른 두 유형의 이주세포들도 중요하다. 랑게르한스Langerhans세포는 피부가 이물질에 접촉할 때 반응하는 면역체계 세포로 특화되었다. 이 세포는 피부에 침입하는 박테리아와 바이러스에 대항하는 전투의 최전선을 형성한다. 메르켈Merkel세포는 피부의 감각신경말단과 관계되며, 피부로부터 감각신경으로 기계적 신호를 보내 뇌에까지 전달하는 과정을 도와주는 것으로 보인다. 메르켈세포는 손가락과 입술의 매끈한 표면에 많이 존재하기 때문에 이러한 부위에서는 촉각을 더 정밀하게 구분할 수 있다. 이 세포는 포유류나 조류처럼 털이나 깃털이 많은 친척 동물들에게도 중요하다. 털과 깃털이 생성되는 모낭 주위의 세포들 사이에 존재하는데 개, 고양이, 쥐의 민감한 콧수염 주변도 여기에 포함된다.

표피 아래로 내려가면 피부를 이루는 주요 두 개 층 가운데 다른

피부색에 감춰진 비밀

하나에 도달하게 된다. 이것은 '진피'라 불리는 두껍고 치밀한 결합조직이다. 진피는 피부에 실제적인 질감을 주는 층이다. 그리고 유연함과 탄력성이 있으며 신축성도 강하다. 인간 피부의 두께—그리고 동물 가죽 두께의 대부분—는 진피에서 비롯된다.[7] 피부에 물리적·화학적 특성 외에 두께가 더해짐으로써 단열 효과를 거둘 수 있을 뿐 아니라 기계적 손상도 견뎌낼 수 있다. 그리고 사람들이 흔히 사용하는 가죽 제품은 동물의 두꺼운 진피를 좀 더 유연하게 가공하여 만든다.[8]

진피는 복합조직으로, 신축성이 강하고 단단하다. 이러한 특성은 콜라겐 섬유와 엘라스틴 섬유의 조합에서 나온다. 섬유들은 염분과 물, 그리고 '글리코사미노글리칸glycosaminoglycan'이라는 거대 단백질 분자 등으로 이루어진 젤 상태에서 유지된다. 진피를 이루는 가장 주된 세포들은 콜라겐이 많이 함유된 섬유아세포纖維芽細胞들이다. 피부 건조 중량乾燥重量의 70퍼센트를 차지하는 콜라겐은 주로 피부가 강한 신축성을 가지도록 하는 역할을 하며 부분적으로는 가시광선을 산란시키는 역할도 한다(그림 3). 콜라겐은 단단한 단백질 끈처럼 생겼으며 진피를 하나로 묶어서 모양을 유지시켜준다. 한편 콜라겐 사이에 섞여 있는 엘라스틴 섬유망은 늘어난 피부를 원래의 형태로 되돌려준다.

나이가 들면 콜라겐과 엘라스틴 섬유 생산이 서서히 줄어들며, 피부가 햇빛에 과도하게 노출되면 자외선이 생산에 나쁜 영향을 준다. 오늘날 미용시장에는 이러한 물질의 생산을 자극하여 피부가 젊게 보이게 해준다고 선전하는 상품들이 많이 출시되고 있다. 그러나 수많은 피부 크림과 피부 처치법, 그리고 '약용화장품'들이 피부의 모양이

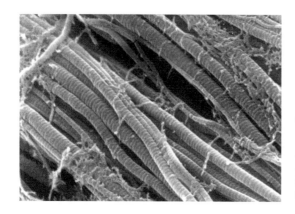

그림 3. 인간 피부의 콜라겐망. 진피에는 여러 유형의 콜라겐들이 그물처럼 촘촘히 배열되어 있어 피부의 물리적 형태를 유지해준다. Photograph ⓒ L'Oréal Recherche

나 조성을 변화시킬 수 있는 경우는 햇빛 속에서 부주의하게 행동하는 바람에 심각한 손상을 입었을 때와 같은 특정 상황으로 한정된다. 피부에서 콜라겐과 엘라스틴의 생산을 조절하는 과정들 중 대부분은 세포노화라는 내부 기전이 지배하며, 우리가 피부 표면에 첨가하는 물질은 그러한 기전에 거의 영향을 끼치지 못하거나 기껏해야 미미한 영향을 줄 뿐이다.

진피 내부에는 결합조직 섬유가 복잡하게 얽혀 있다. 우리는 그 속에서 가지를 쳐 망을 이룬 혈관과 빽빽하게 뻗어 있는 신경망, 수많은 땀샘과 모낭, 입모근立毛筋(털을 세우는 근육)과 피지샘 등을 발견할 수 있다(그림 1). 혈관은 땀샘과 모낭, 그리고 표피 가장 아래층에서 빠르게 증식하는 세포들을 먹여 살리기 때문에 매우 중요하다. 신체 표면의 혈관 밀도는 부위마다 많은 차이가 난다. 예를 들어 뇌를 보호하기 위해 온도 조절이 특히 중요한 부위인 머리에는 혈관이 밀집되어 있다. 그리고 두피의 모낭에서 머리카락이 자라기 위해서는 양질의 영양소

피부색에 감춰진 비밀

가 필요하므로 혈액 공급이 많아야 한다. 땀샘이나 (기름을 분비하는) 피지샘이 피부의 수분을 유지시켜주어야 하는 부위—예를 들어 손바닥과 발바닥, 그리고 유두—에도 혈관이 밀집해 있다. 그리고 혈관의 밀도는 자세와도 관련이 있다. 인간과 영장류는 모두 엉덩이 아래쪽에 혈관이 가장 많이 밀집되어 있다. 그렇기 때문에 오랫동안 앉아 있어도 이 부위 피부의 혈액 공급에 차질이 생기지 않는다. 인간과 가까운 영장류 가운데는 암컷의 생식기 주위 피부에 혈관이 많이 분포해 있어 교미 가능한 시기가 되면 해당 부위 피부가 체액으로 가득 차 부풀어 오르는 동물이 있다. 이렇게 부풀어 올라 분홍빛을 띠는 생식기의 모습은 수컷들에게 매우 매력적으로 보인다.

진피의 혈관은 적혈구를 운반하며, 적혈구 안에 들어 있는 헤모글로빈이 붉은색을 띠게 만든다. 헤모글로빈은 세포에 전해줄 산소를 싣고 갈 때는 선홍색을 띠지만, 산소를 내려놓은 후 심장과 폐로 되돌아갈 때는 검붉은색이 된다. 헤모글로빈은 피부의 주요 색소들 중 하나지만 피부에 짙은 갈색의 멜라닌색소가 상대적으로 적은 사람들에게서 가장 잘 보인다. 장밋빛 뺨과 푸른 정맥은 짙은 색 피부를 가진 사람보다는 밝은 색 피부를 가진 사람들에게서 더 두드러지게 나타난다. 햇빛에 노출되어 화상을 입은 피부는 보통 선홍색을 띠며 통증을 일으킨다. 이는 피부 속 모세혈관의 수가 늘어나고 직경이 커지면서 각각의 혈관에 흐르는 혈류량이 증가하기 때문에 생기는 결과다. 화상이 발생한 피부에 혈액이 스며들고 자외선 때문에 생긴 손상을 복구하기 위해 뜨겁고 격렬한 반응이 일어나므로 해당 부위에 무엇이 닿으면 따갑게 느껴진다.

진피의 신경들은 매우 복잡하다. 피부가 신체에서 감각을 인지하는 입구 역할을 하는 부위 가운데 하나이기 때문이다. 피부에는 여러 유형의 특화된 감각수용체感覺受容體 세포들이 있어, 외부 환경 및 피부 상태에 관한 신호를 중추신경계로 전달한다. 감각수용체들에는 두 가지 형태의 온도수용체(냉수용체와 온수용체), 털이 있는 피부와 없는 피부 모두와 연관된 기계적 수용체, 위험을 초래할 수 있는 물리적 자극 및 부상이나 염증을 감지하는 통각수용체 등이 있다. 이렇듯 수많은 수용체 세포들은 매우 중요한 역할을 하고 있지만, 그것들의 진화론적 역사는 아직 제대로 밝혀지지 않았다.

피부에 대해 탐구할 때는 '털'이라는 주제가 빠질 수 없다. 인간에게 털은 매우 중요한 의미를 지닌다. 우리가 가진 털의 양이 너무 적기 때문이다. 아득한 과거로 거슬러올라가 최초의 온혈동물 선조들이나 인간의 사촌들에게서 일어난 피부의 진화를 살펴보면 털을 둘러싼 매우 흥미진진한 이야기가 펼쳐진다. 포유류와 조류의 선조들은 온혈동물로 진화했는데, 이러한 발전을 가져온 중요한 변화들 중 하나는 바로 신체 표면에 훌륭한 외단열재가 형성되었다는 것이다. 말하자면 난방비를 많이 지출하지 않고 집을 따뜻하게 유지하려면 벽을 좋은 단열재로 만들어야 한다. 몸이 따뜻하면 하루 종일 많은 활동을 할 수 있지만, 에너지 소비의 엄청난 증가라는 대가를 치러야 한다. 원시 조류 및 원시 포유류의 고대 생리학적 경제에서는 에너지 비용을 억제하는 것이 최우선 과제였다. 따라서 동물들은 먹이를 찾고 섭취하는 데 지나치게 많은 시간을 투여하지 않아야 했다. 그리고 털이나 깃털 같은 단열재의 장착이라는 복잡한 발전 과정을 통해 그 해결책을 찾을 수 있었다.

포유류와 조류의 선조는 각각 털과 깃털이 자랄 수 있는 모낭을 가지고 있었다. 모낭에는 피부에서 털이나 깃털이 자라나게끔 하는 일련의 특별한 생식세포들이 있다.[9] 이러한 세포들은 표피에만 존재하는 줄기세포의 한 유형이며 모낭을 유지하고 털 성장주기를 조절한다. 포유류의 모낭은 조류의 그것과 다르며, 포유류 사이에서도 여러 다른 유형의 모낭이 있다. 특이한 것은 가장 특화된 모낭 중 하나가 젖샘이라는 사실이다. 포유류에서 젖샘은 흉벽胸壁에 있는 매우 특수한 모낭 내에서 분기해 나와 환상적인 시스템으로 발전했다. 코일처럼 배열된 젖샘은 적절한 호르몬 신호를 받아서 젖을 만들어낸다. 젖샘은 기존의 구조를 활용하여 새로운 것으로 진화한 대표적 예라 할 수 있다. 개조된 모낭이 포유류 새끼들을 양육하는 효과적인 수단으로 발전한 경우다.

인간의 경우 진피에 위치한 모낭들로부터 많은 털이 자란다. 실제로 인간의 몸에는 원숭이만큼이나 많은 털이 있다. 하지만 인간의 털은 훨씬 가늘며, 털이 거의 보이지 않는 부위도 있다. 인간의 피부에서도 모낭은 중요한 조직이며 복잡한 감각수용체 및 피지샘들과 연관되어 있다. 인간이 더 이상 털을 필요로 하지 않는다 하더라도, 모낭은 피부 내부 조직에서 중심 역할을 한다. 고양이와 쥐의 씰룩거리는 콧수염은 '촉모觸毛 vibrissae'라 불리는 고도로 특화된 털로서, 모낭에

그림 4. 입모(立毛, piloerection).
말 그대로 '털을 곤두세우는' 반응
으로, 흥분하거나 분노한 포유류가
자신의 감정 상태를 알리는 방법 가
운데 하나다. 여기서는 한 침팬지가
자신의 동료를 위협하고 있다.
Photograph ⓒ Frans de Waal

신경수용체(앞에서 언급한 메르켈세포)가 많이 분포해서 콧수염에 닿는
대상에 대한 상세한 정보를 뇌에 전달해준다. 인간 및 인간과 가장 가
까운 영장류들은 코 밑에 촉모가 없지만, 그 일을 대신해줄 수 있는 매
우 뛰어난 감각의 손을 가지고 있다.

　　포유동물에게서 털은 광범위한 기능을 수행한다. 인간은 자신의
털에 굉장한 관심을 기울일 뿐 아니라 아낌없이 비용을 지출하는데,
역설적이게도 생존하는 데는 다른 종들에 비해 덜 중요하다. 대부분
의 종들에게서 털은 단열재 역할을 하고, 태양으로부터 자기 몸을 보
호하는 방어막 역할을 하며, 촉각을 향상시키는 기능을 하고, 장식 기
능을 하며, 감정을 전달하는 기능도 한다. 인간은 털을 이용해 감정을
표현하는 경우가 드물지만 다른 종들에게서는 비교적 흔한 일이다.
이를테면 화가 났거나 겁을 먹었거나 흥분했을 때 털을 곤두세움으로
써 자신의 몸을 더 크고 위협적이게 보이도록 만든다(그림 4).

　　인간이 몸에서 털을 잃음으로써 생겨난 흥미로운 결과 중 하나는
바로 털을 곤두세우는 매우 시각적인 방법으로 분노, 흥분, 공포 같은

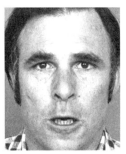

그림 5. 인간의 몸에서 눈에 띄는 털이 사라지게 되자 '털을 곤두세우는' 방법으로 다른 사람들에게 분노나 공포를 전달할 수 없게 되었다. 그리고 우리는 얼굴 표정을 누구나 이해할 수 있는 형태로 뚜렷하게 나타내어 이러한 기능을 대체하고 있다. 왼쪽의 얼굴은 감정이 절제된 보통의 표정이지만, 가운데와 오른쪽 얼굴은 화가 난다거나 화를 참고 있음을 나타낸다. 인간에게서 입술을 좁히는 행위는 분노하고 있음을 말해주는 신호다. Photograph ⓒ Paul Ekman

감정을 전달할 능력을 상실했다는 점이다. 우리는 "머리털이 곤두섰다"라든지 "머리끝이 쭈뼛해졌다"라는 말을 함으로써 무서운 상황을 표현하곤 한다. 또 누가 우리를 화나게 하거나 짜증나게 하면 그 사람에게 "머리털 끝까지 화가 치민다"라고 말한다. 이와 같은 상황에서 우리는 실제로 몸의 털이 일어서는 것을 느끼기도 한다. 우리에게 있는 약간의 '입모근' 덕분에 이런 일이 일어나기도 하지만, 대부분의 경우 그런 반응을 시각적으로 관찰하기는 어렵다. 그러면 우리는 이처럼 중요한 감정들을 어떻게 시각적으로 전달할까? 이는 인간 진화에서 실로 엄청나고 중요한 이야기다. 우리 몸을 덮고 있는 털이 분명하게 드러나지 않게 되자, 인간은 감정을 전달하는 매우 시각적인 수단을 찾아 다른 방향으로 진화해야 했다. 그 해결책 중 하나가 다양한 얼굴 표정이었다. 인간의 얼굴 표정은 동물 세계에서 가장 복잡하고 다양하다(그림 5).[10] 우리는 매우 민감한 얼굴 표정을 이용해서 현재 자신이 느끼는 감정에 관한 정보를 미세한 뉘앙스까지 전달할 수 있다. 이러한 얼굴 표정을 통해 우리는 없어진 털을 대체했을 뿐만 아니라 좀 더 많은 정보를 전달하는 방법들을 개발할 수 있었다.

2

피부의 진화

피부와 피부가 수행하는 기능의 중요성을 감안했을 때, 피부의 진화에 대한 학자들의 연구가 상대적으로 적다는 사실은 놀라운 일이다. 약 30년 전까지만 해도 피부에 대한 과학적 연구는 현대 인류가 지닌 피부의 해부학적 정보를 기술하거나 피부에 나타나는 다양한 질환들에 대해 논의하는 것으로 국한되어 있었다. 지난 수십 년 동안 선진국에서 기대 수명이 늘어나면서 나이보다 젊어 보이는 외모가 강조됨에 따라, 이 분야의 연구는 피부의 외관을 개선시키는 방법과 이를 위해 바르는 약·주사제·수술 등이 가져다주는 효과에 관심을 기울여왔다. 그러나 학자들이 피부에 대한 근본적이고도 흥미로운 문제에 초점을 맞추기 시작한 것은 불과 10여 년 전부터였다. 거기에는 피부의 특수한 방어적 특성, 털이나 손톱 같은 여러 피부 부속기관의 진화 등이 포함되어 있다. 비교생물학의 새로운 연구법들, 특히 비교유전체학과 기능유전체학은 예전까지만 해도 답하기 어렵거나 심지어는 불가능하다고 여겼던 피부의 진화에 관한 질문들과 씨름할 수 있게 해주었다.

진화에서 가장 중요한 현상들 가운데 몇몇—예를 들어 일시적으로만 행해졌던 행동방식이나 피부처럼 부패하기 쉬운 조직들—은 그것을 지니고 있었던 동물과 함께 사라져 아무런 흔적도 남기지 않게 된다. 따라서 그와 같은 현상의 발달과정을 연구하는 것은 어려운 일이지만, 그럼에도 매우 가치 있는 일이다. 왜냐하면 동물들에게 일시적으로 나타난 구조나 행동은 그것을 지녔던 개체가 성공적으로 생존하거나 생식할 수 있었던 이유를 이해하는 열쇠가 될 수 있기 때문이다. 진화이론은 이제 새로운 분석 방법과 결합한 새로운 통찰력을 가지고 화석 기록 이면에 남아 있을지도 모를 가치 있는 정보의 조각들을 캐낼 수 있게 되었다.

화석 기록으로는 거의 보존되지 않는 신체 부위가 진화해온 역사를 어떻게 탐구할 수 있을까? 피부는 신체의 다른 연부조직軟部組織들과 마찬가지로 사망 후 오래 지나지 않아 사라진다. 뼈나 치아와 같은 조직처럼 흔적을 남기는 경우가 거의 없다. 근육이나 인대와 같은 신체의 다른 연부조직들에 대한 정보가 고생물학 화석 연구를 통해 알려질 때도 있지만 간접적인 방법을 통해서일 뿐이다. 이러한 조직은 뼈와 직접 연결되어 있기 때문에, 뼈의 표면에 붙었던 자국이 남아서 크기나 구조에 대한 단서를 제공해주며, 그와 같은 증거들을 통해 동물의

피부색에 감춰진 비밀

전체 생김새·동작·먹이 등을 추정할 수 있다.[1] 그리고 뼈에는 살아 있는 동안 혈관과 신경이 지나갔던 구멍들이 남아 있기도 하는데, 구멍의 크기는 그곳을 통과했던 신경과 혈관들의 크기와 중요성을 추측하는 근거가 된다. 그러나 뼈 화석에서 피부에 관한 정보를 재구성해 내기란 거의 불가능하다. 피부는 뼈에 직접 붙어 있지 않아 그와 같은 추측의 근거를 남기지 않기 때문이다.

피부의 흔적이 화석으로 보존되어 있다면 고대 인류의 피부에 관한 정보를 얻는 데 가장 좋은 재료가 된다. 동물과 인간의 발자국은 피부로 덮인 발에서 만들어지지만, 발자국이 모래나 화산재 혹은 진흙 같은 곳에 만들어진 경우에는 흔적이 너무 흐릿한 나머지 피부 자체에 대해 말해주는 바가 별로 없다.[2] 화석 발자국에는 피부 자체보다 동물들이 어떻게 이동했는지를 재구성할 수 있는 유용한 정보들이 더 많이 담겨 있다. 화석화된 피부가 발견된 가장 유명한 사례가 둘 있는데, 두 경우 모두 공룡의 피부였다. 하나는 조각류鳥脚類 공룡인 '브라킬로포사우루스 카나덴시스' 종에 속하는 공룡으로 '레오나르도'라는 이름이 붙여졌다. 이 공룡은 퇴적물에 쌓여 화석이 될 때 자연적으로 미라처럼 말라서 피부도 함께 보존되었다. 다른 하나는 알 속에서 용각류龍脚類 공룡 배아의 피부가 자연 그대로의 형태로 다른 내용물들과 함께 발견된 드물고도 놀라운 사례다(그림 6).[3] 예외적인 환경 아래서 그와 같은 표본이 보존되어 우리에게 피부에 관한 정확한 정보를 제공해주었다. 거기에서 우리는 그 동물의 피부 질감과 형태에 관한 정확한 정보를 얻을 수 있었다.

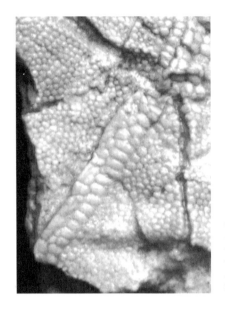

그림 6. 용각류 공룡 배아 피부 표면을 상세하게 촬영한 사진. 타고난 피부의 자연적 형태가 잘 보존되어 있다. 자세히 살펴보면 비늘처럼 생긴 작은 마디들이 서로 겹치며 공룡 배아의 표면을 덮고 있는 모양이다. Photograph ⓒ Lorraine Meeker

드물지만 수천 년 전 사망한 사람이나 동물의 피부가 예외적인 물리적·화학적 환경에서 잘 보존된 경우가 있다. 예를 들어 우리에게 친숙한 고대 이집트인의 미라는 탄산염을 기본으로 한 혼합물인 '천연 탄산소다'로 신중하게 건조한 다음, 피부를 비롯한 모든 부위를 보존하기 위해 다른 화학물질들로 처리했다(고대 이집트에서는 말라붙은 호수 바닥 등에서 소금 화합물인 천연 탄산소다를 직접 채취했다-옮긴이). 사후에도 오랫동안 고귀한 삶을 살기 위해서였다. 이보다는 잘 알려져 있지 않지만, 인간이나 동물의 사체가 건조하게 보존되기 좋은 환경에서 자연적으로 미라가 된 경우도 있다. 이를테면 고지대의 추운 사막, 동굴이나 높은 산의 후미진 곳, 공기의 흐름이 좋고 고도가 낮은 뜨거운 사막 등이 그런 곳이다. 이와 같은 환경에서는 사체가 부패 속도보다

피부색에 감춰진 비밀

더 빠르게 건조되어(어떤 경우에는 냉동건조), 피부 일부가 고스란히 보존되기도 한다.[4] 중국 서부 변방의 타림, 투르판, 하미 분지에 위치한 실크로드의 뜨겁고 건조하며 바람이 많은 환경은 유명한 미라를 많이 남겼다. 그곳에서 발견된 미라의 피부는 매우 잘 보존되어 있어 그 주인공이 상대적으로 옅은 피부색에 유럽인처럼 생겼음을 알 수 있다. 이러한 증거들과 그들의 독특한 의복을 바탕으로 하여, 고대에 오늘날의 신장 지구에 거주했던 주민들이 서아시아의 카프카스 지역에서 이주해왔으며, 그 당시는 신장 지구의 환경이 오늘날보다 훨씬 살기 좋았을 것이라고 추정할 수 있다.[5]

  좀 더 드문 경우이긴 하지만 사망 후 즉시 눈이나 얼음에 덮여서 급속 냉동 보존된 사례도 있다—이를테면 눈사태에 묻히는 경우가 대표적이다. 이러한 상황에서는 피부를 포함하여 신체 모든 부위가 생생하게 보존된다. 마치 냉동실에 보관된 것과 같다. '디마Dima'라는 별명이 붙은 홍적세洪積世(지질시대 제4기 전반. 약 200~300만 년 전부터 약 1만 년 전까지에 해당하며, 빙하기로 대표되는 시기−옮긴이)의 새끼 매머드가 이와 같은 운명을 겪었다. 디마는 1977년 시베리아의 콜리마강 사금 광산 근처의 얼어붙은 툰드라 땅속에서 발견되었다(그림 7). 1991년 이탈리아와 오스트리아 국경 지역에서 알프스 등산객들이 발견한 신석기 시대의 '냉동인간'에게는 '외치Ötzi'라는 별명이 붙었으며 그 역시 눈사태의 희생자였다(컬러 사진 2). 두 사례 모두 발견될 당시에 피부가 잘 보존되어 있었으며, 신체가 따뜻한 기온과 공기에 노출된 다음부터 부패하기 시작했다. 의사, 인류학자, 법의학자로 구성된 연구진은

그림 7. 시베리아 툰드라 지역에서 냉동 상태로 발견된 새끼 매머드 디마의 피부는 매우 잘 보존되어 있다. Photograph ⓒ Anatoly Lozhkin

외치를 계속 냉동 상태로 유지하며 상세히 연구했다.[6]

　미라가 되거나 냉동 보존되는 것보다 드문 사례로, 피부가 토탄土炭 늪과 같은 산성 환경에서 보존된 경우가 있다. 토탄 늪의 물은 차가운 데다가 산성이어서 사체의 부패를 일으키는 미생물들의 성장을 억제한다. 잉글랜드, 덴마크, 그리고 독일의 토탄 광산 여러 곳에서 발견된 소위 '습지 사람들bog people'의 신체가 있던 환경이 그와 같았다(컬러 사진 3). 습지 사람들의 신체는 미라처럼 수천 년 전 것이었다.

　이러한 발견들은 매우 흥미롭고 주목할 만한 일이다. 하지만 사실 진화의 역사에서 봤을 때 아주 오래된 것은 아니다. 티롤 지방에서 피부가 잘 보존된 상태로 발견된 유명한 고대인 외치도 불과 수천 년 전 사람으로, 생김새와 기능이 모두 완벽한 현대인이다. 인간 외치와 매머드 디마뿐 아니라 머지않은 과거의 피부색이나 신비한 특성들을 보

피부색에 감춰진 비밀

여주는 다른 어떤 유물들도 피부의 가장 오래된 역사에 관해서는 말해주지 않는다. 피부는 언제 어떻게 처음 진화했을까? 육지에서 처음으로 살기 시작한 동물들의 피부는 어떤 모양이었을까? 그리고 인간의 피부는 언제부터 오늘날과 같은 모양과 감각 그리고 기능을 갖추게 되었을까?

과학자들은 최초의 다세포 생물이 바다에서 살았으며 한 유형의 세포들로 구성되었을 것이라고 생각한다. 물에 접해 있는 세포들의 표면은 두꺼운 막으로 변하고 때로는 표면에 작은 꼬리나 채찍 모양의 구조물이 생겨 제한적이지만 주위로 움직일 수 있게 해주었다. 이러한 생명체들이 점차 커지기 시작하고 세포들이 좀 더 단단히 채워지자 매우 중요한 일이 일어난다. 개체의 외벽 세포들은 막을 통해 몸 전체에서 필요로 하는 산소와 영양소를 충분히 흡수할 수 없었다. 따라서 산소와 먹이를 신체 내부로 받아들일 수 있는 새로운 구조로 진화했다. 이와 같은 통로가 '원시적 입'으로, 이것은 내벽이 특수한 세포들로 덮인 주머니 구조로 이어진다. 내벽을 덮고 있는 세포들—상피세포의 원시 형태—을 통해 바닷물에 녹아 있는 영양소와 산소가 흡수되어 개체 내부에서 기다리는 세포들에게 분배된다. 이것이 최초의 인두咽頭(식도와 후두에 붙어 있는 깔때기 모양의 부분-옮긴이) 혹은 원시적 식도食道였다.

초기 생명체들이 더욱 커짐에 따라 이제 흡수된 물질의 분배 문제가 발생했다. 어떻게 하면 바닷물에 녹아 있는 영양소와 산소를 필요로 하는 세포들에게 효율적으로 분배할 수 있을까? 몸이 큰 생명체는 대사 요구량이 많으며 이를 충족시키기 위해서는 다른 유형의 세포들—최초의 조직들—이 진화해야만 했다. 이제 감각세포와 신경세포들같이 특수한 기능을 가진 조직들이 진화하기 시작한다.

내부가 더 복잡해짐에 따라 생명체들은 외부 환경으로부터 자신을 더 많이 보호할 필요가 있어졌다. 오늘날에도 살고 있는 해면이나 해파리 같은 원시 무척추동물들은 대부분 외부에 개체를 보호하는 미분화 상태의 세포층이 둘러싸여 있다. 선충류線蟲類(몸이 실과 같이 원통형으로서 지렁이와 비슷한 모양을 한 하등동물—옮긴이)같이 좀 더 진화된 무척추동물들에 대해서는 비교적 많은 연구가 있었는데, 간단한 표피층이 있어 질병을 유발하는 미생물이 들어오지 못하도록 막아주는 것으로 알려졌다.[7] 이런 방식으로 내부 조직들의 특수한 요구에 맞춰 조성된 화학적 환경을 신체 내부에 지속시킬 수 있다. 무척추동물의 표피는 단지 한 층만으로 구성되기 때문에 우리가 보통 생각하는 피부라고 할 수 없다. 하지만 그 구조나 기능으로 볼 때, 인간을 비롯한 모든 척추동물이 지닌 피부의 원시적 형태로 생각할 수 있다.

초기 척추동물의 피부에 대해 우리가 알고 있는 지식들은 거의 대부분 몇몇 종의 피부에 대한 연구에서 얻은 것이다. 그것은 바로 어류와 수생 양서류 등 현재 지구상에서 살아가는 가장 원시적인 척추동물들이다. 이들의 표피는 보호기능과 감각기능뿐 아니라 개체와 환경 사이에서 복잡한 생화학적 상호작용을 매개하는 기능도 한다. 이러한 상호작용 가운데 가장 중요한 것은 여러 물질들의 이동으로, 동물이 내부 환경을 일정하게 유지할 수 있도록 하는 염분, 수분, 산소 등이

피부색에 감춰진 비밀

피부를 통과한다.

표피가 이와 같은 여러 기능들을 수행해야 하기 때문에 가장 원시적인 척추동물의 피부에도 여러 유형의 세포가 포함되어 있다. 물고기를 손으로 잡아본 사람들은 표면이 너무 미끄러워서 놓친 경험이 있을 것이다. 표피에 있는 세포들이 단세포로 이루어진 점액샘에서 점액질을 분비하기 때문이다.[8] 분비물은 '점액상피粘液上皮'라 불리는 층에서 만들어지는데, 이것은 군데군데 두꺼운 섬유질로 이루어져 있으며 물고기가 헤엄치는 동안 유체저항을 줄여준다. 이는 표피가 긁히고 마모되지 않도록 해 민감한 내부 기관들을 보호하기 위한 장치이다. 물고기의 피부에는 신경섬유도 분포하는데 미뢰味蕾(맛을 감지하는 미각기—옮긴이)를 포함한 여러 감각세포들과 연관되어 있다. 물고기의 아가미 내부를 보면 더욱 특수한 표면이 있는데, 여기에는 산소와 염소, 그리고 다른 작은 분자 및 이온들을 운반하는 상피가 자리 잡고 있다. 물고기는 아가미 상피를 통해 이와 같은 물질들을 통과시켜 내부의 적절한 전해질 균형과 산소 공급을 유지한다.

초기 척추동물들이 최초로 육지의 마른 땅을 기어다니게 되었을 때 그들(그리고 그들의 피부)은 엄청난 도전에 직면했다. 최초의 네발동물들이 생활의 터전을 육지로 바꾸기 위해서는 아가미의 상실을 포함한 해부학적·생리학적 변화가 필요했다. 물론 그들의 몸은 여전히 용해된 산소와 필수 염분들을 필요로 했다. 이 시점에 그들의 외피가 변화하기 시작해 곧 몸 전체가 피부로 덮였고, 물고기 아가미의 특수 상피가 수행하던 이온 및 수분 조절 기능 중 일부를 넘겨받기 위해 변화하기 시작했다. 오늘날, 초기 네발동물의 후손들(양서류)을 보면 최소한 부분적으로나마 물을 벗어나 살아가는 방향으로 변화한 특징들이 피부에 남아 있음을 알 수 있다. 물고기들처럼 양서류도 건조해지는 것을 막기 위해 피부에서 점액을 만든다. 하지만 점액을 만드는 샘은 단세포가 아니라 다세포로 구성되어 있다. '플라스크 세포flask cell'라는 특수한 피부세포들이 내부의 염분 농도와 수분을 적절히 유지할 수 있도록 해준다.

모든 양서류의 표피 바깥층에는 케라틴이 있다. 대부분의 어류에는 케라틴이 없지만, 모든 양서류·파충류·조류·포유류에게는 케라틴이 존재한다. 케라틴 단백질 복합체는 죽은 세포들의 주성분으로, 표피 가장 바깥층에 형성된 불침투성 세포다. 케라틴은 α(알파)와 β(베타) 두 가지 형태가 있으며 척추동물의 진화에서 중요한 역할을 했다. 케라틴으로 각화角質된 구조는 두 가지 역할을 수행한다.[9] 첫째, 피부의 부속기관으로 기능한다. 예를 들어 어류의 번식돌기, 조류의 깃털, 포유류의 털, 그리고 대부분의 네발동물들에게 있는 발톱 등이다. 둘째, 피부를 단단하게 만들어 긁혀 벗겨지지 않게 보호하며 물의 흐름에 저항하는 수동적인 장벽 역할을 한다. 두 가지 기능 모두 물속보다는 물 밖에서 더 많은 시간을 보내는 동물들에게 매우 중요한 기능이다. 양서류는 피부에서 점액을 분비하고 표면을 각화하여 미생물의 공격으로부터 스스로를 보호한다. 그 외 일부 양서류는 과립샘에서 여러 독성 물질이나 자극물을 생산하여 감염에 더 철저히 대비할 뿐 아니라 포식자들에게 유독하고 불쾌한 대상으로 보이게끔 만든다. 커다란 이빨도 없고 신속하게 도망칠 구석을 만들지도 못하는 작은 동물이라 하더라도 맛이 고약하다면 잡아먹히지 않을 것이다. 두꺼비가 피부에 자극성 물질을 만들어내는 것으로 악명 높지만, 다른 많은 양서류도 그와 비슷한 물질을 만든다.[10]

초기 파충류 선조들이 온종일 땅 위에서만 생활하기 위해 적응해가는 과정에서 피부 구조에 매우 큰 변화가 왔다. 이와 같은 동물들은 주변 환경에서 산소를 받아들이는 역할을 피부로부터 허파가 완전히 넘겨받았으며, 신체 내부의 염분 균형을 적절히 유지하는 일은 콩팥이 담당했다. 그러나 여전히 풀어야 숙제가 남아 있었다. 그것은 바로 몸이 공기에 노출되면서 메말라버리는 것과 걸어다니면서 땅과 마찰을 일으키는 것을 회피할 필요가 있었다는 점이다. 이와 같은 문제의 해결책으로 등장한 것이 바로 '각질층'이다. 각질층의 등장은 네발동물의 피부가 진화해온 역사에서 가장 의미 있는 한 걸음이라고 볼 수 있다. 초기 파충류에게서 각질층의 발달은 그야말로 혁명이었다. 각질층은 편평한 모양의 상피세포층인데, 기질基質단백질 · 케라틴 · 복합지질 등으로 구성되며, 피부로부터 수분 소실을 막고 물리적 보호 기능을 강화해준다.

각질층의 케라틴은 피부를 딱딱하게 만들기 때문에 파충류들은 유연함을 확보하기 위해 비늘을 진화시켰다. 엔지니어들에게 비늘은 꿈과 같은 것이다. 아름답고 경제적이며, 무엇보다 기능이 탁월하기 때문이다. 비늘은 돌출된 바깥층과 부드럽게 경첩처럼 작동하는 안쪽층이 피부에 주름을 형성하고 있는 것이다.[11] 그러나 이와 같이 뛰어

그림 8. 사진의 '이스턴 인디고 스네이크(*Drymarchon couperi*)'처럼, 뱀은 탈피(허물벗기)를 한다. 머리에서 시작해서 꼬리 쪽으로 몸통을 따라 계속 벗겨지는데 수 분에서 수 시간이 걸린다. 낡은 피부가 쉽게 벗겨지도록 풀이나 바위에 대고 몸통을 문지르는 경우도 있다.
Photograph ⓒ Kira Od.

난 구조를 한 비늘에도 약점이 있다. 한 번 만들어진 각각의 비늘은 동물이 성장할 때처럼 세포가 늘어나면서 커지지 않는다. 그러므로 몸통의 성장에 보조를 맞추기 위해서는 오래된 비늘을 새로운 비늘로 교체해야만 한다. 예를 들어 뱀이나 도마뱀은 '탈피'라는 주기적인 과정을 통해 비늘로 된 옷을 한 번에 새로 갈아입는다(그림 8). 동시발생적인 이 과정에서 동물은 완전히 새로운 표피를 형성한다. 이때 새로운 표피로부터 분리된 낡은 표피들은 한 조각 혹은 여러 조각의 형태로 떨어져 나간다.

살아 있는 동안 내내 건조한 땅에서 지내는 동물의 피부는 내부 조직의 건조를 막아야 할 뿐만 아니라 찰과상이 생기지 않도록 몸을 보호하는 역할도 해야 한다. 케라틴이 이러한 역할에 도움을 준다. 그러나 파충류는 수명이 길고 땅 위에서 생길 수 있는 마모를 견뎌내야 하기 때문에 더 강인한 피부가 필요하다. 악어의 피부는 진피가 골화骨化되어 마모를 견디고 포식자로부터 보호받을 수 있도록 진화했다. 이

그림 9. 갈라파고스 코끼리거북의 껍질은 척추와 진피 그리고 표피에서 만들어진 복합 구조다. 껍질이 매우 단단한 것은 주로 표피층에 있는 β-케라틴 때문이다. Photograph ⓒ Bonnie Warren, California Academy of Science

와 같이 피부가 뼈처럼 변한 동물들은 울퉁불퉁한 모양이 되었다.[12] 이와는 별도로 거북의 진화계통에서는 피부가 껍질로 진화했다. 거북의 껍질은 이 놀라운 보호 상자 안에 들어 있는 척추, 갈비뼈, 진피, 그리고 각화된 표피층을 모두 포함하고 있으며, 거북이 성장함에 따라 함께 천천히 커진다(그림 9).

파충류 진화계통은 조류로 이어지는데, 그 과정에서 놀랄 만한 일들이 많이 일어났다. 그리고 그 가운데 가장 중요한 몇몇 사건은 피부와 관련된 것이었다. 파충류의 피부와 비교했을 때 조류의 피부는 훨씬 더 다양하다. 조류의 피부는 몇몇 비늘이 돌연변이를 일으키면서 깃털로 발전했다. 깃털은 피부의 부속기관들 중 가장 흥미롭고 복잡한 구조라 할 수 있으며, 단열·의사소통·비행에 중요한 역할을 한다. 깃털의 진화로 모든 척추동물의 진화 역사에서 가장 흥미 있는 사건들 중 하나가 일어났다.[13] 조류와 포유류의 선조들이 온혈동물 쪽으로 진화해감에 따라 파충류 선조들의 비늘로부터 열을 보존하는 피부 부속기관(깃털과 털)이 진화했다. 깃털은 털과 마찬가지로 줄기세포가 포함된 모낭에서 성장한다. 털은 모낭에서 하나의 가닥으로 자라는 데 비해, 깃털은 복잡하게 분지된 여러 가닥으로부터 발달한다. 최초의 깃털은 비교적 단순한 구조였으며 최초의 조류들이 열을 잃지 않도록 하는 단열 효과를 나타냈다. 깃털 가닥들이 진화함에 따라 그 분지들도 점점 더 정교해져서, 오늘날의 새들에게서 볼 수 있는 깃털—비행이 가능한 특수 형태—이 되었다.[14]

　육지 생활에 적응하는 동물들은 건조와 마찰로부터—그리고 온혈 조류와 포유류들은 열손실로부터도—자신을 보호하는 피부 구조를 진화시켰다. 그러나 그것만으로는 충분하지 않았다. 마른 땅 위에서 움직이는 동물들은 굳은 땅과 초목 등으로 이루어진 다양한 환경의 지표를 걸어다녀야만 했다. 게다가 땅은 항상 편평하게 이루어져 있는 것이 아니었다. 따라서 대부분의 네발동물은 말 그대로 '정신을 똑바로' 차려야 했다.

　발톱은 외지外肢(척추동물의 팔, 다리, 날개, 지느러미 등 체표에 돌출된 운동기관-옮긴이) 끝의 피부가 특수하게 변형된 것으로, 다양한 각도와 질감을 지닌 지표에 단단히 발을 디딜 수 있도록 해준다. 이는 양서류 일부와 거의 모든 파충류 그리고 조류에게 있다. 발톱은 손가락과 발가락 끝의 표피가 두껍게 각화되는 것에서부터 시작되었다. 마모에 잘 견디는 β-케라틴이 주성분이며 기능에 따라 발톱의 모양이 다르다. 편평한 발톱은 주로 땅 위에서 사는 동물에게, 굽은 발톱은 주로 나무 위에서 사는 동물들에게 있다. 대부분의 포유류에게도 다른 네

　　　　　　　　　　　　　　　　피부색에 감춰진 비밀

그림 10. 영장류의 손발톱은 손가락과 발가락 끝의 넓고 민감한 부위를 물리적으로 지지하며 보호해준다. 늘보원숭이(*Nycticebus tardigradus*)의 변형된 손톱은 털을 고르는 데 사용되는 몸단장용이다. Photograph ⓒ Vernon Weitzel

발동물들처럼 발톱이 있지만, 손톱이나 발굽 등 변형된 형태로 진화한 것들도 있다. 이는 촉감을 느끼거나 이동을 하는 데 필요한 방향으로 진화한 것이다.

영장류의 손발톱은 다른 포유류와 구분되는 특징 가운데 하나다. 영장류에서 손발톱의 진화 및 그 형태는 손가락과 발가락 끝의 감각 민감도가 높은 것과 관련이 있다. 영장류가 생존하기 위해서는 이와 같은 부위가 특히 민감해야만 한다(7장에서 이 주제에 관해 다시 다룰 것이다). 인간을 포함해 모든 영장류들은 손가락과 발가락을 이용해서 먹을 것을 잡으며, 털 손질과 같이 친근감을 표현하는 여러 방법을 통해 다른 개체와 소통한다. 늘보원숭이 같은 원원류原猿類 혹은 소위 하등영장류는 발톱처럼 생긴 손톱 하나를 다시 진화시켰다. '털 손질 손톱' 혹은 '몸단장 손톱' 등으로 불리는데, 검지에 형성되어 털 손질을 하는 데 이용된다(그림 10). 인간도 손톱을 여러 방법으로 이와 비슷한 목적에 사용한다. 하지만 어떤 경우는 사회적으로 널리 통용되고 또 다른 경우는 배척되기도 한다. 우리 인간은 또한 손톱을 다양한 색으로 정교하게 장식하여 자기 자신을 표현하는 작은 화랑畫廊으로 만들기도 한다.

사지를 땅 위에서의 장거리 여행에 적응시켰던 포유류들은 앞다리와 뒷다리 끝이 과도하게 마모되지 않도록 발톱을 다양하게 진화시켰다. 소나 말 같은 가축들과 사슴이나 얼룩말 등이 지닌 발굽은 딱딱한 β-케라틴 성분을 증가시켜 발의 끝부분을 감싸 발가락 끝이 땅을 칠 때 잘 견딜 수 있도록 한 것이다. 그래서 이와 같은 동물들을 가리키는 영문 이름인 ungulate는 '발톱'이라는 뜻을 지닌 라틴어 unguis에서 유래했다(우리말로는 유제류라 부르는데 발굽이 있는 동물이라는 뜻이다—옮긴이). 모든 포유류의 진화계통에서 피부 및 여러 부속기관들은 자연선택의 명령에 따라 조금씩 다른 방향으로 진화했다. 한 진화계통이 일단 특정한 방향—예를 들어 발굽의 진화—으로 발전하기 시작하면 다시는 되돌아가지 못한다. 발굽의 경우 마모에 잘 견디게 진화한 대신 감각 민감도가 소실되는 대가를 치렀다. 말은 단단해진 발가락 끝을 딛고 오랫동안 빠르게 달릴 수 있지만 잘 익은 무화과를 짜거나 피아노를 연주할 수는 없다.

네발동물의 서로 다른 진화계통에서 피부는 털, 깃털, 발톱 등 여러 방향으로 진화했다. 그러나 자연선택이 이와 같은 구조물이 없어지는 방향으로 작용했을 때는 어떻게 되었을까? 이런 문제는 포유류의 진화에서 반복적으로 발생했으며, 특히 털과 관련되어 나타났다. 대부분의 포유류에게는 털로 된 멋진 외투나 모피가 있어 단열·보

피부색에 감춰진 비밀

호·장식 기능을 한다. 그러나 일부 진화계통에서는 여러 이유 때문에 털이 없어지는 방향으로 진화했다. 가장 큰 육지 포유류들—코끼리와 코뿔소—은 털이 거의 없는데, 자신들이 살아가는 열대지역의 환경에서는 단열 기능을 추가할 필요가 없기 때문이다. 마지막 빙하기 동안 북위도 지역에서는 이러한 동물들이 '털북숭이' 형태를 띠는 게 일반적이었다. 그러나 오늘날의 코끼리와 코뿔소들은 털 대신 두껍고 거친 피부를 진화시켰다(그래서 '코끼리 가죽 같은 피부'라는 표현도 있다). 거대한 탱크 같은 몸통에 열이 축적되는데, 두꺼운 모피코트가 덮인다면 몸의 표면에서 열이 발산되는 것을 방해하게 될 것이다. 파충류의 피부처럼 코끼리와 코뿔소의 피부에도 털이 없고 케라틴 성분이 많아서 마찰로 인한 손상과 수분 소실을 막아준다. 그리고 코끼리는 기회가 될 때마다 몸에 물과 진흙을 끼얹어서 몸을 식히고 스스로를 보호한다.

신체 크기라는 변수에서 코끼리와 코뿔소의 반대쪽에는 아프리카 벌거숭이두더지쥐라는 매우 특이한 포유류가 위치한다. 벌거숭이두더지쥐는 땅 속에서 대규모의 사회적 공동체를 이루어 살아가는 동물이다. 그들은 먹을 수 있는 덩이뿌리를 찾아 땅속에 굴을 파면서 대부분의 시간을 보낸다. 이 동물은 땅속의 따뜻하고 폐쇄된 환경에서 지내는 동안 체온을 유지하기 위해 벌거숭이가 된 것으로 보인다. 땅굴을 파는 다른 동물들과 마찬가지로, 벌거숭이두더지쥐도 작고 홀쭉한 소시지 모양이며 특유의 크고 날카로운 앞니를 가지고 있다(컬러 사진 4).

많은 포유동물은 수중 생활양식에 대한 적응의 일환으로 털을 없앴다. 예를 들어 돌고래의 피부에는 털이 없는 대신 가느다란 손가락 모양의 홈이 있어 몸의 표면에서 물이 층을 이루며 흐르게 된다. 그리고 이것은 돌고래가 헤엄칠 때 마찰력을 줄여 더 빠르고 효율적으로 움직일 수 있게 해준다.[15] 물론 돌고래는 그와 같이 멋진 몸매로 물살을 가를 뿐 아니라 매우 영리하기 때문에 유명하다. 하지만 그보다 덜 매력적이라 하더라도 몸에 털이 없는 다른 수중동물들도 많다. 나는 개인적으로 하마를 가장 좋아한다.

하마는 큰 체구의 육지 포유류지만 호수나 강의 얕은 물에서 대부분의 시간을 보낸다. 그리고 밤이 되어 공기가 시원해지면 땅으로 올라와 먹을 만한 풀을 찾아 수 킬로미터씩 걷는다. 하마 피부의 각질층은 얇고 매끈하지만 단단하다. 이 피부 층은 하마가 몸의 표면에서 수분을 다른 어떤 포유류보다 더 빠르게 내보낼 수 있게 해주며, 이 과정을 '표피를 통한 수분 소실' 이라 부른다. 이것은 발한, 즉 땀을 흘리는 것과는 다르다. 실제로 하마 피부에는 땀샘이 없다. 하마는 피부 표면에서 수분을 직접 내보냄으로써 물속이나 땅 위에 있을 때 몸에 쌓이는 많은 열을 발산한다. 또한 하마는 피부에 있는 특수한 샘에서 끈적이는 분홍빛 체액(붉은 땀)을 분비하여 뜨거운 태양으로부터 몸을 보호한다(컬러 사진 5). 하마에게는 이와 같이 자연적인 일광차단 장치가 있지만, 너무 오랫동안 물 밖에 나와 있으면 피부가 마르면서 수분을 내보내기 어렵게 된다. 이와 같은 생리학적 이유 때문에 하마는 대부분의 시간을 물속에서 보내고 항상 물이 있는 곳 가까이에서 살아간다. 그리고 연구 결과, 다른 동물들이 땀을 흘려서 열을 내보내는 것처럼

피부색에 감춰진 비밀

하마 역시 피부 각질층을 통해 빠르게 수분을 방출시킴으로써 몸을 식힌다는 것이 확인되었다. 하마는 그 외에도 밤에 주로 먹이 활동을 함으로써 신체의 열부하熱負荷를 감소시키고, 증발에 의한 수분 소실량도 줄인다.[16]

나는 몇 년 전 네팔에서 화석 연구를 하며 하마와 하마의 피부에 대해 크게 경탄한 적이 있다. 인도 북부나 파키스탄뿐 아니라 그곳에서도 멸종된 하마의 뼈가 많이 발견되었다. 나는 왜 그곳에서 이 동물이 멸종했을까 궁금했다. 그리고 그 답은 그들이 섬세하고 투과성 있는 피부를 가지고 있는 까닭에 항상 물이 있는 장소에서 살아야만 한다는 사실과 관련됐을 것이라 생각했다. 오늘날 남아시아 지역에서 흔한 계절풍강우季節風降雨는 약 수백만 년 전에 극심해지기 시작했다. 그 결과 해당 지역 강들의 흐름이 계절에 따라 심한 변동을 보였고, 이 때문에 하마가 포유류들 중에서 가장 먼저 피해를 입게 되었다.[17] 1년 중 어떤 시기에 강물이 마르기 시작하자 하마도 말 그대로 마르고 타들어갔다. 불행히도 하마의 피부는 그들을 멸종으로 인도하는 저승사자였다.

하마는 매우 특이하지만, 털 없는 포유류에 대해 이야기할 때 가장 먼저 떠올리는 동물은 아니다. 벌거벗은 유인원, 즉 인간이 가장 특징적이다. 우리 인간의 몸은 기능적으로 털이 없으며, 이런 점에서 진화론적으로 가장 가까운 친척들과 크게 다르다. 인간의 몸에서 언제 어떻게 털이 없어졌을까 하는 의문이 오랫동안 제기되어왔다. 이와 같은 문제에 대한 답을 찾아가는 가장 좋은 방법은 인간 및 인간과 가까운 친척들 사이의 진화론적 연관성을 활용하여 탐구하는 것이다.[18] 사

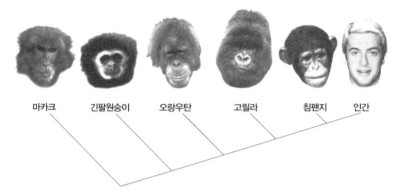

마카크　　　긴팔원숭이　　　오랑우탄　　　고릴라　　　침팬지　　인간

그림 11. 영장류 속에서 인간이 차지하는 진화적 위치를 잘 보여주는 분기도. 인간과 침팬지는 서로 가장 가까운 친척이며, 오늘날의 두 종 모두와 다르게 생긴 공통 조상을 가졌다. 시간을 더 거슬러올라가면 이 둘의 공통 조상은 고릴라와의 공통 조상이 되고, 이런 식으로 계속 거슬러올라간다. 이와 같은 동물들 전체 집단을—다른 아프리카 유인원들과 오랑우탄, 긴팔원숭이, 구세계원숭이 그리고 인간을 포함해—포유류 영장목(靈長目)의 협비원류(狹鼻猿類)라는 아목(亞目)으로 분류한다. Photograph ⓒ Andrew Lax

람은 자신의 고유한 역사에 관심을 가지기 마련이다. 따라서 학자들은 지난 150년 동안 인간과 다른 동물 사이의 진화론적 관계에 대해 연구해왔으며 많은 성과도 거두었다. 그 대표적인 결과가 우리 인간이 속한 영장류의 계통발생론系統發生論(진화론적 역사 모형)이 확립된 것이다. 분기도分岐圖를 이용하면 이러한 계통발생을 시각적으로 기술할 수 있다(그림 11).[19]

현재 지구상에서 살아가는 동물 중 인간의 가장 가까운 친척은 침팬지다. 그러나 이것은 인간이 침팬지로부터 진화했다는 의미가 아니라, 과거에 침팬지와 인간의 공통 조상이 있었다는 뜻이다. 그리고 그 공통 조상은 현재의 인간이나 침팬지 그 어느 쪽과도 다른 모습이었다. 지난 20년 동안 영장류에 대한 분자생물학적 연구로부터 얻은 가장 흥미 있는 결과는 인간과 침팬지의 관계가 이 두 종과 고릴라의 관

피부색에 감춰진 비밀

계보다 훨씬 가깝다는 것이었다.[20] 많은 사람들이 외모에만 근거해 침팬지와 고릴라가 훨씬 더 가까운 친척 관계일 거라고 추측하기도 하지만, 겉모습에는 함정이 있을 수 있다. 침팬지와 고릴라 사이의 여러 신체적 유사성들, 예를 들어 많은 털, 이빨 형태, 신체 비율, 그리고 너클보행knuckle walking(주먹 쥔 손으로 땅을 짚으며 걷는 방식—옮긴이) 등은 약 1100만 년 전에 살았던 공통의 조상으로부터 전해진 특성들이다. 침팬지와 고릴라는 그들의 선조와 마찬가지로 피신처 역할을 해주는 아프리카 적도의 숲 속에서 살았기 때문에 이와 같은 특성을 공유하게 되었다. 그처럼 비교적 안정된 환경에서는 자연선택이 큰 변화를 만들어내지 않는 경향이 있다. 생김새만으로 볼 때는 인간이야말로 진정한 '외톨이'라 할 수 있다. 인간과 침팬지의 진화계통이 공통 선조로부터 분지된 이후 인간은 극적이고도 빠른 해부학적 변화를 거쳐서 기다란 사지, 작은 치아, 큰 두뇌 그리고 사실상 털이 없는 신체를 가지게 되었다. 이러한 변화들은 대부분의 인간 선조들이 살았을 것으로 여겨지는 사바나 목초 지대처럼 좀 더 개방된 환경에 적응하기 위한 자연선택의 직간접적 결과들이었다. 우리가 보기에는 인간과 침팬지의 해부학적 차이가 매우 큰 것 같지만, 중요한 유전적 변화는 상대적으로 매우 적은 것으로 드러났다. 그래서 한 인류학자는 우리 인간을 '98퍼센트의 침팬지'로 표현했다.[21]

그러므로 우리와 가까운 영장류 사촌들의 피부는 인간 피부 및 피부색의 진화를 이해하기 위한 출발점이 된다. 이러한 동물들의 피부는 모두 해부학적·기능적으로 중요한 특성들을 공유한다.[22] 첫째, 신

그림 12. 차크마 개코원숭이(차크마 비비, *Papio amadryas ursinus*) 집단. 어미 등에 매달려 있는 새끼의 얼굴이 밝은 색이다. 수년 동안 햇빛에 노출된 어미나 다른 성숙한 개코원숭이의 얼굴은 짙은 색인데, 햇빛이 피부에서 멜라닌색소의 생산을 자극했기 때문이다. Photograph ⓒ Mauricio Autón

체의 앞쪽보다 뒤쪽의 피부가 더 두꺼우며, 단열과 보호 기능을 하는 털로 덮여 있다. 이들 중 일본원숭이 같은 일부 종은 털이 매우 빽빽하지만, 침팬지 같은 다른 종들의 털은 훨씬 성기다. 그리고 인간은 털이 너무 적어서 거의 보이지 않는다. 둘째, 영장류의 피부는 땀을 만들어낸다. 영장류가 땀을 흘리는 것은 매우 중요하다. 더울 때나 몸을 움직일 때 열을 식히는 주된 방법이기 때문이다. 피부가 만들어내는 땀의 양은 종에 따라 다르지만, 모든 영장류는 땀을 흘릴 수 있다. 셋째, 영장류의 피부는 멜라닌이라는 검은 색소를 만들 수 있다. 이러한 능력도 종에 따라 다르고 동물이 살아가는 환경에 따라 차이가 있지만, 모든 영장류의 피부에는 멜라닌을 생산하는 세포가 있다.

우리는 인간과 가까운 친척인 유인원과 원숭이들이 짙은 색이며 털

피부색에 감춰진 비밀

이 많은 동물이라 생각하는 경향이 있지만, 피부를 자세히 관찰해보면 놀라운 사실을 알게 된다. 예외가 있긴 하지만 이러한 동물들 대부분은 옅은 색 피부를 가지고 태어나며, 어른이 되어도 털에 덮인 피부는 아주 약간만 착색될 뿐이다. 얼굴, 손, 발 등 자주 햇빛에 노출되는 부위의 피부만 수개월에서 수년이 지나면 점차 짙은 색이 된다. 개코원숭이의 '가족사진'(그림 12)에서 이를 쉽게 확인할 수 있다. 침팬지에서도 비슷한 변화가 일어난다. 새끼의 연한 색 피부는 어른 침팬지의 검은색 피부와 극적인 대조를 이룬다. 새끼를 어릴 때부터 방에 가둬 키우면(실험실 혹은 일부 동물원에서처럼) 피부가 검게 변하지 않는다.

그러니까 인간과 침팬지의 공통 조상은 검은 털로 덮인 옅은 색 피부를 가지고 있었을 가능성이 크다. 이는 원숭이, 유인원, 인간을 포함하는 전체 진화계통 조상들의 피부 상태이기도 했다.[23] 이러한 관점에서부터 시작해서 이제 인간의 몸에서 털이 없어진 과정을 추정해보자. 그 대답은 인간이 모든 포유류 중에서 가장 땀을 많이 흘리며 다양한 피부색을 지니게 된 이유와 관련 있다.

3

땀

인간에게 털이 거의 없는 이유에 대해서는 여러 설명이 있다. 털이 없어진 시기와 과정을 말해주는 화석 증거는 없지만 학자들은 해부학적 · 생리학적 · 행태학적 정보들을 이용하는 한편 다양한 상상력까지 동원해서 이와 관련된 진화론적 시나리오들을 제안해왔다. 그 결과 나온 가설들의 범위는 충분히 근거 있는 것에서부터 다소 익살스러운 것에 이르기까지 다양했는데, '수영을 하기 위해서' 부터 '털에 서식하는 이를 없애기 위해서' 에 이르기까지 거의 모든 것이 동원되었다. 그중에서 가장 설득력 있는 이론은 인간 진화 역사에서 땀의 중요성과 관련되는데, 이 단원에서 다룰 주제다. 그러나 이와 관련해서 지금까지 주목을 받아온 다른 설명들을 검토해보는 것도 도움이 될 것이다.

가장 많은 사람들이 고개를 끄덕였던 설명은 이른바 '수상 유인원 가설aquatic ape hypothesis' 이다.[1] 이 가설에 따르면 인류 진화계통은 약 700만 년 전에 수상생활 중심으로 시작되었는데, 이때의 고대 호미니드hominid들—침팬지들과의 마지막 공통 조상 이후 우리 인간 진화계통에 속하는 모든 구성원들—은 몸의 털이 거의 없어졌다. 그 대신 피부 아래에 체지방 층이 생겨나고(피하지방층), 네 발로 움직이는 자세에서 두 발로 서서 걷는 모습으로 바뀌었다(직립보행).[2] 이 가설에서는 인간의 먼 친척들의 화석이 고대 호수 근처에서 가장 많이 발견되는 것이 수상생활의 증거라고 주장한다. 그리고 털 없는 신체나 피하지방 같은 현대 인류의 해부학적 특징들을 고래나 돌고래 같은 수생 포유류들도 가지고 있다는 사실에도 주목한다. 수상 유인원 가설이 대중들의 큰 관심을 끌었던 시기(1970년대)에는 이론이 비교적 단순하게 고안되었고, 인간 선조들이 수영을 하고 물속에서 아기를 키우는 등 즐거운 활동을 했다고 설명했다. 그래서 현대적 인간의 출현을 무자비한 폭력과 투쟁의 산물로 설명하던 당시의 모든 가설들을 대체할 매력적인 이론으로 보였다.[3]

　　그러나 문제는 수상 유인원 가설을 입증할 증거가 없다는 것이다. 우리의 먼 선조가 아프리카 열대지역에서 생활하는 모습을 상상해보자. 우선 호수에서 대부분의 시간을 보내던 호미니드 선조들은 기슭에서 물속으로 들어가야 했다. 그러나 수백만 년 동안 아프리카의 강과 호수, 그리고 물웅덩이 기슭은 그들에게 호의적인 장소가 아니었다. 거대한 악어들이 먹잇감을 찾아 끊임없이 어슬렁거리는 위험한 물가에 오래 머물 수 있는 동물은 거의 없다. 키가 1미터 정도에 불과

피부색에 감춰진 비밀

했고 날카로운 발톱이나 커다란 이빨이 없었을 뿐 아니라 무기를 다룰 줄도 몰랐던 호미니드 선조들 역시 그와 같이 무시무시한 포식자들에 대항할 수 없었다.

또한 그들이 어떻게 해서든 물에 들어갔다 하더라도 또 다른 심각한 문제에 직면했을 것이다. 인간의 피부는 아프리카 호수나 강에 사는 수인성 기생충들을 막아낼 방어력이 없다는 것이다. 아프리카 열대지역에서 물속이나 물 주위에 사는 주민들의 건강에 가장 큰 위협이 되는 요인들 중 하나는 주혈흡충住血吸蟲이다. 이는 피부를 뚫고 침입해서 감염을 일으키는 작은 기생충이다. 그 외에 다른 많은 기생충성 질환들도 이와 같은 방식으로 인간에게 전파되며, 생계를 물에 의존하는 많은 주민들의 활력을 잃게 만들거나 생명을 앗아간다.[4] 만약 호미니드 선조들이 진화 초기에 수상 거주지에서 살았다면, 그와 같은 기생충의 공격에 대응한 역사가 인간 면역체계에 반영되어 있어야 한다. 하지만 그렇지 않다. 불과 최근 1만 년 전 이후에야 인간은 많은 시간을 물에서 보내기 시작했다. 농사와 고기잡이가 발전했지만 아직도 우리의 면역체계에는 민물호수나 강에 서식하는 골칫덩이 생명체들의 공격에 대응하는 자연선택이 작동하지 않았다.

수상 유인원 가설은 호미니드의 피부에서 털이 없어진 진화도 적절히 설명해주지 못한다. 고래나 돌고래와 같이 전적으로 물속에서만 살아가는 동물들에게 털이 없으면 마찰이나 부력이 줄어들기 때문에 도움이 된다. 이는 먹이를 잡거나 먼 거리를 이동할 때 물속으로 잠수해 빠르게 헤엄치도록 해준다. 그러나 고대 호미니드가 조개류 등을 잡기 위해 얕은 물이나 강변을 가끔씩 걸었을지는 몰라도 이와 같이 본격적인 수중 활동을 했다는 증거는 없다.[5] 물속에서 가끔 시간을 보내는 동물의 피부에 털이 없다면 오히려 더 많은 시간을 보내는 땅 위에 있는 동안 체온 조절에 문제를 일으키게 된다.

수달, 물개, 바다사자처럼 무게가 1000킬로그램 이하면서 땅 위에서도 어느 정도 시간을 보내는 동물들은 매끈하면서도 짙은 털로 둘러싸여 있는데, 이것은 이 동물들이 물 밖으로 나왔을 때 추위를 견딜 수 있도록 단열재 역할을 한다. 하마나 바다코끼리 같은 거대한 체구의 반﹢수중 포유류들만이 벌거벗은 피부를 가지고 있다. 드럼통처럼 생긴 거대한 체표에서 열을 내보내기 어렵기 때문에 털이 없는 것이다.

그리고 반수중 생활이나 전적인 수중 생활을 하는 포유류들은 물과 접촉하는 피부를 최소화하고 유체역학적 효율을 높이기 위해 날씬한 체형과 지느러미 혹은 물갈퀴 등 작은 부속기구들을 진화시켰다.[6] 굶주린 포식자들이 호시탐탐 노리는 수중에서 많은 시간을 보내는 동물이라면 물속을 빠르고 능숙하게 움직여야 살아남을 수 있다. 하지만 호미니드 선조들은 키가 작고, 두 발로 걸었으며, 길고 가는 팔을 가졌다. 따라서 물속에서 사냥감을 쫓거나 수영을 하거나 신나게 놀기는커녕 개헤엄조차 치기 어려웠을 것이고, 5분 정도 자신을 방어할 능력도 없었을 것이다.

간단히 말해, 인간은 수상생활을 겪으며 몸의 털이 없어진 것이 아니다. 이 가설에서 수영이나 잠수를 하며 살았던 생활의 유산이라고 주장하는 인간의 모든 특징들은 오히려 덥고 개방된 환경에서 활동하

피부색에 감춰진 비밀

며 살기 위한 적응의 일환이라는 논리로 설명할 때 좀 더 엄밀하고 확실해질 수 있다.[7]

인간이 털이 없어지는 방향으로 진화한 까닭을 설명한 다른 이론들 또한 대중들의 관심을 끌었다. 최근의 한 가설은 피부에 털이 없으면 털이나 깃털에 감염되는 기생충들이 일으키는 질병이 줄어들기 때문에 생존과 생식에 유리하다고 주장한다.[8] 털과 깃털은 따뜻하여 이나 벼룩처럼 질병을 일으키는 체외 기생충들이 살기에 적당하기 때문에, 신체에 털이 없으면 그러한 병원체들이 자리 잡기 어렵다는 것이다. 이 가설에 따르면, 인간이 의복이나 비바람으로부터 자신을 더 효과적으로 보호할 수 있는 다른 수단들을 적용했을 때 비로소 털이 없어지는 진화가 가능하다. 옷이 기생충에 감염되면 벗어서 씻어내면 간단한데, 굳이 영구적인 털로 몸을 덮을 필요가 있겠는가?

이 이론은 털이 없어지도록 진화하기 전에 인간이 의복을 갖춰 입었어야만 하고, 또 스스로를 보호할 수 있는 주거지를 만들었어야만 한다고 가정한다. 그러나 이러한 가정이 사실임을 보여주는 증거는 어디에도 없으며 오히려 그 반대의 증거만 풍부하게 남아 있다. 그리고 의복과 주거지는 인류 역사에서 최근의 발명품이다. 송곳이나 바늘 같은 인공물들이 사용된 시기는 인류 역사의 마지막 4만 년으로 한정되며, 그 유적도 열대 이외의 지역에서 발견되었다.[9] 체외 기생충 가설은 아프리카의 직립원인直立猿人(호모 에렉투스) 같은 초기 호미니드들도 문화적 도구들(의복, 주거지, 불)을 가졌다고 가정한다. 그러나 이에 관한 고고학적 증거는 없다. 그리고 역사 민족지학民族誌學적 연구

그림 13. 보츠와나의 원주민 부시맨과 같은 열대지역의 원주민들은 대부분 눈에 보이는 체모가 없으며 전통적으로 옷을 거의 혹은 전혀 입지 않는다. Photograph ⓒ Edward S. Ross

결과에 따르면, 열대 아프리카와 오스트레일리아 등의 지역에서 고대로부터 내려온 전통 생활을 유지하고 있는 주민들은 옷을 거의 입지 않으며 이는 추운 날씨일 때도 마찬가지다. 오늘날의 열대지역 원주민들은 모든 인종 가운데 가장 털이 없는 편이다(그림 13). 현대 인간은 선조 때부터 털이 없었으며, 그 기원은 인간이 옷을 걸침으로써 체외 기생충에 대한 부담이 줄어든 것과 관계없다.[10]

인간에게 털이 없어진 까닭을 설명하는 여러 가설들 중 유일하게 화석이나 환경적·해부학적 증거들과 일치하는 설명에서는 땀의 중

피부색에 감춰진 비밀

요성을 강조한다. 더운 환경에서 활동을 많이 하며 살아가는 영장류에게는 기능적으로 털이 없고 땀을 많이 흘리는 피부가 체온을 일정하게 유지하기에 가장 좋다. 그러나 같은 환경에서 살아가는 다른 동물들은(다른 영장류를 포함하여) 그렇지 않은데 왜 인간만 털이 없는지 의문을 제기할 수 있다. 더운 환경에서 살아가면서도 두꺼운 모피를 입은 동물들에게는 어떤 일이 일어날까?

강한 햇빛을 받아 열이 발생할 때 모피나 깃털 층은 동물이 주변 환경으로부터 얻는 열의 양을 줄여주는 효과가 있다. 모순되는 것처럼 보일 수 있지만 두꺼운 외투를 입은 동물들은 대부분 실제로 햇빛 아래에서 몸을 더 시원하게 유지할 수 있다. 외투가 열을 붙잡아(단파복사 흡수) 주변 환경으로 다시 돌려보내기(장파복사 방출) 때문에, 피부 자체의 열은 크게 높아지지 않는다.[11] 이러한 기능은 외투가 말라 있을 때는 잘 작동하지만, 외투가 땀에 젖어 축축해졌을 때는 문제가 된다.

동물이 활동을 하거나 외부 기온이 올라가서 더 많은 열이 발생하면 신체 내부의 열 부담 증가에 대처해야 한다. 이를 위해 많은 포유류들은 땀을 흘린다. 땀이 증발하면서 몸을 식혀주는데, 수분이 표면에서 증발할 때 그 물체로부터 열을 빼앗아가기 때문이다. 이때 증발에 따른 냉각 효과는 피부 표면에서 곧바로 땀을 흘릴 때 가장 효율적이다. 하지만 만약 동물이 땀을 흘려 털이 젖게 되면, 이때 증발은 피부 표면이 아니라 털의 표면에서 일어나게 된다. 이는 체내의 열을 증가시킨다. 왜냐하면 피부 속 혈관으로부터 생긴 열이 피부 표면에서 재빠르게 발산되기보다는 젖은 털의 표면으로 옮겨가야 하기 때문이다.

그 결과 동물은 적절한 냉각 상태를 유지하기 위해 땀을 더 많이 흘리게 되고, 털은 더 축축하게 젖는다. 생리학적으로 볼 때 이는 매우 비효율적이며 오랫동안 이런 상태를 유지하기란 거의 불가능하다. 이 경우 동물이 격렬하게 움직이는 동안 일정한 간격으로 물을 계속 마시지 않으면 열로 인해 탈진된다.

주위 환경의 온도가 높아지거나 더 격렬히 활동할수록 땀 흘리기는 더 중요해진다. 동물이나 사람이 휴식을 하거나 보통의 약한 신체 활동을 할 때는 복사(한 물체에서 온도가 낮은 다른 물체로 열을 전달), 대류(공기 흐름과 같은 물리적 이동으로 열을 교환), 전도(물체 사이의 직접적 접촉에 의한 열 흐름), 그리고 증발과 같은 방법으로 몸을 식힌다(그림 14).

그러나 외부의 온도가 높아지면 체온과 기온의 차이가 더 적어지기 때문에 땀이 아닌 다른 방법으로 내보낼 수 있는 열의 양이 제한된다. 그리고 동물의 활동 강도가 높아지면 신체 내 대사가 많이 일어나서 큰 근육들을 중심으로 더 많은 열이 생산된다. 그러므로 더운 날씨에 격렬한 활동을 하면 문제가 증폭된다. 이러한 상태에서는 증발을 통해 열을 효율적으로 내보내는 능력이 생존에 필수적이며, 이 과정을 방해하는 모든 것들은 동물의 생명을 위협한다. 두꺼운 털외투로 둘러싸인 호미니드는 활동량이 많을 때 체온이 상승하지 않도록 하기가 어렵다. 젖은 털이 담요와 같은 효과를 나타내 피부 표면으로부터 열이 방출되는 것을 막기 때문이다. 이처럼 냉각 효과는 없이 땀만 많이 생산하게 되면 몸속의 체액이 급속히 소실되는 결과를 낳는다. 대부분의 학자들은 이것이 인류의 진화 과정에서 털이 없어지는 계기가 됐

피부색에 감춰진 비밀

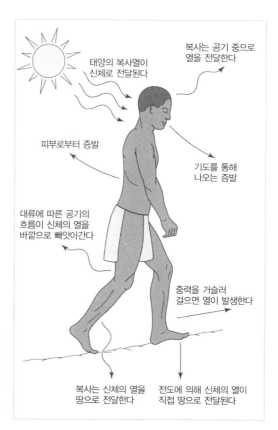

복사는 공기 중으로 열을 전달한다

태양의 복사열이 신체로 전달된다

피부로부터 증발

기도를 통해 나오는 증발

대류에 따른 공기의 흐름이 신체의 열을 바깥으로 빼앗아간다

중력을 거슬러 걸으면 열이 발생한다

복사는 신체의 열을 땅으로 전달한다

전도에 의해 신체의 열이 직접 땅으로 전달된다

그림 14. 사람과 동물은 복사, 대류, 전도, 증발 등의 방법으로 몸을 시원하게 한다. 기온이 상승하고 신체 활동이 더 강해지면 땀을 흘려서 증발열을 방출하는 방법이 더 중요해진다. Illustration ⓒ Jennifer Kane

다는 데 동의한다. 체모 대부분이 없어지자 피부 표면으로부터 바로 땀을 증발시키지 못하는 문제가 사라졌다.[12]

인간의 피부에 있는 땀샘은 주로 에크린 땀샘eccrine sweat gland인데, 여기에서는 물처럼 맑은 체액을 대량으로 분비하고 빠르게 증발한다. 열을 방출하여 몸을 식히는 이 과정을 '열성 발한'이라 부른다.[13] 반면, 다른 포유류들의 피부에는 아포크린 땀샘apocrine sweat gland이 훨씬 많다. 이 땀샘은 뿌연 점액질의 체액을 소량 분비하며, 이것이 건조되

면 끈적거리며 반짝이는 방울 모양으로 된다. 말과 같은 동물은 활동 중에 분비되는 아포크린 땀이 피지샘에서 나오는 피지와 섞여서 거품을 형성하는데, 이 거품은 동물의 열을 식히는 데 도움이 된다. (영어의 'in a lather (흥분해서)' 라는 표현이 여기에서 유래됐다.) 인간에게는 아포크린 땀샘의 수가 매우 적은데 그 대부분은 사타구니 · 겨드랑이 · 귀에 있어, 스트레스나 성적 자극에 반응하여 분비된다. 인류 진화 과정에 에크린 땀샘의 수가 아포크린 땀샘보다 훨씬 많아진 데는 상당한 이유가 있다.

두꺼운 털외투를 지녔으며 주로 아포크린 땀샘을 가진 동물이 만들어내는 땀의 양은 인간이 더운 기온에 노출되거나 격렬한 운동을 할 때 흘리는 땀의 20퍼센트에 불과하다. 그와 같은 동물은 땀을 흘리는 것만으로는 민감한 장기가 적정 체온 내에서 유지될 수 있도록 몸을 충분히 식히지 못한다. 따라서 그들 가운데 많은 종들은 몸을 식히기 위해 '숨을 헐떡이는' 것과 같은 다른 기전을 진화시켰다(그림 15).[14] 영장류에 속하지 않는 대부분의 포유류들은 아포크린 땀샘을 통한 발한과 '헐떡거림' 을 비롯한 여러 수단들을 함께 사용한다. 인간 외의 영장류들은 발한을 통해서만 몸을 식히며, 땀을 만드는 에크린 땀샘과 아포크린 땀샘이 다양한 비율로 섞여 있다.[15] 또한 많은 종들이 체온 조절을 위해 특정 행동을 이용한다. 너무 기온이 높을 때는 단순히 쉬거나 그늘을 찾아서 체온이 올라가지 않도록 한다. 그렇다면 왜 인간은 그처럼 많은 에크린 땀을 흘려서 몸을 식히는 방법으로 진화하게 되었을까?

피부색에 감춰진 비밀

그림 15. 개와 육식동물들은 '아포크린 땀 배출'과 '헐떡임'이라는 두 가지 방법을 이용해 몸을 식힌다. 헐떡일 때 입 속에서 증발이 일어나면서 그 부위의 정맥 속을 흐르는 혈액을 식힌다. 이렇게 식은 혈액은 다시 머리 깊숙이 흘러가서 뇌 기저부의 온도를 낮추는 작용을 한 다음 심장으로 돌아간다. 개는 또한 코 속의 표면에서 증발을 통해 체열의 일부를 내보낸다.

약 200만 년 전 호모 속屬의 출현은 여러 방면에서 인류 진화의 중대한 전환점이었다.[16] 이러한 호미니드들이 진화함에 따라 에크린 중심의 열성 발한은 두 가지 이유에서 그들에게 점점 더 중요해졌다. 첫째, 활동 수준이 높아졌다. 특히 다른 대부분의 동물들은 그늘로 들어가 쉬어야 하는 낮 시간 동안의 활동이 증가했다. 둘째, 평균적인 뇌 크기가 증가했다.[17] 두 경우 모두 몸을 좀 더 효율적으로 식히는 것이 중요해졌다.

케냐 북동부의 투르카나 호숫가에서 약 160만 년 전에 살았던 한 소년의 화석이 거의 온전한 모습으로 발견되었다. 이 '투르카나 소년'으로부터 초기 호모 속 구성원들의 모습을 짐작할 수 있었는데, 그 이전 선조들보다 팔다리가 상대적으로 더 길었다.[18] 초기 호모 속 구성원들은 그들의 선조보다 뇌가 더 컸으며, 생활양식 또한 좀 더 현대적이어서, 활동 범위가 숲 속의 안전한 피난처 주위에만 한정되지 않고 덥고 개방된 환경에서 먼 거리를 걸어다니곤 했다. 여러 증거들을—

호미니드의 뼈나 치아 화석 그리고 이 시기 물질문명의 유적인 각종 석기에 대한 연구와 현대 생물학적 분석 연구 결과 등—종합해볼 때 이들은 두 발로 활발하게 걸어다니며 다양한 먹을거리를 섭취했다. 그리고 도구를 만들 재료를 찾아 아주 먼 거리까지 이동했다.[19] 활동 범위의 증가는 그들에게 특히 중요했다. 고대 호모 속 화석의 골격과 현대의 운동선수들을 비교한 최근의 해부학적 연구에서는 장거리 달리기가 다른 어떤 요인보다 현대 인간의 신체 형태에 영향을 준 것으로 나타났다.[20] 동료들과의 경쟁, 원거리 사냥, 석기 재료를 찾기 위한 탐색 등 생존에 필수적인 여러 활동들과 관련해서 자연선택은 트인 공간에서 더 빨리 더 오래 움직일 수 있는 능력을 요구했다.

점점 더 활동성을 높여가던 초기 호미니드들이 직면한 가장 큰 환경적 도전은 '열'에 대처하는 것이었다. 이를 위해서는 땀 흘리는 능력을 높이는 것이 중요했으며, 이는 주로 효율성이 높은 에크린 땀샘을 늘리는 방법을 통해 이루어졌다. 사막 지역 주민들은 대부분 태양이 뜨겁게 내리쬐는 한낮에 12리터 이상의 에크린 땀을 흘린다. 이는 시간당 1리터의 양에 해당하며 일부 주민들은 일시적이지만 시간당 3~4리터나 되는 엄청난 양의 땀을 흘릴 수 있다. 이렇게 많은 양의 액체가 증발하면서 체온을 빼앗아가기 때문에 몸 전체를 식히는 강력한 기전으로 작용한다. 땀을 흘리는 피부 바로 아래를 지나가는 혈액은 피부 표면을 통한 증발과 열 손실을 통해 식게 된다. 정맥 속에서 식은 혈액은 폐에서 산소를 재공급받기 위해 몸의 중심부로 돌아가고, 심장과 동맥을 통해 뇌, 간장, 골격근 등 체온에 민감한 신체기관들로 재분

피부색에 감춰진 비밀

배된다. 누구나 자기 자신의 몸에서 이와 같은 과정을 확인해볼 수 있다. 날씨가 덥거나 운동을 해서 몸에 열이 나면 손, 발, 머리, 목 등에 있는 정맥들이 확장되어 눈에 잘 드러난다. 옅은 색 피부를 가진 사람들이 더운 날씨에 격렬하게 운동하면 대부분 얼굴이 붉은색으로 변하는 것도 얼굴 표면의 혈관이 확장되면서 혈액이 가득 차기 때문이다.

신체 내부의 기관들이 정상적으로 기능하기 위해서는 체온을 일정하게 유지하는 것이 필수적이며, 뇌에서는 특히 중요하다. 내부 기관들은 일정한 체온을 벗어나면 제대로 기능할 수 없는데, 그 범위는 정상 체온(섭씨 37도)에서 불과 몇 도 이내다. 예를 들어, 고열 환자의 경험에서 볼 수 있듯이 뇌가 아주 약간만 과열되어도 생각하고 유추하며 대화하는 능력에 문제가 생긴다. 뇌의 온도가 섭씨 40도를 넘으면 의식이 혼미해지고, 섭씨 42도를 넘은 상태가 계속되면 의식을 잃고 곧 사망하기에 이른다.

인간은 비교적 커다란 뇌를 가진 영장류 사촌 침팬지보다도 훨씬 큰 뇌를 지니고 있기 때문에 이를 식히는 일이 만만한 과제가 아니다. 우리 뇌의 평균 부피는 1300~1400cm³지만 침팬지의 뇌는 450cm³에 불과하다. 인간의 뇌는 200만 년에 걸쳐 진화하는 동안 부피가 크게 늘어나서 신체 크기와 비교할 때 모든 동물 중에서 가장 크다.[21] 뇌가 크면 여러 가지로 유익하지만, 그 유지비용이 많이 든다. 경주용 자동차의 강력한 엔진처럼 우리의 뇌도 고품질 연료를 다량 소비하며, 그로 인해 과열에 극단적으로 민감하다. 뇌의 온도는 동맥 속을 흐르는 혈액의 온도에 따라 변하기 때문에 순환 혈액의 온도가 엄격히 통제되어야 한다. 뇌의 크기가 커짐에 따라 신체를 식히는 엄격하고 효과적인 시스템이 과거보다 훨씬 더 중요해졌다.[22] 인간이 커다란 뇌를 지닐 수 있게 된 배경에는 다량의 땀을 흘릴 수 있는 능력이 깔려 있다.

호모 속의 초기 구성원들은 두 발로 걷고 활동량이 많았다. (흥미롭게도, 두 발 보행은 신체의 열 부담을 어느 정도 줄여주었다. 적도 지역 한낮의 뜨거운 태양 아래에서 두 발로 걷는 영장류들은 네 발로 걷는 동물들보다 햇빛에 직접 노출되는 피부 면적이 더 적다. 그러므로 현대의 인간들은 한낮의 열기 속에서 다른 동물들보다 더 활동적으로 움직일 수 있다.)[23] 생리학적 · 고생물학적 · 고환경학적 증거를 종합하면 이 시기에 우리 인간이 땀을 많이 흘릴 수 있도록 진화한 것으로 보인다. 이때쯤 땀 중에서 아포크린 요소가 효과적으로 소실되었고, 인간은 세계에서 가장 효율적으로 에크린 땀을 만들어내는 존재가 되어갔다.

우리는 또한 진화 과정에서 인간이 털의 대부분을—전부가 아니다—소실한 것도 이 시점일 것으로 추정할 수 있다. 머리 윗부분에 한 무더기의 두꺼운 털만이 전략적으로 남았다. 뇌를 시원하게 유지하는 것이 중요하다는 점을 감안할 때 이렇듯 머리 위에 두터운 털이 남은 것은 모순처럼 여겨질 수도 있다. 하지만 인간의 진화에서 머리가 머리카락으로 두껍게 덮이는 것은 매우 중요했다. 첫째, 햇빛이 두피에 직접 닿지 않도록 하여 유해광선으로부터 두피를 보호해주었다. 둘째, 태양이 높이 솟아 머리카락 표면이 뜨거워질 때도 두피 바로 위에 상대적으로 시원한 공기 차단 층이 만들어지기 때문에 뇌를 식히는 효과가 있었다. 그러므로 두피는 복사와 증발을 통해 이러한 차단 층에서 열을 효율적으로 방출할 수 있다. 누구나 뜨거운 태양 아래에 서 있게 되면 이와 같은 현상을 쉽게 확인해볼 수 있다. 머리카락 표면은 매우 뜨거워지지만(특히 검은머리일 때) 두피는 그보다 시원한 느낌이 든다. 머리카락이 엉켜 있거나 곱슬머리일 때 이와 같은 효과가 더 크게 나타나는데, 태양을 직접 마주하는 맨 윗부분 머리카락들과 두피 사이에서 시원한 공기를 지닌 두꺼운 차단 층이 만들어지기 때문이다.

현대인은 에크린 땀샘이 신체 표면에 넓게 분포해 있다. 이것은 진피의 바깥 부분에 위치한 관 모양의 구조로—아포크린 땀샘과는 달리—모낭과 연관이 없다(그림 1 참조). 대부분의 포유류에게서 에크린 땀샘은 손바닥과 발바닥에만 존재하는데, 피부를 부드럽게 하여 발을 지면에 단단히 고정시킬 수 있게 해준다. 에크린 땀샘에서는 물처럼 맑은 체액이 만들어져 작은 구멍을 통해 피부 표면으로 나온다. 인간의 신체 표면에는 200만~400만 개의 에크린 땀샘이 있으며, 평균 밀도는 1cm²에 150~340개 정도다. 그리고 우리의 포유류 선조들과 마찬가지로 손바닥과 발바닥에 가장 많이 분포한다.[24]

에크린 땀샘과 아포크린 땀샘은 모두 열에 반응하여 땀을 생산하며, 다양한 정도로 열성 발한에 기여한다. 이 과정은 자율신경계의 교감신경들이 열에 자극받아 일어난다. 자율신경계는 쉽게 말해 의식의 통제 없이 자율적으로 신체를 '관리 유지' 하는 기능을 한다. 예를 들어 심장박동을 통제하고, 혈관의 지름을 조절하며, 눈의 동공 크기를 변화시킨다. 특히 자율신경계 중에서 교감신경들은 해로운 스트레스가 있을 때 몸이 대응할 수 있도록 준비시키는 '투쟁 혹은 도피 반응

fight-or-flight response'을 일으킨다. 발바닥과 손바닥의 에크린 땀샘은 다른 부위의 땀샘과 달라서 정서적 자극에만 반응을 나타낸다. 하지만 얼굴이나 겨드랑이의 에크린 땀샘은 열과 정서적 스트레스에 모두 반응한다.[25]

인간의 아포크린 땀샘은 열성 발한을 통해 신체를 식히는 역할을 하지 않으며, 보통은 진화의 잔재로 간주된다. 그러나 많은 포유류의 경우 아포크린 땀샘이 열 조절 기능을 수행하는데, 예를 들어 유제류 같은 동물은 열 발산을 위한 에크린 땀샘을 진화시키지 못했다. 인간의 가장 가까운 친척인 침팬지와 고릴라는 신체 표면 전체에 아포크린 땀샘보다 에크린 땀샘이 더 많긴 하지만 인간처럼 많은 수가 밀집해 있지는 않다.

학자들과 임상의들은 땀샘과 땀샘의 기능에 대해 커다란 관심을 갖고 있다. 따라서 그동안 다양한 인구집단을 대상으로 땀샘의 수량·구조·기능에 대한 비교연구가 수행되었다. 그리고 몇몇 연구에서는 엄격한 방식으로 대조군을 이용하여 사람들의 개인별 열성 발한 반응을 비교했다. 연구 결과 신체의 땀샘 밀도는 인구집단들 사이에 약간씩 다른 경우가 있었지만, 사람이나 장소에 따른 실제적 차이는 거의 없는 것으로 나타났다.[26] 하지만 때때로 우리는 누군가 "나는 땀이 없다"거나 "나는 땀을 주체할 수 없을 만큼 흘린다"고 말하는 것을 듣는다. 그렇게 땀 흘리는 행태가 다른 데는 크게 두 가지 이유가 있다. 첫째, 활동성 땀샘과 비활동성 땀샘의 비율이 사람에 따라 다르다. 연령, 체중, 성별 등 여러 요인들이 활동성 땀샘의 수에 영향을 준

피부색에 감춰진 비밀

다. 둘째, 수분을 섭취하는 과정 및 특정 기후에 생리학적으로 적응하는 과정에 따라 개인의 발한 능력이 다르다. 더운 지역에 살며 옅은 피부를 지닌 유럽인 혈통의 사람들이 좀 더 짙은 색 피부를 지닌 아프리카 및 아시아 사람들에 비해 땀을 더 많이 흘리는 이유가 이러한 요인들로 설명될 수 있다.

땀은 체온 조절에서 매우 중요하지만, 인간은 체온 조절을 위해 다른 방법들도 사용한다. 생리학자들은 사람의 체온 조절을 수의隨意 조절과 불수의不隨意 조절로 분류한다. 피부를 통한 불수의 조절은 복잡하며 발한뿐 아니라 여러 반응들의 연쇄적 작용이 관여한다. 이러한 조절 기전은 체온에 대한 정보가 뇌로 전달되면서 시작된다. 체온이 정상범위를 벗어나면 신체 내부와 피부 사이의 열전달을 조절함으로써 체온 안정 장치가 작동하기 시작하는데, 말초혈관들의 굵기를 변화시켜서 피부를 통해 순환되는 혈액의 양을 조절하는 방법이다. 이때 피부는 주위 환경으로 열을 내보내거나 받아들이는 중개소이며, 피부 표면에서는 땀을 흘림으로써 증발에 따른 냉각작용이 일어난다. 사람은 자발적인 방법으로도 자신의 체온을 조절한다. 즉 의식적으로 여러 행동을 하여 자신에게 가장 편안한 상태로 체온을 유지한다. 이를테면 덥고 햇빛이 내리쬐는 낮에는 그늘을 찾고, 옷을 입거나 벗으며, 난로나 선풍기를 이용한다. 이러한 행동들은 인류 역사를 통해 더욱 복잡하고 정교해져서, 우리 몸 자체가 극단적 환경에 적응해야 하는 부담을 줄여주었다.

몸을 식히는 데 있어 땀이 차지하는 상대적 중요성은 주위 온도,

습도, 신체 활동의 강도 등에 따라 다르다. 예를 들어, 극단적으로 덥고 습도가 높을 때는—체온보다 주위 온도가 훨씬 높고, 상대습도가 90퍼센트를 넘을 때—땀을 흘려야 열을 발산할 수 있다. 신체가 주위 환경으로 열을 내보내기보다는 받아들이게 되기 때문이다. 그와 같은 극단적 상황에서는 신체를 식히는 일의 90퍼센트를 땀이 담당한다. 이러한 상황에서 혈액량을 유지하고 땀샘에 냉각제를 보충해주기 위해서는 계속해서 물을 마셔야 한다.[27] 사람들이 더운 환경에서 격렬히 운동할 때는 땀샘이 활성화되어 최고 능력을 발휘해야 하고, 이를 위해서는 물을 섭취해야 한다.

사람은 외부 온도나 활동 강도에 상관없이 땀을 흘리기도 한다. 여성은 폐경기가 될 때 얼굴이 화끈거리고 밤에 땀을 흘리는 경우가 많다. 그리고 독감이나 말라리아에 걸리면 많은 땀과 오한이 교차되며 나타난다. 이와 같은 경우에는 뇌나 척수에서 체온 조절을 담당하는 신경 구조가 호르몬 수치의 변화나 침입 미생물이 방출하는 발열 화학물질에 의해 활성화되기 때문에 땀이 난다.

무한성 외배엽 이형성증無汗性 外胚葉 異形成症이라는 유전성 질병을 가진 사람들은 심한 육체적 활동, 특히 더운 환경에서 땀이 많이 나는 활동을 하기 어렵다. 이들은 활동성 땀샘의 수가 아주 적거나 없기 때문이다.[28] 활동성 땀샘의 수가 정상인 사람들도 일상적인 활동을 수행하기 위해서는 땀샘을 건강한 상태로 유지해야 한다. 예를 들어, 일광화상은 땀샘이 열 스트레스에 대응하는 능력을 저하시킨다.[29] 그렇기 때문에 열대지방에서는 강한 햇빛 때문에 땀샘이 손상되지 않도록 보호하는 일이 인류 발전의 오랜 역사 동안 매우 중요한 과제였다. 오늘날 열대지방 원주민들의 피부색이 짙은 이유가 여기에 있으며, 이는 또한 과거 인류에게 일어난 매우 중요한 혁신이었다.

열대지방의 극단적 환경 조건에서 체온 조절과 관련된 실험연구 및 시뮬레이션에서는 군살이 없는 사람, 즉 체중에 비해 피부 표면이 넓은 사람이 가장 효율적으로 열을 발산하는 것으로 나타났다. 다시 말해 피부 표면적이 넓으면서 다소 마른 체구를 지녔을 경우 열 손실을 극대화할 수 있다는 것이다.[30] 그러므로 매우 더운 환경에서는 키가 크고 야윈 사람이 키가 작고 뚱뚱한 사람보다 체온의 평형을 유지하는 데 유리하다. 나일강 유역과 오스트레일리아의 원주민, 그리고 인도의 여러 원주민들처럼 구대륙 열대지역에서 오랫동안 살아왔던 사람들 중 가늘고 긴 팔다리에 키가 크고 마른 체구가 많은 이유가 여기에 있다(그림 16). 팔다리가 길어서 몸의 열을 주위 환경으로 전달하는 표면적이 더 넓고, 마른 체구이기 때문에 몸의 중심부에서 표면까지 열을 더 빠르게 전달한다.

이러한 관계를 근거로 한 것이 '앨런의 법칙' 이다. 추운 지역에서 살아가는 포유류는 체구와 팔다리의 표면적을 최소화하는 반면, 더운 지역의 포유류는 팔다리 등 부속 기관을 상대적으로 크게 만든다는 이론이다. 이 법칙의 사례는 자연에서 흔히 볼 수 있다. 예를 들어 다람쥐, 생쥐, 토끼 등 여러 포유류들을 보면 추운 지역이나 고산지대에서 서식하는 동물이 따뜻한 저지대나 사막에 서식하는 동물보다 다리와 귀, 꼬리가 더 짧다. 같은 원리를 사람에게도 적용하여 과체중이거나

그림 16. 인도 파라스가온 지역의 주민. 열대지역의 원주민들 중에는 팔다리가 길고 몸통은 야윈 사람들이 많다. 체구에 비해 표면적이 크면 뜨거운 기후에서 열을 빨리 발산하는 데 유리하다. 특히 습도가 높거나 격렬한 운동을 할 때처럼 주로 열성 발한으로 신체를 식히는 상황에서는 이런 상관관계가 더욱 중요해진다.

비만인 사람들이 더위를 더 심하게 타고 땀을 많이 흘리는 이유를 설명할 수 있다. 신체의 피부 두께가 두꺼워지고 피하지방이 증가함에 따라 신체 중앙부의 열을 외부로 전달하는 속도가 느려지고, 복사·대류·증발을 통해 주위 환경으로 열을 발산할 기회도 더 적어진다.

땀샘은 사소하게 보이지만 인류 진화에서 매우 중요한 위치를 차지했다. 많은 수의 땀샘이 다량의 땀을 흘려서 몸을 식혀주지 않는다면, 우리는 아직도 선조들처럼 수북한 털로 덮인 채 유인원과 비슷한 생활을 하고 있을 것이다. 빠르게 달리고 고성능의 두뇌 활동을 하며, 더운 지역에서도 대낮에 맑은 정신으로 생활할 수 있는 능력을 진화시

피부색에 감춰진 비밀

키지 못했을 것이다. 어느 누구도 땀의 위대함을 찬양하는 시나 노래를 짓지 않았지만, 땀은 그만한 가치가 충분히 있다. 오늘날과 같은 인류를 만든 것은 분명 오래되고 그다지 매력적이지 못한 '땀'이다.

4

피
부
와

태
양

우리가 일상생활을 할 때 피부는 항상 활동 상태가 되어 복잡한 화
학 변화가 계속 일어난다. 피부세포가 분열하고 있으며, 중요 분자들
이 파괴되거나 고쳐지고, 일부는 이제 막 만들어지고 있는 상태다. 인
류의 진화계통은 열대에서 시작되었고 600만 년 중 대부분의 시간을
열대지역에서 보냈다. 그러므로 열과 햇빛에 해부학적으로나 생화학
적으로 적응하는 일이 피부 활동의 상당 부분을 차지해왔다. 땀은 그
러한 이야기의 일부일 뿐이다. 인간의 피부는 또한 신체와 환경 사이,
특히 신체와 햇빛 사이에서 중요한 화학반응을 매개하는 다른 방법도
진화시켰다.

태양에서는 여러 전자기 복사輻射 radiation가 나오는데, 감마선처럼
파장이 매우 짧은 전리방사선電離放射線에서부터 파장이 매우 긴 적외선

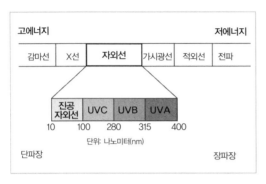

그림 17. 태양복사는 매우 넓은 범위의 파장과 에너지를 가지고 있다. 그중 가장 해로운 복사는 파장이 가장 짧고 에너지는 가장 많은 감마선과 UVC 등이다. 지구 대기 중의 산소와 오존이 해로운 자외선들을 많이 걸러주지만 자외선에 오랫동안 노출되면 DNA가 손상되고 신체 내의 엽산이 파괴될 수 있다. Illustration ⓒ Jennifer Kane

과 전파電波 radio wave에 이르기까지 매우 다양하다(그림 17). 자외선UVR은 파장의 범위가 매우 넓어서, 파장이 가장 짧은 진공자외선Vaccum UV에서부터 이보다 파장이 긴 UVC(단파장자외선), UVB(중파장자외선), 그리고 UVA(장파장자외선)까지 포함된다. 자외선은 생체 시스템을 파괴하는 효과가 있기 때문에 생물학자들로부터 해로운 것으로 규정받지만, 지구상 생명 진화의 역사에서 가장 중요한 힘 가운데 하나가 자외선이었다. 지구의 역사 초기부터 단세포 및 다세포 생물은 모두 자외선의 파괴적 효과로부터 자신의 정교한 화학반응을 보호할 수 있는 장치를 진화시켜야 했다.[1]

살아 있는 생명체에게 가장 많은 피해를 주는 복사는 파장이 매우 짧고 강한 에너지를 지닌 감마선이나 UVC 등이다. 지구가 긴 역사를 지나오면서 대기 중에는 산소와 오존이 많아졌고 이러한 분자들은 태양복사 가운데 가장 해로운 파장들을 효과적으로 막아주었다. 상대적으로 파장이 긴 자외선(UVB와 UVA), 가시광선, 적외선, 전파 등은 지구의 대기를 좀 더 쉽게 뚫고 들어온다. 오늘날 과학자들과 일부 정치

피부색에 감춰진 비밀

인들은 우리를 보호해주는 오존층의 상태를 비롯해 지구 대기의 건강에 대해 많은 관심을 표명하고 있다. 오존층이 얇아지거나 파괴되면 거의 모든 지구 생명체들이 고에너지 태양복사의 피해를 입게 될 것이다. 특히 UVB에 과도하게 노출되면 문제가 된다.

인공위성 데이터를 이용하면 지구 표면이 받는 평균 자외선 양을 보여주는 지도를 만들 수 있다(컬러 지도 1).[2] 이 지도가 보여주는 양상의 일부는 예상 가능한 형태지만 놀라운 부분도 있다. 열대지역, 특히 적도 부근이 가장 많은 양의 자외선을 받는다. 그러나 단지 위도에 따라서만 자외선 양이 결정되는 것은 아니어서, 적도 부근의 일부 지역에서는 다른 지역보다 훨씬 많은 양의 자외선을 받는다. 사하라 사막처럼 건조한 지역은 매우 많은 양의 자외선을 받지만, 아마존 우림 지역처럼 적도 부근이어도 습기가 많고 구름이 끼는 곳은 자외선을 덜 받는다. 열대를 벗어나면 자외선 양이 대체로 적지만 예외인 지역들도 있다. 예를 들어 티베트 고원 지역은 자외선을 매우 많이 받는데, 고도가 높고 대기가 얇기 때문이다.[3]

자외선 유형에 따라 지구 대기를 통과하는 정도가 다르다. 자외선이 지구에 도달하면 가장 에너지가 높은 파장(UVC 전부와 UVB의 90퍼센트)은 대기 중의 산소와 오존에 흡수되어버린다. UVB 10퍼센트와 UVA 전부는 대기를 통과하지만 지구상의 특정 지점에 실제로 도달하는 양은 위도 및 특정 지역과 시간에서 햇빛이 비치는 각도에 따라 결정된다. 적도를 벗어나면 햇빛이 비치는 각도가 낮아진다. 대기도 더 두꺼워져서 UVB를 많이 걸러낸다. 그러므로 고위도 지역에서는 적은 양의 UVB를 받게 된다. UVB 양의 매우 작은 변화도 동식물에 큰 영향을 줄 수 있다. 예를 들어, 지구의 최북단 혹은 최남단에 거주하는 주민들은 UVB를 극소량만 그것도 한여름에만 받는 데 적응되었다.[4] 각 지역별로 받는 UVB와 UVA의 양이 다르기 때문에 생명체의 진화가 위도에 따라 크게 달라지는 결과를 낳았다. 다음에 설명하겠지만 특히 인간 피부색의 진화에 큰 영향을 주었다.

자외선이 신체에 일으키는 화학반응들은 대부분 해롭다. 일광화상 경험이 있는 사람이라면 피부 손상을 직접 보고 느꼈을 것이다. 그러나 일광화상은 자외선에 노출됐을 때 가장 빠르게 발생하고 눈에 확연히 드러나는 피해일 뿐이다. 자외선 때문에 발생하는 가장 심각한 피해는 수년 동안 모르고 지나칠 수 있기 때문에 더욱 나쁘다. 자외선은 분자 수준에서 DNA에 손상을 줄 수 있다. DNA는 우리 신체에서 가장 중요한 정보를 담고 있는 분자로 세포분열에 필수적이다. 자외선은 DNA 분자의 화학적 구성을 변화시킴으로써 직접 영향을 주거나 잠재적으로 파괴적인 영향을 주게 될 자유라디칼free radical을 발생시켜서 간접적 피해를 줄 수 있다.

특히 DNA가 UVB를 흡수할 때 가장 나쁜 피해가 발생한다. 태양 복사에 의해 '광생성물'이라는 특정 화학물질이 DNA 분자 내에서 만들어지고 이는 DNA 구조에 작은 물리적 변형을 초래한다. 이러한 변형은 정상적으로는 '뉴클레오티드 절단 수리Nucleotide Excision Repair, NER' 과정을 통해 고쳐진다. 이는 손상된 DNA 가닥들을 제거하고 대체하기 위해 분자 수준에서 이루어지는 일종의 교정 수술이다. DNA

피부색에 감춰진 비밀

를 수리하는 능력은 지구상의 생명 역사에서 가장 중요한 혁신들 중 하나였다. 이러한 수리는 손상된 DNA 양이 너무 많지 않고 수리 기전이 좋은 상태를 유지하고 있을 때 보통 별 문제없이 진행된다. 그러나 적절히 수리되지 못하면 세포는 DNA의 오류를 그대로 지닌 채 분열하여 증식된다. 충분한 시간 동안 많은 양의 자외선을 받으면 문제의 DNA를 가진 세포들이 피부에 축적되어 피부암으로 이어질 수 있다.[5] UVA 역시 DNA에 많은 문제를 일으킨다. 물론 이때 발생하는 문제는 UVB 때문에 발생한 손상들과는 구조적으로 다르며 그 결과도 다르다. UVA는 자외선 노출 때문에 나타나는 피부 조기 노화(광피부노화)의 주범으로 지목되어왔으며, 역학연구에서는 가장 악성인 피부암, 즉 흑색종과 관련 있는 것으로도 알려졌다.[6]

자외선 때문에 문제가 발생하는 분자는 DNA만이 아니다. 예를 들어 엽산은 DNA 생산에 필수적인 수용성 비타민 B의 하나다. 우리 몸은 계속해서 DNA를 만들어야 한다. 신체 기능 중 많은 부분이 세포 분열을 필요로 하기 때문이다. 여기에는 새로운 혈구의 생산, 피부와 모공의 재생, 입과 내장의 내막 재생, 그리고 남성에서 정자 생산(성인의 일생 동안 계속된다) 등이 포함된다.[7] 그러나 엽산이 부족하면 DNA 생산이 지체되거나 중단되고, 새로운 DNA를 필요로 하는 모든 과정, 특히 DNA를 빨리 혹은 지속적으로 요구하는 부분들에 문제가 생긴다. DNA는 인간 배아나 태아에서 빠른 세포분열이 원활히 진행되기 위해 필수적인데, 특히 인체 기관이 형성되고 몸 전체의 모양이 만들어지기 시작하는 임신 초기에 매우 중요하다. 산모의 몸에 엽산이 충

분하지 못하면 세포분열을 통해 배아 조직들이 분화하고 성장하는 데 필요한 DNA가 부족하게 된다.[8]

　엽산은 배아의 신경계 발달에도 필수적이다. 태아 발달 초기의 매우 중요한 시기에 엽산이 부족하면 다양한 선천성 결손이 발생할 수 있는데 치명적인 경우도 있다. 현재는 엽산 결핍이 '신경관 결손'이라는 선천성 기형을 발생시킬 뿐만 아니라 여러 임신 합병증의 위험요인으로 잘 알려져 있다(그림 18).[9] 신경관은 배아에서 중추신경계로 발달하는데, 원시 뇌의 위쪽 끝(앞쪽 신경구멍)에서부터 척수의 끝(뒤쪽 신경구멍)까지 이어지는 구조다.

　엽산은 어떤 영양소보다도 건강, 특히 남성과 여성의 생식 건강에 중요한 영향을 미친다. 엽산은 녹색잎채소와 감귤류, 그리고 가공하지 않은 곡물 등에 주로 함유되어 있다. 엽산은 신체 기능과 생식 건강을 유지하는 데 필수적이기 때문에 세계 각국의 공중보건 정책에서 중요하게 다루는 영양소다. 현재 많은 국가들에서는 국민들이 체내에 적절한 양의 엽산을 유지할 수 있도록 여러 식품들(특히 빵과 시리얼)에 엽산을 첨가하고, 가임 연령의 여성에게는 엽산 보충제제의 섭취를 권장하고 있다.[10]

　자외선을 비롯한 여러 고에너지 복사는 우리 몸의 엽산을 파괴할 수 있으며, 갑자기 이와 같은 파괴가 대량으로 발생하면 심각한 문제가 생길 수 있다. 엽산을 필요로 하는 모든 화학 과정들이 영향을 받기 때문이다.[11] 학자들은 약 30년 전에 처음으로 자외선이 인체의 엽산에 미치는 부작용에 대해 인지했지만,[12] 약 10년 전 이 현상이 함축하고

　　　　　　　　　　　　　　　피부색에 감춰진 비밀

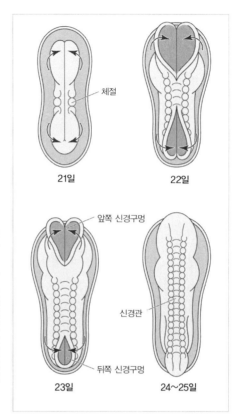

체절

21일

22일

앞쪽 신경구멍

신경관

뒤쪽 신경구멍

23일

24~25일

그림 18. 임신 첫 수 주 동안 신경관이 형성되면서 인간 배아의 신경계가 발달하기 시작한다. 이 과정은 매우 정밀하며, 그림에 제시된 모양처럼 배아의 신경주름이 위쪽 끝에서부터 지퍼처럼 닫힌다. 이 과정이 성공적으로 이루어지려면 신경주름 속의 세포분열이 스케줄에 맞춰 정확히 진행되어야 한다. 신경주름에서 빠르게 분열하는 세포들이 DNA를 생산하는 데 필요한 엽산이 충분히 공급되지 못하면 신경관에 결손이 발생한다. 신경관에 늘어선 구조의 마디들은 장래에 신체의 여러 근육과 뼈가 될 토대들이다.
Illustration ⓒ Jennifer Kane

있는 바가 무엇인지를 제대로 이해하기 시작한 후에야 엽산의 중요성이 확실하게 밝혀졌다. 자외선이 엽산을 화학적으로 파괴하는 상세한 기전은 최근에 와서 실험적으로 확인되었다. 실험에서는 파장이 긴 자외선인 UVA가 엽산을 가장 많이 파괴하는 것으로 나타났다.[13] 이러한 연구를 바탕으로 학자들은 자연적으로 존재하는 UVA가 실생활에서 체내에 있는 엽산의 양에 어떻게 영향을 주는지 탐구할 수 있게 되었다. 자외선이 인간의 생활과 생식에 필수적인 엽산을 파괴할 수 있다면 자연선택이 작동하여 체내 엽산의 양을 유지하기 위해 어떤 방어 기전을 진화시켰을 것이다. 5장과 6장에서 더욱 상세하게 설명될 피부색에 대한 이야기의 출발점이 바로 여기에 있다. 신체가 태양의 영향으로 피해를 입게 되자, 진화는 신체 표면, 즉 피부에 자연적 자외선 차단제를 추가해주었다.[14]

자외선은 큰 피해를 주지만 항상 해로운 것만은 아니며 생물학적으로 유익한 작용도 한다. 이러한 작용 가운데 '선샤인 비타민sunshine vitamin'이라고도 부르는 비타민 D를 피부에서 합성하는 과정이 가장 중요하다.[15] 비타민 D는 여러 형태가 있다. 비타민 D_3는 척추동물에게서 만들어지고, 비타민 D_2는 주로 식물에게서 발견되는 형태다. 비타민 D는 독특한 자연성 분자로서, 약 7억5000만 년 전 바다에서 작은 식물성 플랑크톤의 광합성 산물로 지구상에 처음 출현했다.[16] 비타민 D가 최초의 척추동물(고대 어류)에서 담당했던 기능은 아직 알려져 있지 않지만, 분명한 것은 이러한 비타민이 약 3억5000만 년 전—최초로 네발동물이 등장해 육지 위에서 많은 시간을 보내기 시작한 시기—부터 척추동물의 진화에 중요한 역할을 했다는 것이다.

비타민 D는 먹이에서 칼슘을 흡수하도록 하여 골격을 강하게 만들어주기 때문에 모든 척추동물에게 중요하다. 물고기는 비타민 D를 함유한 다른 물고기나 플랑크톤을 먹어서 충분한 양의 비타민 D를 쉽게 얻을 수 있다. 그러나 최초로 육지로 올라와 살게 된 척추동물은 골격을 단단히 유지하기 위해 비타민 D가 더 많이 필요함에도 바닷속에서 비타민 D를 얻던 공급원들을 더 이상 이용할 수 없게 되었다. 이와

피부색에 감춰진 비밀

같은 진화 단계에서는 자연선택이 강력한 힘을 발휘하여, 척추동물 스스로 비타민 D를 만들어내는 능력을 발전시켰다. 비타민 D는 햇빛의 작용(광화학 작용)으로 만들어지기 때문에 진화 초기의 네발동물들은 몸에서 필요로 하는 양만큼의 비타민 D를 얻기 위해 스스로를 햇빛에 노출시키게 되었다. 이들은 먹이에서 비타민 D를 섭취했을 뿐 아니라 피부에 있는 비타민 공장으로부터도 필요한 양을 보충했다.

자외선 중 UVB는 피부에서 비타민 D_3의 생산을 자극한다. 고에너지 UVB 광자들은 먼저 피부를 뚫고 들어간 다음, 표피와 진피세포들에 들어 있는 일종의 콜레스테롤 분자에 흡수된다. 그리고 이것은 비타민 D_3 전구체前驅體 분자의 형성을 촉매한다. 이러한 전구체 분자는 피부 안에서 비타민 D_3로 변화되고 간장과 신장에서 다시 화학적 변화를 일으켜 생물학적으로 활성형 비타민이 된다. 이 반응은 스스로 제어된다. 즉 체내 순환 혈액 속에 이미 활성형 비타민 D가 충분히 있다면 추가 생산이 중단되고, 화학적 전구체들은 여러 비활성 부산물들로 분해되어버린다. 이런 방식으로 신체는 활성형 비타민 D가 과잉 생산되는 상태인 '비타민 D 중독'을 피한다.[17]

활성형 비타민 D는 신체 전체에서 여러 목적으로 사용된다. 칼슘과 인산의 대사를 조절하여 단단한 골격을 만드는 데 매우 중요하다. 비타민 D는 또한 장에서 칼슘 흡수를 촉진하고 뼈를 만드는 세포에 직접 영향을 준다. 비타민 D가 있어야 우리 몸은 섭취한 음식으로부터 칼슘을 흡수할 수 있기 때문에 뼈 성장에 필수적이며 이 사실은 이미 오래전부터 알려졌다.

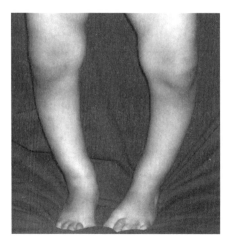

그림 19. 영양결핍성 구루병에 걸린 아동의 뼈는 칼슘이 적어 약하기 때문에 몸의 체중에 눌려 다리가 굽는다. 이 질환은 비타민 D가 크게 부족하여 음식으로 섭취한 칼슘을 흡수하지 못하여 발생한다. 역사적으로, 구루병은 자외선을 적게 받는 북쪽의 고위도 지역에서 생활하는 아동들에게 주로 발생했다. 그러나 거의 모든 위도 지역의 짙은 색 피부 아동들도 음식으로 섭취하는 칼슘이 적거나 햇빛에 적게 노출되어 구루병이 발생하는 경우가 점차 증가하고 있다. Photograph ⓒ NMSB/Custom Medical Stock Photo(왼쪽), Tom D. Thacher, MD(오른쪽)

비타민 D가 부족하면 한 개인의 일생 내내 문제를 일으키게 된다. 아동기 혹은 청소년기에 비타민 D가 결핍되면 성인이 된 후에 생식 능력이 저하될 수 있다. 비타민 D 결핍으로 발생하는 가장 심각하고 악명 높은 질병은 구루병佝僂病으로, 체중을 받는 양 다리의 긴뼈가 휘는 아동기 질환이다(그림 19). 구루병에 걸린 아동은 성장하는 뼈의 연골에 미네랄이 적절히 쌓이지 못한다. 신체가 칼슘과 인산을 흡수하지 못하기 때문이다. 구루병이 심한 여자아이들은 골반이 정상적으로 형성되지 못하므로 성인이 되어 임신한 후에 문제가 발생할 수 있다. 산도가 막혀 분만이 어려워질 수 있고, 영아와 산모의 건강에 문제가 생기거나 사망에 이를 수도 있다. 비타민 D 수치가 비정상적으로 낮

피부색에 감춰진 비밀

으면 난소 기능에도 문제를 일으킬 수 있다. 임신한 여성들에게 비타민 D가 결핍되면 혈중 칼슘 수치가 비정상적으로 낮아지고 출생한 아기가 나중에 구루병에 걸릴 수 있다. 성인에게서 비타민 D가 결핍되면 뼈의 구조적 틀이 약해지고 통증이 나타나는 골연화증을 일으키게 된다. 그리고 면역체계의 기능에도 문제를 발생시킬 수 있다.[18]

이처럼 비타민 D는 골격 건강에 매우 중요한 역할을 하지만, 그 외에 정상세포의 성장과 암세포 성장 억제를 조절하는 기능도 있다.[19] 최근의 연구 결과 비타민 D가 부족하면 여러 유형의 암 발생 위험이 높아지는 것으로 나타났다. 선진국에서 많이 발생하는 대장암, 유방암, 전립선암, 그리고 난소암 등이다.[20] 이러한 암들은 특히 만성적으로 비타민 D가 부족한 상태인 고위도 지역 주민들에게서 흔히 발생하는데, 다음 두 장에서 이러한 현상의 진화론적 의미에 대해 설명한다.

자외선은 지구상의 생명체가 진화하게 만드는 가혹하고도 끈질긴 힘으로 작용했다. 자외선에는 파괴적 특성이 있기 때문에 생명체는 스스로를 멸종으로부터 보호하기 위해 자신의 가장 기본적인 생식 장치들—DNA와 엽산 전구체들—을 정교하게 진화시켜야만 했다. 그러나 악역들 대부분이 그렇듯이, 자외선에도 흔히 간과되는 좋은 측면이 있다. 육지에서 살아가는 모든 척추동물에게서 피부 속 분자를 비타민 D 전구체로 변화시키는 능력은 매우 중요하며, 인간의 경우도 마찬가지다. 진화의 힘은 피부로 들어가는 자외선의 양을 조절하는 방법을 만들어냈다. 이것이 '검은 피부의 비밀' 이다.

5

검은 피부의 비밀

인간의 피부에는 선천적으로 색깔이 있다. 인류 역사에서 가장 최근에 진화한 종인 호모사피엔스는 피부가 창백한 상아색에서부터 매우 짙은 갈색에 이르기까지 다양한 색조를 띤다. 이러한 다양성은 사람들마다 피부에 들어 있는 멜라닌색소의 양이나 그 구성방법이 다르기 때문에 나타난다. 인간의 피부색은 거의 멜라닌에 의해 결정되는데, 이는 생명의 진화에서 여러 역할을 담당해온 특징적인 분자다. 그리고 비교적 최근에 와서는 멜라닌이 인간의 피부를 보호하는 중요한 역할을 한다는 사실도 알려졌다.

멜라닌은 다양한 형태로 존재하는 복잡한 중합체重合體 polymer 색소군을 통칭하는 이름이다(중합체는 여러 개의 반복되는 단위로 구성된 화학물질을 말한다). 인체에 존재하는 가장 기본적인 멜라닌 형태는 매우 조밀하고 물에 녹지 않는 특성을 가진 짙은 흑갈색 분자로 단백질에 결합되어 있다.[1] 이와 같은 형태의 멜라닌을 실험실에서 분리해보면 비커 바닥에 가라앉아 찌꺼기처럼 보인다. 멜라닌색소는 자연에 널리 존재하며, 곰팡이에서 개구리까지 모든 생명체들의 색깔을 만들어준다.

멜라닌은 매우 뛰어난 성능의 자연산 일광차단제다. 멜라닌 분자는 많은 단위들이 강력한 탄소 결합으로 연결된 구조이기 때문에 화학적 구성을 정밀하게 규명하기는 힘들다.[2] 하지만 학자들은 많은 연구 끝에 자연적으로 존재하는 멜라닌들의 특성을 비교적 상세하게 파악하여, 멜라닌에 아주 특별한 광학적·화학적 특성이 있음을 확인했다. 몸 안에서 멜라닌은 여러 다른 파장의 빛을 흡수·산란·반사시킬 수 있다.[3] 사람 피부 속의 멜라닌은 멜라닌 중합체, 골격, 그리고 분해 산물 등을 포함하는 복합 화합물로 존재한다. 이러한 분자들은 유해한 자외선의 모든 파장을 흡수하여 민감한 생체 시스템과 분자구조들을 보호하는데, 태양광 흡수력은 자외선에서 가시광선으로 갈수록 줄어든다.[4]

멜라닌은 멜라닌세포에서 만들어지는데, 이 세포는 1장에서 설명한 것처럼 특수 이주세포로, 표피 깊숙한 곳과 모구毛球의 기질 내에 위치한다(그림 1, 그림 2 참조). 멜라닌세포는 계통발생학(진화역사 전체)적으로나 개체발생학(각 개체별)적으로 매우 놀라운 특성을 가지고 있다. 멜라닌세포는 배아의 신경관(그림 18 참조)에 인접한 '신경능神經稜 neural crest'에서 시작된다. 매우 활발히 분열하는 멜라닌아세포에서 시작하며, 배아 발달 18주경에 표피 속으로 이주해 들어가서 피부, 귀, 눈,

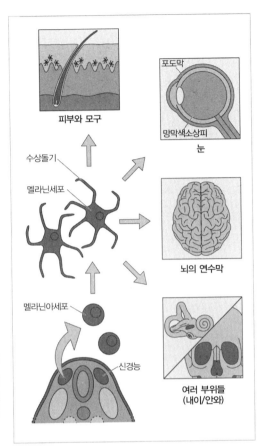

피부와 모구

수상돌기

멜라닌세포

멜라닌아세포

신경능

포도막

망막색소상피

눈

뇌의 연수막

여러 부위들
(내이/안와)

그림 20. 멜라닌세포는 배아의 척수 부근 신경능에서 시작되는데, 이 단계에서는 멜라닌아세포라 부른다. 배아 발달 초기에 몸 전체로 옮겨 가서 피부, 귀, 뇌, 눈 등에 자리 잡고 색소를 생산한다.
Illustration ⓒ Jennifer Kane

뇌막 등에 분포한다(그림 20).

멜라닌세포에서 만들어내는 멜라닌색소는 막으로 둘러싸인 작은 덩어리 형태인데 이를 '멜라닌소체melanosome'라 부른다. 멜라닌소체는 멜라닌세포에서 손가락처럼 뻗어 있는 수상돌기를 통해 표피의 케라틴세포로 전달된다. 멜라닌소체의 크기와 수 그리고 서로 뭉치는 방법 등은 피부 및 그 아래 조직들을 자외선으로부터 보호하는 능력과 관계된다. 짙은 색 피부에서는 멜라닌소체의 크기가 크고 수가 많으며, 케라틴세포 내에 고르게 분포한다. 이러한 형태는 옅은 색 피부에서와 같이 멜라닌소체의 크기가 작고 밀도가 작으며, 분포도 덜 조밀한 경우보다 더 많은 에너지를 흡수할 수 있다.[5] 표피의 멜라닌소체 안에 갇히지 않고 표피 속에 흩어진 멜라닌 미세입자들도 자외선을 흡수·산란하여 추가적인 보호 역할을 한다.[6]

최근 전혀 엉뚱한 연구로부터 인체 피부색에서 멜라닌소체의 중요성을 말해주는 새로운 사실이 알려졌다. 제브라피시의 색깔에 관한 연구다. 이것은 아프리카 원산의 작은 물고기로, 가정에서 관상용으로 기르거나 과학 연구용으로 기른다. 이 물고기는 각 변종별로 색의 유형이 다양하여, 야생종보다 멜라닌색소가 적은 황금색을 띤 변종도 있다. 황금색 제브라피시의 멜라닌소체는 정상적인 색조의 물고기보다 더 작고 덜 조밀하다.

황금색 제브라피시의 연구에서는 멜라닌소체의 특징적 구조를 확인하고 물고기의 색을 결정하는 변이유전자를 발견했다. 인간에게서는 유럽 지역의 밝은 색 피부 주민들 대부분이 가진 유전자가 이러한 변이유전자에 해당되었다.[7] 이는 유럽인들에게 동일한 유전적 돌연변이가 발생하여 멜라닌색소가 적게 함유된 작은 멜라닌소체를 만들게 되었음을 의미한다. 이러한 변이유전자 및 이로 인해 만들어지는 밝은 색 피부는 '선택적 청소' 라는 진화 기전을 통해 보편화되었다. 다른 말로 하면, 변이유전자가 만들어내는 밝은 색 피부는 현대 인간이 처음 유럽으로 이주해 생존하는 데 여러 이점을 제공했기에 빠른 속도

피부색에 감춰진 비밀

로 보편적 유형이 되었다.

　인간뿐 아니라 모든 포유류에게는 두 유형의 멜라닌이 존재한다. 가장 보편적 형태인 첫번째 유형은 흑갈색의 '유멜라닌eumelanin'이며, 두번째 유형은 적황색인 '페오멜라닌pheomelanin'이다. 유멜라닌의 농도가 높으면 짙은 색 피부가 되는데, 선탠을 할 때 만들어지는 멜라닌도 이 형태다. 페오멜라닌는 인간 피부에 다양한 방식으로 존재한다. 붉은 머리카락을 지닌 북유럽인에게는 페오멜라닌이 더 많아서 피부 멜라닌의 대부분을 차지한다. 동아시아와 아메리카 인디언에게서도 발견되지만 개인차가 많다.[8] 우리 몸이 멜라닌을 만들어내는 화학 반응에는 아미노산인 티로신을 '티로시나아제tyrosinase'라는 효소를 사용해서 산화시키는 과정이 포함된다(그림 21). 두 유형의 멜라닌이 모두 이러한 공통 과정을 거쳐 만들어지는데, 이때 핵심적인 중간 단계가 '도파퀴논dopaquinone'이라는 화합물이다.[9]

　여러 요소들이 인체의 멜라닌 생산에 관여하는데, 그중에서도 색소 유전자와 호르몬 및 자외선이 중요하다. 유전자와 호르몬의 작용이 균형을 이루지 못하면 그 개인의 멜라닌 생산은 완전히 혹은 부분적으로 문제가 발생하여 피부, 머리카락, 눈에 색소가 없거나 매우 부족하게 된다—흔히 '알비노albino'(선천성 색소 결핍이 있는 개체)라 불린다.[10] 곤충과 같은 무척추동물, 어류, 조류, 그리고 포유류 등 모든 동물에게 '알비노증albinism'(백색증)이 발생할 수 있다. 알비노 동물이나 사람은 정상 색조를 가진 개체와 확연히 다르게 보인다(그림 22). 햇빛이 통과해 들어가지 못하는 바닷속 깊숙한 곳에서 살아가는 일부 어류

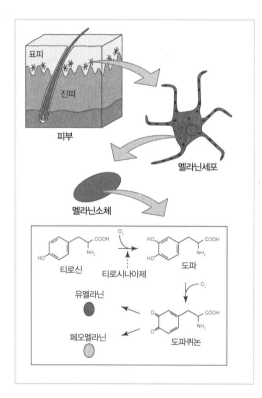

그림 21. 멜라닌세포는 흑갈색의 유멜라닌과 적황색의 페오멜라닌을 생산하는데, 이때 멜라닌 생산은 멜라닌소체라 부르는 막으로 쌓인 작은 덩어리 형태로 이루어진다. 색소를 포함한 멜라닌소체는 멜라닌세포의 수상돌기를 통해 이웃의 케라틴세포로 전달된다.
Illustration ⓒ Jennifer Kane

나 무척추동물은 정상 상태가 알비노인 경우도 있다. 이와 같은 경우에는 보호용 멜라닌 생산을 계속하라는 자연선택의 강한 압력이 없기 때문에 아무런 부작용 없이 멜라닌 생산능력이 소실된 것이다.

멜라닌색소를 조절하는 화학적 과정은 길고 복잡하게 연결된 여러 단계의 경로이기 때문에 문제가 발생할 소지가 많으며, 문제가 발생한 단계에 따라 여러 유형의 알비노증이 발생한다. 인간에게서 관찰되는 알비노증은 두 형태가 있다. '안백색眼白色 ocular albinism'은 눈에서만 멜라닌이 생산되지 않을 때 나타나며, '안피부백피眼皮膚白皮 oculocutaneous

피부색에 감춰진 비밀

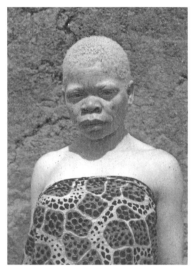

그림 22. 알비노증은 유전적 이상이나 호르몬 이상으로 멜라닌이 생산되지 않을 때 나타난다. '눈송이'라는 별명을 가진 알비노 고릴라는 짙은 색을 띠는 보통 고릴라와 확연히 구별된다(오른쪽). 사진 속 아프리카 콩고 워템보 부족의 여성처럼 짙은 색 피부의 원주민 사이에서 태어난 알비노는 눈에 잘 띈다(위쪽). 그러나 밝은 색 피부를 지닌 원주민 사이에서 태어난 알비노는 크게 눈에 띄지 않는다. 사진 속의 알비노는 북유럽계 선조를 가진 유명한 가수 조니 윈터다(오른쪽 위).
Photograph ⓒ Barcelona Zoo(눈송이 고릴라), Edward S. Ross(워템보 부족 여인), Robert Altman(조니 윈터)

albinism'는 몸 전체에서 멜라닌이 생산되지 않을 때 나타나는데 털·피부·눈의 색소가 없다. 자외선 양이 많은 지역에 거주하는 안피부백피 알비노는 피부암 발생 위험이 매우 높다. 남아프리카에서는 흑인계 알비노의 피부암 발생률이 다른 흑인에 비해 거의 1000배나 높다.[11]

정상 범위의 피부색을 가진 사람들의 경우, 신체 표면에 있는 멜라닌세포의 밀도에 많은 차이가 있다. 일반적으로는 얼굴과 그 부속기관에서 밀도가 높고 몸통에서는 비교적 낮다. 사타구니에 멜라닌세포가 가장 조밀하게 분포하기 때문에 생식기를 둘러싼 피부가 상대적으로 짙은 색을 띤다. 개인별 멜라닌세포의 전체 수는 거의 비슷하지만, 모든 멜라닌세포가 항상 활발하게 멜라닌을 생산하는 것은 아니다.[12] 밝은 색 피부를 지닌 사람들의 멜라닌세포가 멜라닌을 매우 적게 만들어내는 반면, 짙은 색 피부를 지닌 사람들에게서는 멜라닌을 많이 생산한다. 활동성 멜라닌세포가 많은 사람이 햇빛에 노출되면 멜라닌 생산이 증가할 수 있다. 이것이 우리가 보통 '선탠'이라 부르는 과정인데, 자외선으로부터 신체를 보호하는 중요한 반응이다.

색소를 생산하는 활동성 멜라닌세포의 수는 연령에 따라서도 차이가 난다. 남녀 모두 아동기에는 활동성 세포 수가 적지만, 사춘기가 다가오면 멜라닌세포가 더 많은 색소를 생산하기 시작한다. 여성은 초경을 시작할 때쯤 색소가 가장 짙어지지만(만 11~14세로 개인에 따라 다르다), 남성은 10대 후반까지 계속 짙어진다. 어떤 원주민의 피부색을 조사해도 대부분 여성의 피부가 남성보다 밝은 색으로 나타난다(물론 일부 사례에서는 그 차이가 눈으로 식별하기 어려울 정도다). 6장에서 더욱 상세히 논의하겠지만 남녀 모두 피부의 멜라닌 생산 능력이 최대치에 이르는 시기와 생식 시기가 일치한다. 만 35세를 넘으면 남녀 모두 멜라닌 생산이 줄어든다. 고령자의 피부가 젊은이보다 밝은 색으로 보이는 이유가 여기에 있다. 인간도 나이가 들면 점점 시들어가는 걸까?

오랫동안, 인간 피부에 있는 멜라닌은 자외선으로부터 우리를 보호해주는 수동적인 여과장치처럼 여겨져왔다. 그러나 현재 우리는 멜라닌이 단순히 자외선을 흡수하거나 여과하는 것만은 아님을 알고 있다. 사실 멜라닌은 자외선 노출 때문에 발생하는 유해한 작용을 화학적으로 중화시키는 적극적 기능을 수행한다. 멜라닌이 태양복사로부터 광자를 흡수하면 화학적 변화를 일으킨다. 최근의 연구에서는 자유라디칼을 없앨 수 있는 멜라닌의 능력이 바로 이러한 화학적 변화의 결과인 것으로 나타났다. '자유라디칼'이란 신체의 여러 화학반응에서 중간 산물로 만들어지는 파괴적 화합물들이다. 우주복사선이나 자외선이 세포막 내의 지질분자 및 세포를 구성하는 여러 요소들과 작용하면 이러한 자유라디칼이 대량으로 만들어진다. 자유라디칼은 화학적으로 매우 활발하며 독성이 강하여 DNA에 손상을 일으킬 수 있다. 특히 과산화물음이온superoxide anion과 과산화수소 등이 생체 시스템에서 큰 문제가 될 수 있는 자유라디칼이다.[13]

그러므로 생리학적으로 멜라닌은 자외선과 그 산물인 자유라디칼 때문에 DNA가 손상되는 것을 막아 우리를 보호해주는 역할을 한다. 그리고 멜라닌은 자외선을 비롯한 여러 고에너지 복사에 의해 엽산과 같은 필수 비타민이 파괴되지 않도록 막아주는 기능도 한다.[14] 다음 장에서 설명하겠지만 이러한 기능은 인간 피부색의 진화에서 매우 중요한 위치를 차지했다.

자기 자신의 피부를 살펴보면 얼굴이나 손등과 같은 일부 부위가 다른 곳보다 더 짙은 색임을 알게 될 것이다. 또 어떤 부위—예를 들어 위팔 안쪽—는 훨씬 더 밝은 색이다. 이와 같이 부위별로 색깔이 다른 까닭은 각 부위에 포함된 멜라닌 양이 다르기 때문이다. 위팔 안쪽 피부는 시간이 지나도 환경의 영향을 거의 받지 않았고 최소한의 멜라닌만 포함하게 되었다. 이러한 부위의 피부는 유전적으로 정해진 기본적 피부색, 즉 타고난 피부색을 나타낸다.

손등이나 얼굴처럼 항상 햇빛에 노출되는 신체 부위는 더 짙은 색인데, 멜라닌 생산이 증가한 결과 어느 정도의 '태닝tanning(햇빛 그을림)'이 일어난 것이다. 햇빛에 노출된 결과 이와 같이 일시적으로 짙어진 색깔을 '기능성 색소침착'이라 부른다. 기능성 색소침착은 자외선이 피부를 자극하여 활성 멜라닌세포가 멜라닌을 생산할 때 나타난다. 이와 같은 유형의 착색은 말 그대로 '일시적'이다. 따라서 자외선이 멜라닌세포를 계속 자극하지 않으면, 추가 생산된 멜라닌에 의해 나타난 짙은 색이 없어지게 된다. 시간이 지남에 따라 '선탠'이 점차 희미해지는 이유가 여기에 있다.

무방비 상태로 햇빛에 많이 노출되었다면, 타고난 피부색과 기능성 색소침착을 구별하기 어려워진다. 타고난 피부색이 짙은 사람일 경우 특히 그렇다. 짙은 색이든 옅은 색이든 거의 모든 유형의 피부가 자외선에 반응하여 멜라닌을 생산하기 때문이다. 그러나 태생적으로 더 옅은 색 피부를 가진 사람, 즉 멜라닌을 더 적게 만드는 사람은 일광화상이 쉽게 발생하며 '선탠'이 잘 되지 않는다. 그리고 피부암 발생의 위험도 더 높다.[15]

오래전부터 학자들은 사람의 피부색을 객관적이고 재현 가능한 방법으로 측정할 수 있는 도구를 개발해왔다. 17세기와 18세기에는 피부색을 몇 가지 단어로—이를테면 흰색, 황색, 검정색, 갈색, 붉은색—기술하면 충분했다. 그러나 그러한 색상 정의에는 명백한 문제점이 있었다. 즉 사람들이 색상 이름과 연관시키는 실제 색이 저마다 다르다는 것이다. 예를 들어 어떤 이가 '옅은 갈색'이라고 부르는 것을 다른 이는 '황색'이라고 부르기도 한다. 20세기 초반에 이르러서는 이러한 용어들이 좀 덜 모호한 색상 매칭 방식으로 대체되었다. 색상의 미세한 차이를 점진적으로 나타낸 타일이나 태블릿을 사용하여 피부색과 일치하는 것을 찾는 색상 매칭 방식도 여기에 포함되었다. 그중에서 '루샨의 피부색 척도'[16]라는 도구가 가장 유명하며, 1950년대에 인류학자들이 널리 사용했다.

색상 매칭 방법은 분명 말로 기술하는 것보다 더 우수하지만, 항상 일관된 결과가 나오는 것은 아니기 때문에 여전히 만족스럽지 못했다. 일치하는 색상을 선택할 때 주관적인 요소가 개입할 여지가 남아 있고, 측정자들에 따라 색상에 대한 의견이 다를 수 있다. 1950년대까지 인간 피부색 연구에 대한 관심이 증가했으며, 좀 더 객관적인 측정 및 분류 방법에 대한 필요성이 중요한 화두가 되었다. 이러한 요구에 부응하여 인류학적 연구에 '반사율 분광광도법分光光度法 spectrophotometry'이 사용되기 시작했다. 이 방법은 1930년대 후반 처음으로 피부색 측정에 사용된 적이 있지만, 널리 보급된 것은 1950년대 들어 현장 조사에서 사용할 수 있는 휴대용 장비가 개발되면서부터다.[17]

반사율 분광광도법의 원리는 간단하다. 피부의 작은 부위에 다른 색상(파장이 다르다)의 빛을 집중해 비춘 다음, 광전지光電池 photocell를 이용해 피부로부터 반사되는 빛을 측정한다. 그리고 광전지를 판독하여 표준 순수 백색광에 대비한 퍼센트를 계산한다. 밝은 색 피부는 짙은 색 피부에 비해 빛을 더 많이 반사하고, 파장이 다르면 반사되는 정도도 다르다. 1950년대 이후 인류학자와 피부학자들은 피부의 반사율을 측정하기 위해 여러 도구들을 고안했지만, 이러한 도구들의 작동 원리는 기본적으로 동일하다. 현재도 피부 색상 연구에는 피부 반사율 측정이 필수 도구로 사용된다. 그 과정이 표준화되어 있는데다가 시각적인 색상 매칭의 약점인 주관성이 개입되지 않기 때문이다.[18]

의학계에서는 의사의 진료실 내에서 밝은 색 피부 환자들의 피부암 발생 위험을 빠르고 신뢰성 있게 평가하기 위해 피부색 분류가 시작되었다. 밝은 색 피부를 가진 사람들은 '선탠'이 가능한 정도도 다르고 일광화상이나 피부암의 위험도 각각 다르기 때문에 1975년에 개발된 광피부형skin phototype 분류법이 의사들에게 많은 도움이 된다. 이를 이용하여 의사들은 햇빛 노출로 환자에게 나타날 반응을 정확하게 예측한다. 이러한 분류 시스템에 따르면 여섯 가지 광피부형이 있다.

광피부형	햇빛 노출에 대한 반응	피부색
I	화상, 선탠 불가능	창백한 흰색
II	화상, 선탠 최소	창백한 흰색
III	화상, 선탠 양호	흰색
IV	화상 없는 선탠	옅은 갈색
V	화상 없는 선탠	갈색
VI	화상 없는 선탠	짙은 갈색

세 유형은 '멜라닌 부족'(광피부형 I~III)으로, 다른 세 유형은 '멜라닌 충분'(광피부형 IV~VI)으로 부른다. 이 시스템에서 햇빛 노출은 자외선이 최고로 강할 때(여름) 일광차단 장치 없이 무방비 상태로 30분 노출되는 것으로 정의된다.[19]

광피부형은 여러 제약이 있지만, 복잡한 기구의 도움 없이 진료실에서 곧바로 환자의 피부암 발생 위험을 평가할 수 있기 때문에 널리 사용되고 있다. 광피부형이 I~III 유형에 속하는 사람들은 IV~VI 유형에 비해 피부암이나 햇빛에 의한 피부 손상 발생 위험이 높다.

우리는 이처럼 자외선과 멜라닌의 역할에 대한 지식을 가지고, 생물학적 존재로서 인간에게 다양한 피부색이 실제로 무엇을 의미하는지 알 수 있다. 우리 피부 속에 포함된 멜라닌 양은 자연적 로또 복권처럼 무작위로 결정되는 것이 아니라 자연선택을 통한 진화의 결과다. 이제 우리는 인간 진화 역사에서 이와 같이 중요한 장이 어떻게 펼쳐지는지 하나씩 살펴볼 필요가 있다.

6

피
부
색

세계에는 놀랄 만큼 다양한 피부색의 사람들이 살고 있다. 지구상에 있는 다른 어떤 종도 이처럼 폭넓은 색상을 가지고 있지 않다. 인류 진화의 역사가 이와 같이 다양한 피부색을 만들었으며, 인간 진화계통에서 자연선택의 역할을 보여주는 좋은 사례라 할 수 있다.

우리가 진화해온 과거를 돌아보아야만 현대 인류의 다양한 피부색을 이해할 수 있다. 이 장에서는 앞에서 제시했던 여러 핵심 정보들 가운데 몇 가지를 다시 살펴보는 것으로 시작하겠다. 인간과 밀접한 영장류 가운데 대부분은—예를 들어 신대륙 원숭이와 유인원들—피부색이 짙고 검은 털로 덮여 있는데, 이러한 동물들이 소속된 전체 집단의 선조 혹은 초기 상태가 아마 이와 같았을 것으로 추정할 수 있다.[1] 이 영장류들의 피부는 아포크린 땀샘과 에크린 땀샘의 조합이 다르다.

인간의 가장 가까운 사촌인 아프리카 유인원의 피부에는 인간처럼 주로 에크린 땀샘이 있다. 이러한 정보로부터 우리는 약 600만 년 전에 살았던, 침팬지와 인간의 마지막 공통 조상의 피부 원형이 어떤 상태였는지 추론할 수 있다. 아마도 옅은 색 피부에 검은 털로 덮이고 에크린 땀샘이 월등히 많았을 것이다.[2] 중요한 것은, 이러한 피부가 얼굴이나 손처럼 털로 덮이지 않은 부위의 햇빛 노출에 반응하여 더 많은 멜라닌색소를 만드는 능력(다시 말해 '태닝' 능력)을 가지게 되었으리라는 점이다.

침팬지 진화계통에서 인간의 진화계통이 분리되어 나간 이후 호미니드 피부에 일어난 일은 무엇일까? 인간은 지금부터 약 600만~200만 년 전 사이에 아프리카에서 진화했으며 주로 오스트랄로피테쿠스 속屬에 속하는 종이었다.[3] '오스트랄로피테신Australopithecine'(오스트랄로피테쿠스 속 원인)—이 집단의 구성원으로 알려진 모든 종—은 최소한 서로 구별되는 8종의 원인猿人들로 구성되었다.[4] 아직 많은 논란이 있지만 이들 중 한 종이 호모 속 진화계통의 선조가 되었을 것으로—혹은 최소한 직접적 선조와 밀접한 관련이 있을 것으로—생각된다.[5] 호모들이 진화하기 전, 호미니드들은 일반적으로 키가 작고 팔다리 길이의 비율이나 뇌의 크기가 유인원과 비슷했으며 생활양식도 유인원과 별 차이가 없었을 것이다. 호모들에게는 에너지가 많이 요구되는 활동을 하고 거주 범위가 넓을 경우에 갖게 되는 해부학적 특징들이 있지만, 오스트랄로피테신에게는 이와 같은 구조가 보이지 않는다. 그보다는 주로 걸어 다녔으며 나무를 잘 탔던 것으로 보인다. 그리고

피부색에 감춰진 비밀

이것은 사냥할 때나 포식자들의 위협을 받을 때 유용하게 쓰인 능력이었다.

오스트랄로피테신은 아직 털 없는 유인원이 아니었다. 그들의 피부는 인간과 침팬지의 마지막 공통 조상의 피부와 비슷했을 것이다. 즉 검은 털로 덮인 옅은 색깔의 피부다. 이들이 나이 들고 햇빛에 더 많이 노출됨에 따라 얼굴과 손의 피부는 더 짙게 착색될 수 있었을 테지만, 피부 전체로 볼 때는 아직 유인원들과 비슷했다(컬러 사진 6).

현재까지 알려진 최초의 호모 속 구성원은 약 200만 년 전 것으로 추정되는 아프리카 화석이다.[6] 오스트랄로피테신 선조들에 비하면 이러한 호미니드들은 일반적으로 몸집과 뇌의 크기가 더 크고 다리도 더 길었다. 나무를 타는 선조들에게 있던 길고 구부러진 발가락이 없어졌고, 그 대신 장거리를 걷거나 달릴 수 있는 강력한 다리를 가졌다. 초기 호모인들은 신체 활동의 강도가 높아지고 한낮의 햇빛에 많이 노출되었기 때문에, 열 발산을 촉진하기 위해 3장에서 설명한 것처럼 털이 없고 에크린 땀샘이 더 많이 존재하는 피부를 가지게 되었다. 그러나 피부가 이런 형태를 띠게 되면서 인간에게 새로운 생리학적 문제를 야기했다. 즉 적도 지방의 강한 햇빛 속에서 자외선으로부터 털 없는 피부를 보호해야 했다. 대부분의 포유류 피부는 많은 털로 덮여 있어 자외선에 의한 손상으로부터 보호된다. 털 자체가 단파장의 태양복사(자외선) 대부분을 흡수하거나 반사시키기 때문이다. 그러나 털이 전부 혹은 대부분 없어지게 되면 피부가 자외선에 매우 취약한 상태가 된다. 이와 같은 단계의 호미니드들은 햇빛으로부터 자신들을 보호해줄 의복이나 피신처를 만들 기술이 없었기 때문에 생물학적으로 적응해야만 했다.

그러한 적응은 피부에 멜라닌 양을 크게 증가시키는 형태로 나타났다. 그리고 이는 피부 모양과 기능에 큰 변화를 가져왔다. 초기의 호모인들은—나중에 등장하는 모든 인간들의 조상—짙게 착색된 피부를 가졌다(컬러 사진 7). 자연선택의 힘이 강력하게 작용하여 인간 선조들의 피부를 짙게 착색시켰으며, 최근 발표된 유전학적 증거들은 이와 같은 주장에 힘을 실어준다.[7]

하지만 왜 짙은 색 피부가 뜨거운 열기 속에서 골칫거리가 되지 않았을까? 무엇보다도 짙은 색 물체는 더 많은 복사를 흡수하기 때문에 햇빛을 받으면 옅은 색 물체보다 더 뜨거워진다. 생리학자들과 인류학자들은 이 문제를 두고 오랫동안 연구해왔는데, 주로 극단적 환경 조건을 견디며 생활하는 주민들을 대상으로 했다. 이러한 연구를 통해 짙은 색 피부 자체는 햇빛이 강하게 내리쬘 때 신체의 열 부담을 크게 높이지 않는다는 것을 확인했다. 햇빛에 의한 열 상승은 주로 적외선의 작용인데, 짙은 색 피부와 옅은 색 피부는 햇빛 속의 적외선을 거의 비슷한 정도로 흡수한다.[8] 사실, 개인이 받는 열 부담을 증가시키는 가장 중요한 요인들은 외부 온도, 습도, 개인이 운동할 때 생산되는 열의 양 등이다. 그러므로 짙은 색 피부는 호모인들이 더위를 견디는 능력을 방해하지 않는다.

호모인들이 출현할 때 쯤—약 200만 년 전쯤—우리 조상들의 피부는 현대 인류처럼 털이 거의 없었고 색깔도 비슷했다. 호모인들의 진화는 대부분 아프리카에서 이루어졌다. 에티오피아에서 발견된 화석의 증거로 볼 때 현대 호모사피엔스의 조상들은 15만5000년 전에 존재했으며, 그 직후에 완전한 현대인으로 진화한 것으로 보인다. 지중해 연안 레반트 지역에서 발견된 화석들로 미루어볼 때 해부학적으로 완전한 현대인은 약 11만5000년 전에 열대 아프리카를 벗어나 이동하기 시작했다.[9]

현대적 인간이 열대 아프리카를 떠나기 시작할 무렵, 그들은 능숙한 기술과 문화를 지니고 있었다. 그들은 여러 다양한 도구들을 만들어 사용했고, 불을 피우고 익혀 먹었으며, 보다 정교해진 언어를 가지고 있었다. 약 10만 년 전부터 이와 같은 현대적 인간들의 이주가 빨라지기 시작했다. 하지만 이러한 이동이 대부분 해변을 따라 이루어졌기 때문에(지금은 해저에 있는 지역도 있다) 남아 있는 물리적 기록이 드물고, 현재 우리가 알고 있는 지식은 분자생물학적 연구의 증거를 뼈나 돌에서 얻은 정보와 결합한 것이다. 이러한 증거들을 통해 볼 때 해부학적으로 완전한 현대인은 약 7만 년 전에 남아프리카에 정착했으며, 오스트레일리아에는 약 6만 년 전 그리고 유럽에는 약 5만 년 전에 정착한 것으로 추정된다.[10] 현대인들은 이렇게 다양한 환경을 지닌 여러 지역으로 이주하면서 그들의 신체와 문화를 새로운 환경에 적응시켰다. 피부색과 관련된 적응도 가장 중요한 적응 중 하나다.

나와 동료들은 피부색의 진화에 관한 연구를 통해, 진화로부터 받은 충격을 자연선택을 통해 타협한 결과가 피부의 멜라닌 수치로 나타났다는 것을 알게 되었다.[11] 이와 같은 결론이 새로운 견해는 아니지만, 처음으로 피부 색소 수준과 인간의 생식 성공 사이에 인과 관계가 있음을 확인할 수 있었다. 생식의 성공—생식 연령까지 생존, 성공적인 출산, 자손의 생존—은 자연선택의 기본이며 진화의 궁극적 목표라 할 수 있다. 과거에는 대부분의 학자들이 건강에 문제—예를 들어 일광화상, 햇빛에 의한 피부 변성, 피부암—를 일으키는 자외선으로부터 신체를 보호하는 기능에 초점을 맞춰 짙은 색 피부의 진화를 설명했으며 생식과는 연관시키지 않았다. 그러나 이와 같은 일들은 개인의 생식 능력에 거의 영향을 주지 않기 때문에 짙은 색 피부의 진화를 가져온 주요 동인이 될 수 없다.[12] 진화의 궁극적 관심은 생식의 성공에 있기 때문에 생물의 어떤 특성을 적응의 관점에서 설명하기 위해서는 생식에 얼마나 이익을 주는지 입증해야 한다.

자외선은 신체 내에서 성공적인 생식을 위해 필수적인 여러 화학물질에 영향을 주는데, 그것에는 DNA, 엽산, 비타민 D 등이 포함된다. 그러므로 피부색은 자외선 때문에 피부 내의 중요한 생화학물질이 파괴되지 않게 하거나 최소한 파괴를 늦출 수 있도록 충분히 짙게 착색되어야 한다. 반면 자외선은 몇 가지 중요한 생화학물질의 생산에 촉매작용을 하기 때문에 이를 수행할 수 있을 만큼의 빛은 피부를 통과할 수 있어야 한다. 말하자면 멜라닌이 이를 조절하는 역할을 한다.

이 이론은 장기간에 걸친 관찰과 실험을 통해 확인된 사실에 근거하였으며, 이에 대해서는 4장에서 소개한 바 있다. 첫째, 장파장자외선UVA는 비타민 B군의 하나인 엽산을 파괴한다. 엽산이 부족하면 세포분열에 필요한 DNA의 생산을 방해하여 생식에 문제가 생길 수 있다. 둘째, 단파장자외선UVB은 피부에서 비타민 D를 합성한다. 비타민 D가 부족하면 신체 칼슘 대사에 장애가 생기고 이는 생식에 부정적 영향을 미친다. 그러므로 이처럼 모순된 요구에 균형을 맞추기 위해 피부 착색 정도가 다르게 진화했다.

진화는 피부색과 관련하여 서로 반대되는 두 방향의 변이경향을 만들었다. 첫번째는 적도 부근의 짙은 색 피부에서 극지방에 가까운 지역의 옅은 색 피부로 변해가는 경향으로, 이는 '광방어光防禦' 요구에 따른 것이다. 두번째는 극지방 가까운 지역의 옅은 색 피부에서 적도 부근의 짙은 색 피부로 변해가는 경향으로, 이는 비타민 D 생산을 위해 자외선이 피부를 뚫고 들어가도록 하는 것이다. 이와 같은 두 경향의 극단 사이에 중간 정도 짙기의 피부색을 갖도록 유전적으로 결정된 주민들이 있으며, 이들은 계절별 자외선 양의 변화에 따라 '태닝' 능력을 높일 수 있다.

만약 자외선이 매우 강하게 비치는 지역에 사는 주민이라면 DNA 와 엽산이 손상되지 않도록 하기 위해 피부의 멜라닌 양을 최대한 늘리는 것이 유리하다. 아프리카 적도 지역의 원주민에게서 볼 수 있는 극단적으로 짙은 피부는 이러한 요구를 충족하기 위해 진화했다. 짙은 색 피부는 자외선의 위험으로부터 신체를 잘 보호해주지만, 그와 동시에 피부에서 비타민 D의 생산과정을 크게 지연시킨다.[13] 멜라닌은 매우 효과적인 일광차단제이기 때문에 짙은 색 피부를 가진 사람들은 같은 양의 비타민 D를 만들기 위해 옅은 색 피부의 사람들보다 다섯 배나 긴 시간 동안 햇빛을 받아야 한다.[14]

인류의 고대 선조들이 적도 지역으로부터 이주해 나감에 따라 자외선에 대한 노출—특히 비타민 D 생산의 촉매가 되는 UVB에 대한 노출—이 크게 줄어들었다. 자외선이 적은 환경에서는 그들의 짙은 색 피부가 비타민 D 합성을 방해하거나 지연시키는 경향을 띠게 된다. 그러므로 인류가 열대지역 바깥으로 이주함에 따라 자연선택의 힘은 비타민 D의 합성을 촉진하기 위해 피부색을 옅게 만드는 방향으로 작용했다.[15]

원거리에서 측정한 지표의 자외선 양과 피부에서 비타민 D를 합성하는 데 필요한 UVB의 정확한 양에 관한 데이터를 이용하면,[16] 지구상 여러 지역별로 피부 내 비타민 D 생산 능력을 보여주는 지도를 작성할 수 있다. 비록 짙은 피부를 가진 사람들의 비타민 D 생산속도가 느리다 하더라도, 적도 인근 지역에서는 UVB가 비타민 D 생산에 충분할 정도로 많이 내리쬔다. 적도를 벗어나 위도 약 25도에서 50도 사이의 중위도 지역으로 이동하면 옅은 피부를 가진 사람이 비타민 D를 생산하는 데 필요한 자외선 양이 1년에 최소한 한 달 정도 부족한 상태다. 위도 50도 이상 북극에 가까운 지역에서는 자외선 양이 더욱 적다. 이와 같은 자외선 양을 1년 전체로 계산해보면 옅은 색 피부를 지닌 사람들은 충분한 양의 자외선을 받지 못하여 건강 유지에 필요한 비타민 D의 생산이 부족할 수 있다.[17] 이는 인류 진화에서 풀어야 할 실질적 문제다. 그리고 현재는 인류가 더욱 북쪽으로 이주하여 피부에서 비타민 D를 만들기가 더 어려워졌기 때문에 여전히 큰 문제가 된다.

피부색에 감춰진 비밀

짙은 피부를 지닌 사람들은 자신이 가진 멜라닌을 이용해 주위 환경으로부터 오는 UVB를 많이 걸러내기 때문에 비타민 D 생산 영역이 다른 형태로 나타난다.[18] 적도 부근에서 비타민 D 생산의 '안전 영역'은 옅은 피부 주민들보다 짙은 피부 주민들에게서 더 좁게 나타난다. 고위도 지역에 사는 짙은 피부 주민들은 1년 중 대부분의 기간 동안 비타민 D 생산이 거의 불가능하다. 최근 남아프리카공화국에서 초등학교 학생들을 대상으로 짙은 피부를 지닌 아동과 알비노 아동의 비타민 D 수준을 비교 조사한 연구는 이러한 결론을 분명하게 확인시켜 주었다. 짙은 피부를 지닌 아동은 비타민 D가 훨씬 적어서 알비노 아동과 동일한 생리적 수준을 유지하기 위해서는 음식을 통해 많은 양의 비타민 D를 섭취해야만 했다.[19]

고위도 지역 주민들이 옅은 색 피부를 진화시킨 동력은 피부에서 적절한 양의 비타민 D가 합성될 수 있도록 하는 강력한 자연선택의 힘이었다. 현대 인류는 자외선이 적은 지역으로 이주해감에 따라 피부색도 옅어져야만 했다. 열대지역 외부에 거주하는 초기 호미니드들에게도 비타민 D 수준에 대한 동일한 압력이 작용했다. 약 30만~3만 년 전 유럽과 서아시아 지역에 살았던 네안데르탈인의 혈통은 초기 호모인의 유럽 혈통으로 거슬러올라갈 수 있다. 네안데르탈인은 현대 유럽인과 밀접한 연관이 없지만,[20] 비슷한 지역에 거주하며 여러 동일한 환경을 겪었다. 그러므로 그들의 진화계통에 속하는 구성원들은 자외선이 적은 유라시아 지역에서 살아가기 위한 적응 과정에서 밝은 색 피부를 진화시켰다고 보는 것이 타당하다(컬러 사진 8). 그리고 이는 현대 유럽인의 선조들에게서 밝은 색 피부를 야기했던 유전학적 기전과는 달랐을 것이다. 확인할 방법은 없지만 네안데르탈인은 열대지역 선조들로부터 진화하는 과정에서 털이 제법 많아졌을 것이다. 신체를 덮는 수북한 털은 털이 없을 때보다 피부를 약간 더 따뜻하게 해주었다. 네안데르탈인이 마지막 빙하기의 만만찮은 기후 조건에서 살아남을 수 있었던 것은 주로 그들의 문화적 역량 덕분이었다. 즉 자연적 피난처를 적극 활용했으며, 불을 사용하고 동물 가죽으로 간단한 외피를 만들어 몸을 따뜻하게 유지했다.

네안데르탈인은 같은 위도에 거주하는 현대 인류처럼 자외선 양이 많을 때 피부를 '태닝' 할 능력을 지니고 있었을 것이다. 계절에 따라 자외선 양의 변동 폭이 매우 큰 지역에서는 자외선 양이 많을 때 일시적으로 피부가 짙어졌다가 자외선 양이 저하되면 다시 옅어지는 능력을 진화시키게 된다. 지중해 연안 지역이나 위도 23도에서 40도 사이 지역의 주민들이 탁월한 태닝 능력을 지닌 이유가 여기에 있다. 선천적 피부색이 매우 옅은 사람들은(광피부형 I과 II) 태닝을 전혀 혹은 거의 하지 못하는 반면, 중간 이상의 짙은 색 피부를 가진 사람들은(광피부형 V와 VI) 태닝을 짙게 할 수 있다(표면적으로 비슷한 피부색을 가진 주민들 사이에도 태닝 능력에 많은 차이가 있었다).[21] 후천적으로 태닝한 피부색은 수주 혹은 수개월이 지나면 옅어지면서 유전적으로 정해진 본래의 피부색으로 돌아간다.

매우 옅은 색 피부를 가진 사람들에게는 활동성 멜라닌세포의 분포가 일정하지 않아서 햇빛에 노출되면 색을 가진 작은 점들—주근

피부색에 감춰진 비밀

깨—이 생길 수 있다. 주근깨(피부과 전문의들은 '작란반雀卵斑 ephelides'이라고도 부른다)는 옅은 색 피부를 가진 사람들에게 흔히 나타나는데, 아동기에 일찍 나타났다가 나이가 들면서 대부분 없어진다. 주근깨는 태닝과 마찬가지로 자외선의 계절적 변화에 따라 짙어지거나 옅어진다. 주근깨가 많은 사람들은 그렇지 않은 사람들보다 피부암 발생 위험이 상당히 높기 때문에 옥외 활동을 할 때는 항상 자외선 차단제 등을 사용하여야 한다.[22]

비교적 옅은 색 피부를 가진 사람들만 태닝을 하는 것은 아니다. 짙은 색 피부를 지닌 사람들도 많은 양의 자외선에 빠르게 적응하기 위해서는 태닝이 중요하다. 피부가 짙은 사람들은 옅은 사람들보다 햇빛에 더 오래 견딜 수 있는데, 멜라닌이라는 자연적 보완물이 10~15 정도의 '자외선 차단지수'를 부여하기 때문이다. 이에 비해 중간 이하 색조의 옅은 피부를 가진 사람들—예를 들어 남유럽이나 중앙아시아인들—은 자외선 차단지수가 2.5에 불과하다.[23] 자연적으로 짙은 피부를 가진 사람들을 포함하여 대부분의 사람들은 강한 자외선에 노출되면 피부를 더 짙게 만들 수 있다. 자외선이 멜라닌세포를 자극하여 더 많은 멜라닌이 생산되기 때문이다.[24]

태닝을 하는 과정은 즉각적인 피부 그을림에 이어 시간이 소요되는 피부 그을림이 수반된다. 피부 그을림 현상이 눈에 보일 정도로 나타나기까지 48시간 이상 소요될 수도 있다. 자연적으로 짙은 피부와 관련해 가장 중요한 점은, 피부가 UVB에 노출됐을 경우 색소가 많은 멜라닌세포가 색소가 적은 멜라닌세포보다 정상적인 세포분열을 회복하는 능력이 더 크다는 것이다. DNA가 덜 손상되기 때문일 것이다.[25] 짙은 색소가 UVB로부터 DNA를 보호해준다 해도, UVB는 여전히 면역체계에 혼란을 초래하여 피부에 나쁜 영향을 준다. UVB는 색소 수준과 상관없이 피부에서 면역반응을 조절하는 '랑게르한스세포 Langerhans Cell'에 손상을 일으킨다. 이 때문에 해로운 환경물질이나 미생물로부터 피부가 스스로를 보호하는 능력이 약화된다.[26]

많은 사람들이 태닝을 한 다음에는 자외선에 노출되어도 해롭지 않을 것이라고 믿지만, 이는 아주 위험천만한 오류다. 유전적으로 옅은 색 피부인 사람들은 태닝을 해도 자외선에 의한 손상으로부터 DNA를 보호할 정도로 자외선 차단지수가 많이 증가하지 않는다. 물론 태닝을 한 피부가 자외선에 반복적으로 노출되면 활동성 멜라닌세포의 수가 증가해 더 많은 멜라닌이 생산된다. 하지만 본래 옅은 피부를 가진 사람들이 태닝한 피부에 멜라닌 밀도가 증가하더라도 선천적으로 짙은 피부의 자연적 멜라닌이 제공해주는 광방어 효과에는 미치지 못한다. 옅은 피부에서 중간 정도 색조의 피부를 지닌 사람이 자주 자외선에 노출되면 피부에 자유라디칼이 만들어져서 진피의 구조 단백질들을 파괴하게 된다. 이는 피부 노화를 촉진시키고, 시간이 지나면서 주름살이 늘어나고 피부색이 고르지 않게 된다.[27]

지금부터 인류 피부색의 진화에 관한 이해를 바탕으로, 우리 인류가 속한 종의 진화 초기에 피부색이 어떻게 변화했는지 알기 위해 상상 속의 여행을 떠나보자. 소위 '농업혁명'이 일어나기 전인 약 1만 년 전, 사람들이 먼 거리를 좀 더 빠르게 이동하기 시작했을 때로 거슬

피부색에 감춰진 비밀

러 올라가보면 특히 흥미로울 것이다. 그리니치 자오선으로부터 동쪽으로 20도의 긴 경로를 따라 '걸어가면' 인류에게 존재하는 거의 모든 피부색 주민들을 만날 수 있다. 아프리카 남쪽 끝의 희망봉에서부터 이러한 좁은 길을 따라가는 여행을 시작하자. 맨 먼저 칼라하리 사막에서 수렵 · 채집을 하며 살아가는 원주민을 만나는데, 이들은 피부에 중간 정도의 멜라닌색소를 가지고 있다(컬러 사진 9). 다시 칼라하리에서 북쪽으로 계속 가면 남회귀선을 지나, 채집으로 살아가는 좀 더 짙은 색 피부의 원주민 지역으로 들어가게 된다. 이들은 더 남쪽에 사는 주민들과 연관되어 있다. 계속해서 적도를 향해 가면 콩고 분지를 지나는데, 여기서 우리는 매우 짙은 색 피부의 원주민들을 만난다. 계속해서 북쪽으로 사헬과 사하라 사막을 통과하여 북회귀선을 향해 가면 매우 짙은 색 피부를 지닌 여러 원주민 집단들을 만난다(컬러 사진 10).

리비아 사막으로 들어가면 눈에 띄게 옅은 색 피부의 원주민들을 만나며, 지중해 남쪽 연안에 가까워질수록 그들의 피부색은 더 옅어진다(컬러 사진 11). 남부의 칼라하리 사막 원주민들처럼 지중해 연안 주민들의 피부색은 중간 정도이며, 햇빛에 오래 노출되면 짙게 태닝할 수 있다. 지중해를 건너 발칸반도에 상륙한 다음 헝가리 평야를 지나 계속 북쪽으로 가서 카르파티아 산맥을 넘으면 북유럽 평야가 펼쳐진다. 이곳 주민들의 피부는 매우 옅은 색이지만 여름에는 눈에 띌 정도의 태닝이 가능하다. 이제 발틱 해로 들어가 보스니아 만을 건너 스칸디나비아 남쪽 해안에 상륙한다. 스칸디나비아에 거주하는 창백한 피부의 주민들은 발틱 해 남부 해안 주민들보다 피부가 훨씬 더 옅은 색이다. 유럽 최북단인 라플란드와 북극권에 다가가면 매우 옅은 색 피부의 사미족(라프족)이 드문드문 살고 있는 지역이 나온다(컬러 사진 12).

이러한 긴 여행길에서 확인할 수 있었던 것은 한쪽 끝에서 반대쪽 끝으로 점차 위도가 변함에 따라 피부색도 매우 점진적으로 변한다는 사실이다. 그리고 여행길을 따라 나타나는 피부색의 점진적 변화가 눈에 띄게 단절되거나 어긋난 부분은 없었다. 갈색, 황색, 백색이 수없이 섞이며 그 구성비를 차츰 변화시켜가는 것 같았다. 오늘날에는 적도에서 극지방까지 피부색의 자연적이고 점진적인 변화에 약간씩 단절된 부분들이 존재하는데, 이는 20세기 이후 사람들이 먼 거리까지 빠르게 이주함에 따른 것이다. 하지만 여전히 피부색의 자연적 분포는 인간의 생물학적 변이 유형을 가장 뚜렷이 보여준다.

인류는 비교적 최근에 이르러서야 정착 문화에서 벗어나 지도제작과 무역을 위해 대륙과 대양을 넘나드는 장거리 여행을 시작했으며, 그 여행자들은 자신들과 다른 피부색을 보고 크게 놀라기도 했다. 15세기에 유럽을 떠나 여행한 사람들의 기록에는 새롭게 조우한 사람들의 피부색을 보고 놀랐다고 기술되어 있다.[28] 박물학자들과 지리학자들이—주로 유럽인들—아시아, 아프리카, 오스트레일리아 그리고 아메리카를 여행하면서 원주민들에 대한 상세한 연구가 시작되자 인류 피부색의 전세계적 분포를 보여주는 지도를 작성할 수 있게 되었다. 그중에서 가장 널리 알려진 지도는 루샨von Luschan의 피부색 척도를 바탕으로 해서 이탈리아 지리학자인 레나토 비아스티Renato Biasutti가 작성한 것이다(그림 23). 비아스티는 일부 지역의 피부색에 관한 정보

피부색에 감춰진 비밀

가 없었기에 이미 알려진 지역을 바탕으로 추론해서 그 부분을 채워 넣었지만, 이 지도는 20세기 후반에 널리 인용되었다.[29] 현재는 원주민들의 피부 반사율을 측정하여 표준화한 데이터에 근거하여 좀 더 정확하게 작성된 지도가 많이 사용되고 있다(그림 24). 두 지도 모두 비슷한 양상을 보이는데, 적도 부근의 원주민들은 좀 더 짙은 색 피부이며 극지방으로 갈수록 점차 옅어진다.[30]

그림 24의 지도에서는 특이하게도 남반구의 짙은 색 피부 주민 비율이 북반구의 짙은 색 피부 주민 비율보다 큰 것으로 나타났다. 그러나 사실 적도를 중심으로 남과 북의 대륙 분포 크기에 따른 편차일 뿐이다.[31] 북반구에서는 주거에 적합한 지역이 고위도(자외선 양도 적다)에 많이 포함되지만, 남반구에서는 적도 부근(자외선 양이 많다)에 밀집되어 있다. 그리고 적도 부근은 '짙은 색 피부', 극지방 부근은 '옅은 색 피부'라는 경향에서 예외인 곳들이 보인다. 대개 이러한 예외는 그들의 선조들이 자외선 양이 달랐던 고대의 원래 거주지에서 현재 거주지로 이주해왔음을 나타낸다. 아프리카의 반투어를 쓰는 원주민들이 그 좋은 예다. 그들은 과거 4000년 동안 적도 아프리카 서부 지역에서 남아프리카로 거주 범위를 넓혔다.

위도에 따라 피부색이 점진적으로 변화하는 까닭은 지구 표면에 닿는 자외선 양이 위도와 밀접히 연관되어 있고, 이는 결과적으로 멜라닌색소 형성과 연관되기 때문이다. 피부색과 자외선 양에 대해 자세히 조사해보면 피부색이 가을의 자외선 양과 가장 밀접히 관련되는 것을 알 수 있다. 가을은 1년 중 자외선 양이 가장 적을 때다. 이는 피

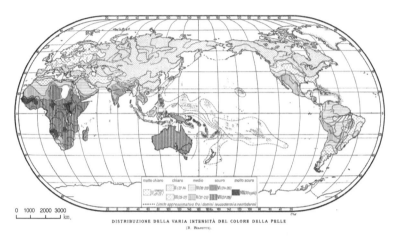

DISTRIBUZIONE DELLA VARIA INTENSITÁ DEL COLORE DELLA PELLE
(R. Biasutti).

그림 23. 이탈리아 지리학자인 비아스티가 1959년에 작성했으며, 인간 피부색을 보여주는 지도로 가장 많이 인용된다. 이 지도는 여러 자료를 바탕으로 했으며 피부색에 관한 정보가 없는 지역까지 확장해 그린 부분도 있다.

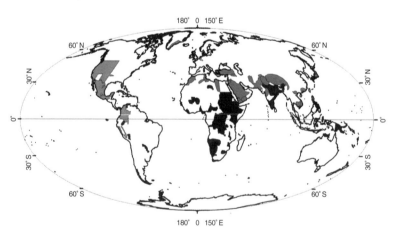

그림 24. 원주민들의 실제 피부 반사율 데이터를 근거로 작성한 이 지도는 그림 23의 비아스티 지도보다 더 정확하다. 그러나 두 지도 모두 비슷한 경향, 즉 자외선 양이 가장 많은 적도 인근 주민들은 짙은 색 피부가 월등히 많고 북극에 가까운 고위도 지역 주민들은 옅은 색 피부가 월등히 많음을 보여준다.

피부색에 감춰진 비밀

부색 형성이 자외선 수준이 높을 때보다는 낮을 때 더 많은 영향을 받고, 또 낮은 수준의 자외선은 비타민 D 생산 저하를 초래하기 때문인 것으로 보인다.[32]

자외선 등 환경 요인과 피부색(피부 반사율로 측정된)의 관계를 이용하면 인간 피부색 지도를 예상하여 작성할 수 있으며, 이 지도에 표시된 색은 지역별로 실제 거주하는 사람들의 피부색과 거의 일치한다(컬러 지도 2). 전세계 사람들이 각자의 지역에서 비슷한 시간 동안 거주했으며 피부색에 영향을 줄 수 있는 비슷한 문화적 행동을 해왔다는 전제 아래 작성한 가상적 지도다. 그러나 이러한 지도를 볼 때는 세계 각 지역 주민들이 자신들의 고향에서 모두 다 같은 기간 동안 거주하지 않았음을 상기해야 한다. 그리고 주민들마다 햇빛에 대처하는 방법도 다르다. 그러므로 일부 주민들은 현재 거주하는 주민들에게서 예상되는 피부색과 다른 색의 피부를 가지게 된다.

인간의 피부를 오랫동안 면밀히 연구해온 과학자들은 여성이 남성보다 피부색이 더 옅다는 데 의견을 모은다. 이것은 모든 원주민들에게 적용되며, 피부색의 차이를 쉽게 구별할 수 없을 정도로 매우 짙은 색 피부를 가진 사람들의 경우에도 마찬가지다.[33] 일각에서는 여성의 피부가 더 옅은 것은 여성이 아기의 흰 피부를 모방해 진화했기 때문이라고 추정한다. 모든 민족에게서 아기가 가장 흰 피부를 가진다. 이러한 논리에 따를 때, 여성이 아기의 피부색을 모방할 경우, 물리적으로 더 강한데다가 잠재적으로 적대성을 띨 수 있는 남성이 포함된 집단에서 아기에게 허용되는 몇몇 사회적 보호 수단을 여성들도 획득할 수 있게 된다. 다른 학자들은 배우자감으로 옅은 피부를 가진 여성을 더 선호한 남성의 의식적 선택이 영향을 준 것이라고 주장하기도 한다. 옅은 색 피부는 막 태어나 발달 초기에 있는 아기를 연상시키기 때문이라는 것이다.[34] 이러한 가설은 인간의 아기와 여성에게서 매력을 느끼는 데는 그들의 생김새뿐 아니라 옅은 색 피부도 한몫을 한다는 관찰에 근거했다. 이 이론에 따르면 옅은 피부를 가진 여성이 짙은 피부의 여성보다 더 여성적으로 인식되기 때문에 짝짓기 대상으로 더 선호된다. 피부색의 남녀 차이는 남성의 관점에서도 설명할 수 있다. 자연선택에서 남성은 신체 내의 엽산 수준을 확보하기 위해 짙은 색 피부를 더 선호하게 된다. 정자 생산 과정에는 DNA 합성이 있고 여기에는 엽산이 필수적 역할을 하기 때문에, 신체 내 엽산 수준을 적절히 확보하는 것은 정자 생산을 위한 안전장치라 할 수 있다.

나는 이와 같이 피부색에서 유전적으로 결정되는 남녀 간의 차이 혹은 성적 이형性的異形에 대해 다른 설명을 진전시켜왔다—여기에는 비타민 D의 생산도 포함된다. 가임 연령의 여성은 자신의 신체를 유지하는 데 필요한 칼슘뿐 아니라 아기를 만드는 데 필요한 칼슘도 함께 체내에 저장한다. 임신 기간에서 길게는 수유 기간까지 여성의 칼슘 필요량은 같은 연령의 남성에 비해 거의 두 배에 달한다. 이때 태아와 신생아의 골격을 만들기 위해 뼈에 저장된 칼슘과 인산이 대규모로 동원된다.[35] 이는 여성이 빠른 시간 내에 다시 칼슘을 뼈에 저장해야 함을 의미하며, 이를 위해서는 칼슘이 포함된 음식을 많이 먹고 체내로 흡수해야 한다. 그러나 비타민 D 공급이 부족하면 칼슘을 흡수할

피부색에 감춰진 비밀

수 없고 여성 자신과 아기의 뼈에 문제가 생기게 된다. 비타민 D 부족이 심각한 경우에는 신생아의 뼈가 적정선까지 단단해지지 못하여 구루병이 생길 수 있다. 아기 엄마의 경우에는 문제가 확연하게 드러나지 않지만, 미네랄 소실로 골연화증骨軟化症이 생겨서 골격이 약해지고 골절이 발생할 위험이 높아진다.

이와 같은 문제를 피하기 위해 진화는 여성의 피부를 남성보다 옅게 만듦으로써 아기 엄마가 더 많은 비타민 D를 생산할 수 있도록 했다. 피부색이 옅어짐으로써 여성은 동일한 자외선 조건에 있는 남성보다 비타민 D를 조금 더 많이 만들 수 있다. 그리고 이는 칼슘 흡수를 최적화해 여성 자신과 아기 모두의 건강한 생존과 생식 가능성을 높여준다. 여성은 자연선택에 대비해 정밀하게 균형을 유지한다. 즉 엽산과 DNA를 보호할 수 있을 만큼 충분히 짙은 피부색을 유지함과 동시에, 비타민 D 생산을 최대화할 수 있을 만큼 충분히 옅은 피부색을 유지한다. 이처럼 진화는 매우 정교하며, 종의 생존을 확보할 수 있도록 효과적인 생물학적 타협을 만들어낸다.

이와 같은 생리학적 주장이 오늘날 인류 피부색에서 관찰되는 성적 이형의 패턴을 만들어내는 요인으로서 '자웅선택雌雄選擇 sexual selection'을 배제하는 것은 아니다. 그러나 자웅선택 하나만으로 남녀 간의 피부색 차이를 설명할 수는 없을 것이다. 연구 대상 인구 모두에게서 여성의 피부가 남성보다 옅은 색이지만, 육안으로는 구별할 수 없고 정밀한 계측을 통해서만 남녀의 차이가 드러나는 경우도 있기 때문이다. 그러나 많은 인구집단에서 남성이 옅은 색 피부의 여성을 더 선호함에 따라, 기존에 이미 자연선택에 따라 만들어진 남녀 피부색의 차이가 더 커졌을 것이다.[36] 선진국과 개발도상국 모두에서 옅은 색 피부를 지닌 여성을 선호하며, 이러한 관점은 피부 미백 크림의 무차별적 마케팅으로 더욱 공고화된다.

남성과 여성 모두 가임기 초기 동안에는 자신의 피부색을 가장 짙게 만드는데, 이는 엽산과 DNA를 보호하는 데 멜라닌이 핵심 역할을 한다는 점을 감안하면 진화론적으로 중요한 의미를 가진다. 그리고 여성은 임신 초기에 피부의 특정 부위를 더욱 짙은 색으로 만든다. 이와 같은 현상을 '기미' 혹은 '갈색반褐色斑'이라 부르며 유두와 유륜이 짙게 변하고, 이보다는 조금 덜 하지만 복부, 생식기, 얼굴 등도 약간 짙게 변한다. 뺨, 코, 이마에 생기는 착색은 임신기에 특징적으로 나타나는 기미로 흔히 '임신 마스크'라고도 부른다. 임신하고 있는 동안에는 기미가 늘어나는데, 이는 멜라닌세포가 멜라닌 생산을 증가시키고 피부의 멜라닌세포 수도 실제로 증가하기 때문이다.[37] 임신한 여성의 유두와 유륜에 발생하는 착색은 영구적이며 임신이 거듭되면 더욱 짙어진다.

여성의 얼굴에 기미와 비슷한 형태로 짙게 착색된 얼룩은 경구용 피임약을 장기간 사용한 탓일 수 있는데, 안면의 멜라닌세포가 경구용 피임약의 성분인 에스트로겐과 프로게스테론에 특히 민감하기 때문이다. 일부 여성에게서 생리주기의 호르몬 변화에 따라 얼굴과 몸통에 나타나는 기미 비슷한 변화들은 그 이유가 확실히 밝혀져 있지 않다.[38] 많은 여성들은 생리기간 동안 눈 아래와 입 주위에 '다크 서클'이 나타나는데, 안면 멜라닌세포들이 일시적으로 멜라닌 생산을 증가시킨 결과로 보인다. 기미로 인해 얼굴색이 짙어지는 현상을 자외선으로부터 가임 연령의 여성을 보호하기 위한 진화적 적응으로 해석하려는 학자들도 있다. 얼굴과 가슴의 멜라닌세포는 호르몬 변화에 빠르게 대응하여 멜라닌 생산량을 늘리는데, 이는 여성의 건강을 위해 해당 부위를 좀 더 보호하는 것이 이익이 되므로 자연선택에서 더 선호되었음을 시사한다.

인간 피부색을 결정하는 가장 중요한 요인은 자외선에 대한 적응이다. 하지만 인류가 진화해오는 동안 여러 다른 요인들도 피부색에 영향을 주었다. 예를 들어 시간이 흐르면서 문화의 변화와 장거리 이동 등이 자연선택의 형태를 결정하는 요인이 되었다. 인류 역사가 기록되기 이전 시대의 사람들은 환경으로부터 자신들을 보호하기 위한 문화적 도구를 거의 갖지 못했다. 이와 같은 상황에서는 환경에 대한 생물학적 적응 기전이 진화했고, 여기에는 피부색, 신체 비율, 그리고 몸의 열을 식히는 조절 수단 등이 포함된다. 그러나 시간이 지남에 따라 '문화 자본cultural capital'의 비중이 증가하여, 변화하는 환경의 변덕스런 위협으로부터 스스로를 보호하는 능력이 강화되었다.[39] 문화적 역량이 커질수록 열, 추위, 자외선 등 환경의 위협에 대한 문화적 해결책들—의복이나 거주지 등—이 생물학적 대응을 대체해갔다.

그 외에도, 오늘날 사람들의 피부색은 특정 지역에 거주해온 기간이나 선조들의 고향에서부터—위도를 기준으로—이동해온 거리 등과 연관된다. 일련의 인구집단이 특정 지역으로 이주해와 거주하기 시작한 때부터 그 지역의 자외선 상태에 적합한 피부색을 갖게 되기까지는 긴 시간이 소요되는 것으로 보인다. 아직 그 시간이 얼마나 걸리는지는 알지 못하지만, 주민들에게 작용하는 자연선택의 강도와 연관되는 것만은 분명하다. 남아메리카 적도 지역 원주민들의 피부색이 이러한 연관성에 많은 시사점을 준다. 이들 신대륙 주민들은 구대륙의 같은 위도와 고도에 있는 주민들보다 더 옅은 색 피부를 가진 것으로 알려져 있다. 그들이 더 옅은 색 피부를 갖게 된 데는 아시아에서 남아메리카로 이주해온 시기(1만~1만5000년 전)뿐 아니라 문화적 행태, 자외선으로부터 피부를 보호해주는 의복이나 거주지 형태 등 복합적 영향이 있었을 것이다.

여기에 추가할 요소가 하나 더 있다. 특히 지난 200년 동안 진행된 사람들의 대규모 여행과 이주—인류 역사에서 전례 없는 속도였다—가 한때 멀리 떨어져 분리되어 있던 사람들을 뒤섞었으며, 그 결과 중간 색조의 피부를 가진 자손들이 생겨났다. 이러한 변화는 대부분의 대륙에 있는 대도시 중심부에서, 그리고 미국과 같이 수 세대에 걸쳐 이민자의 유입을 장려해왔던 국가들에서 두드러진다.

식생활도 인간 피부색의 역사에서 한 부분을 차지해왔으며, 특히 비타민 D의 섭취는 중요한 역할을 했다. 동북아시아 및 북아메리카 최북단에서 살아가는 에스키모 알류트족의 경우를 보자. 그들은 자외선 양이 매우 적은 지역에 거주하는데, 이를 근거로 예상할 수 있는 피부색보다 훨씬 짙은 피부를 가지고 있다. 그러나 이들 지역이 받는 자외선은 연중 내내 거의 UVA로 구성되며, UVB는 여름에만 극히 적은

피부색에 감춰진 비밀

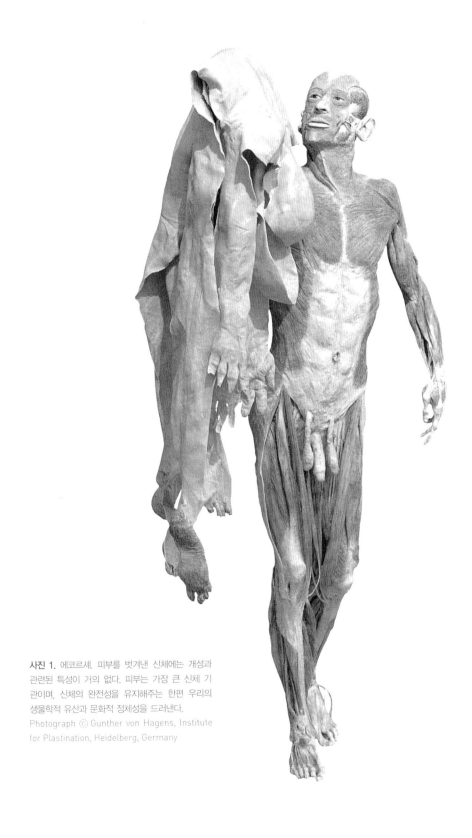

사진 1. 에코르셰. 피부를 벗겨낸 신체에는 개성과
관련된 특성이 거의 없다. 피부는 가장 큰 신체 기
관이며, 신체의 완전성을 유지해주는 한편 우리의
생물학적 유산과 문화적 정체성을 드러낸다.
Photograph © Gunther von Hagens, Institute
for Plastination, Heidelberg, Germany

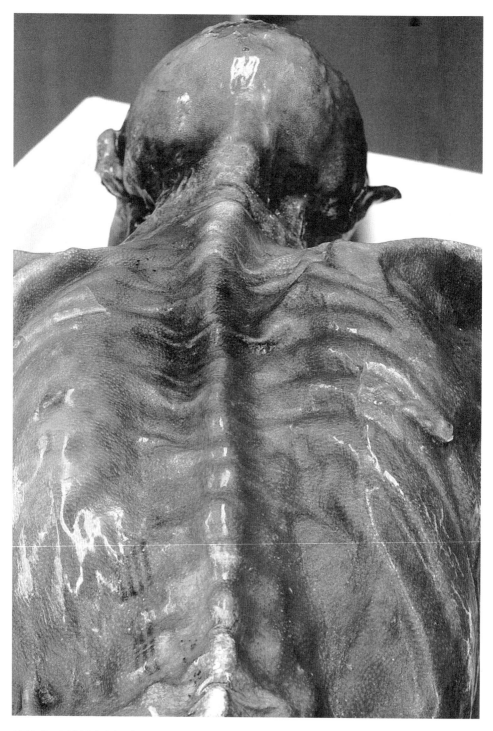

사진 2. 알프스 빙하에서 발견된 신석기 시대 냉동인간 외치의 미라화된 피부. 자연 냉동고에서 거의 5000년 동안 양호한 상태로 보존되어 있었으며, 현재까지 알려진 가장 오래된 인간 피부다. 발견 이후 더 이상의 부식을 막기 위해 계속해서 냉동 상태로 보존하고 있다. 그의 피부에 나타난 묘한 문신들에 대해 여러 추측이 제기됐다. 그중 일부가 사진 속 그의 등에 보인다.

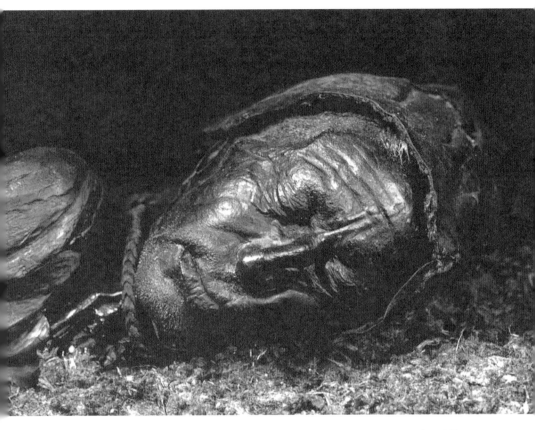

사진 3. 톨룬트 맨(Tollund Man). 토탄 늪지의 차가운 산성 환경이 부패를 막아주어 얼굴 피부가 매우 잘 보존되었다. '톨룬트 맨'은 기원전 4세기경에 살았던 사람으로 덴마크 유틀란트 반도의 토탄 늪지에서 발견되어 복원되었다.
Photograph ⓒ Silkborg Museum, Denmark

사진 4. 벌거숭이두더지쥐는 열대 아프리카의 지하 서식지에서 따뜻한 땅속으로 굴을 뚫으며 생을 보낸다. 털이 거의 없는 피부는 지하 환경에서 체온을 일정하게 유지하는 데 도움이 되는 방법으로 진화한 것이다.

사진 5. 하마는 더운 낮 동안 물속에 머물고, 밤이 되면 먹이를 찾아 땅으로 올라온다. 열을 발산하기 위해 피부를 통해 수분을 방출하는데, 이 과정을 '표피를 통한 수분 소실'이라 부른다. 사진에서는 하마의 특징적인 '붉은 땀방울'들이 눈꺼풀 아래로 보인다. 이것은 일광 차단제뿐 아니라 보습제 역할도 한다.
Photograph ⓒKimiko Hashimoto

사진 6. 호미니드인 오스트랄로피테쿠스 아파렌시스를 재구성한 마우리시오 안톤(Mauricio Anton)의 그림. 이 종은 약 350만 년 전 아프리카 동부 및 북동부에서 살았으며, 피부는 밝은 색에 짙은 털로 덮여 있어 침팬지와 인간의 공통 조상 피부와 비슷했을 것이다. Illustration ©Mauricio Antón

사진 7. 호미니드인 호모 에르가스터를 재구성한 마우리시오 안톤의 그림. 이 종은 180만~160만 년 전에 아프리카 동부에 살았던 것으로 알려져 있다. 피부는 털이 거의 없고 짙은 색이었던 것으로 추정되는데, 학자들은 이 종이 호모 속 선조들의 모습일 거라 생각한다. 자신들의 선조들보다 활동량이 많았으며, 특히 햇볕이 내리쬐는 더운 한낮에 많은 활동을 했다. 자외선으로부터 스스로를 보호하기 위해 피부는 짙은 색이었고, 털이 거의 없어져 열을 빠르게 발산할 수 있었다. Illustration © Mauricio Antón

사진 8. 중부 유럽의 네안데르탈인을 재구성한 마우리시오 안톤의 그림. 약 30만 년 전에 출현한 네안데르탈인의 선조들과 유럽의 다른 고대 호미니드들은 아프리카의 고대 호미니드들보다 밝은 색 피부를 가졌을 것이다. 유럽이 아프리카보다 자외선을 더 적게 받기 때문이다. 또 그들은 그림에서처럼 다시 신체 일부에 털을 가지게 되었을 것이다. Illustration ⓒMauricio Antón

사진 9. 중간 정도 짙은 색 피부를 가진 보츠와나의 바사르와족 (산족) 남성. 남아프리카 원주민들이 지닌 피부의 특징이다. Photograph © Edward S. Ross

사진 10. 케냐 중부 마리가트에 사는 포코트족 여성의 짙은 색 피부. 건조한 열대 아프리카 지역의 원주민들이 지닌 피부의 특징이다. Photograph © Edward S. Ross

사진 11. 북아프리카 튀니지, 베르베르족의 피부색은 중간 정도로 짙어서 선탠은 잘 되지만 햇빛에 장기간 노출되면 피부에 손상이 온다. 사진 속 베르베르족 여성의 얼굴에 깊게 팬 주름은 과도한 자외선 노출 때문에 피부 결체조직이 손상된 결과다.

Photograph ⓒWinston Yeung/www.yeungstuff.com

사진 12. 핀란드 사미족 주민의 극단적으로 밝은 색 피부. 북극 인근 지역은 자외선 양이 적어서 이에 적응한 결과다.

Photograph ⓒFred Ivar Utsi Klemetsen

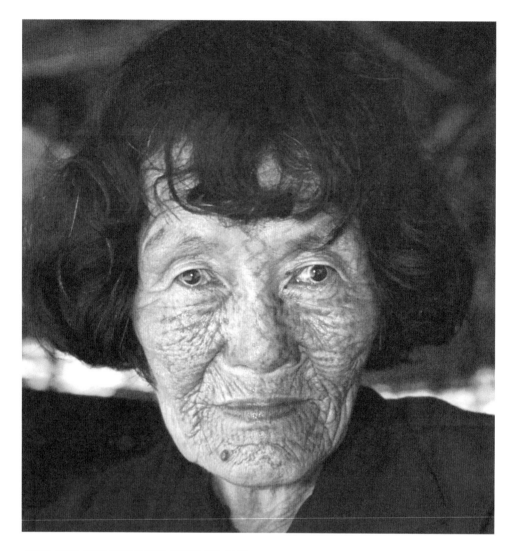

사진 13. 미얀마 동북부 오지의 여성들은 최근까지 얼굴 문신을
하는 경우가 많았다. 두룽족 여성들은 12~13세가 되면 지역마다
고유한 모양의 문신을 만들었다. 마음에 드는 여성을 찾을 때 이
표식을 이용해 외부인과 구분하는 주민들도 있다.
Photograph ⓒDong Lin

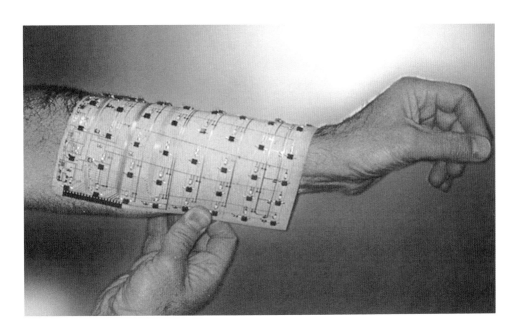

사진 14. 아직 개발 초기 단계에 있는 인공 전자피부. 미래에는 인공 피부를 이용해 로봇들이 촉각을 가지고 자기 인식까지 가능해질 것으로 기대한다. Photograph ⓒ Vladmir Lumelsky. *Sensing Intelligence, Motion: How Robots and Humans Move in an Unstructured World.* John Willey and Sons.

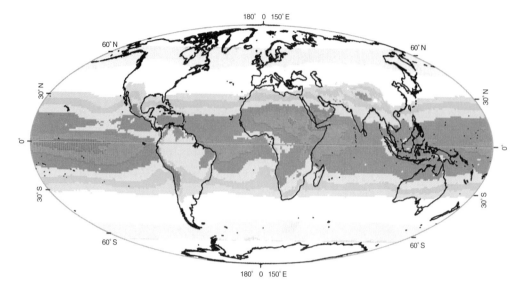

지도 1. 지표에 닿는 연평균 자외선 양을 나타낸 지도. NASA의 TOMS 위성(버전 7)이 보낸 자료에 근거해 작성한 것이다. 자외선 양은 열대지역, 특히 적도 부근에서 가장 많았다(붉은색과 푸른색으로 표시). 자외선 양의 결정 요인은 위도 하나만이 아니다. 극단적인 고위도 지역(회색으로 표시)은 자외선 양이 매우 적으며 그것도 한여름에만 내리쬔다.

Illustration © George Chaplin

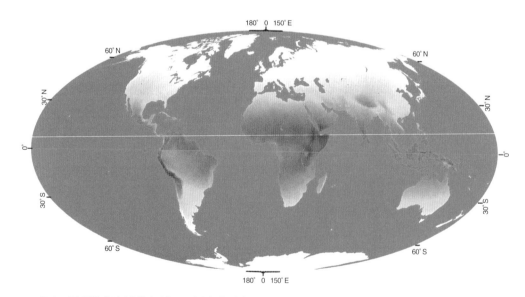

지도 2. 피부반사율 측정값과 환경요인(주로 자외선 양) 간의 관계를 근거로 예측한 현대 인류의 피부색. 다양한 피부 분포도는 실제 피부색 분포와 유사하다. 적도 부근 열대 지역의 짙은 피부색은 위도가 높아질수록 옅은 색으로 변한다.

Illustration © George Chaplin

양이 유입될 뿐이다. 따라서 비타민 D의 합성이 매우 적을 수 있다.[40] 에스키모 알류트족은 비타민 D가 매우 많이 함유된 식생활을 하기 때문에 이와 같은 위도에서도 생존할 수 있었다. 토착 에스키모 알류트족의 식단은 바다 포유류, 생선, 순록과 같이 비타민 D가 풍부한 고기가 주를 이룬다.[41] 이와 같은 식단 때문에 옅은 색 피부에 대한 자연선택의 압력이 다소 약화되자, 알류트족은 눈과 얼음 그리고 바다에서 반사되는 많은 양의 UVA로부터 스스로를 보호하기 위해 짙은 색 피부를 진화시킨 것이라고 볼 수 있다.

지금까지 논의의 초점은 인간들에게 여러 가지 다른 피부색을 부여한 진화의 힘이었다. 이러한 힘은 개인의 표현형질phenotype을 이루는 신체 구조나 행동에 작용한다. 그러나 모든 표현형질의 배후에는 유전형질genotype이 자리 잡고 있다. 유전형질은 외적 형태를 발현시키는 유전학적 기초다. 인간 피부색의 유전학적 기초에 대한 이해는 아직 많이 부족하다. 과학은 이제 막 이를 집중적으로 탐구하기 시작했으며, 비교유전체학 분야와 '인간 게놈 프로젝트Human Genome Project'의 여러 분과들 중 하나에서 연구하고 있다. 인간 피부색의 유전학적 기초에 대한 연구는 다른 포유류—특히 쥐—의 피부색을 조절하는 유전자들에 대한 연구를 토대로 진행되었다.[42] 현재까지 쥐에게서 알려진 127개의 색소 유전자들 중 60개가 인간에게도 기능적으로 대응하는—혹은 '종분화적 상동성orthology'을 지니는—것으로 나타났다.

인간의 피부색은 하나의 유전자 혹은 특정 유전자 군에 의해서만 나타나는 단순한 특성이 아니다. 그보다 많은 유전자들과 환경의 상호작용이 동시에 발생함으로써 결정된다. 이러한 복잡성 때문에 여러 피부색 표현형질을 만들어내는 유전자들과 환경요인들의 상대적 역할을 규명하기 위한 노력은 매우 어려운 과제가 되고 있다. 현재까지의 연구는 '멜라노코르틴-1 수용체MC₁R'로 알려진 유전자에 집중되고 있다. 이것은 인간의 체모와 피부색을 결정하는 데 중요한 유전자들 중 하나로, 멜라닌세포의 유멜라닌이나 페오멜라닌 생산 여부를 조절하는 역할을 한다. (5장에서 두 가지 형태의 멜라닌에 대해 설명했다. 유멜라닌이 피부를 짙은 색으로 만든다.) MC₁R 유전자는 아프리카에서 변이가 거의 없다. 이것은 유멜라닌을 생산하는 유전자의 기능을 유지하려는 자연선택의 강한 압력('정화된 선택'이라고 지칭하기도 한다)을 시사해준다. 아프리카 외부에서는 이 유전자의 변이가 매우 많다(다형성多形性 polymorphism). 남부 유럽 주민들에게 존재하는 MC₁R의 변이형유전자혹은 대립유전자는 붉은 머리칼, 흰 피부, 태닝 능력의 현저한 감소, 높은 피부암 발생 위험 등과 관련된다. 유전자 변이의 범세계적 유형을 보면, 아프리카 열대지역에서 처음으로 인간의 털이 없어졌을 때부터 햇빛에 저항하는 형태로 MC₁R 유전자의 적응성 진화가 시작되었다고 추론할 수 있다. 그리고 인간이 유라시아 대륙의 햇빛이 적은 기후로 이주하자 짙은 피부를 만들지 않는 변이 MC₁R 대립유전자가 자연선택의 선호 대상으로 되었을 것이다. 이러한 해석은 논란의 여지가 있으며, 여러 MC₁R 유전자 변이형의 기능에 대한 연구는 아직 초기 단계에 불과하다. 현재로서는 MC₁R 유전자가 '정화된 선택 purifying selection'의 대상이었으며 아프리카 주민들의 피부를 짙게 유지

하는 데 중요한 역할을 했다고 확언할 수 있다.[43]

피부색에 영향을 주는 여러 변이유전자들의 역할과 정도 그리고 상호작용 등에 대해서는 아직 많은 연구가 필요하다. 유멜라닌의 대량 생산은 자외선을 많이 받는 지역에서 자연선택의 결과이며, 유전자의 엄격한 통제를 받는 것으로 보인다. MC$_1$R유전자(그리고 다른 유전자도 해당될 수 있다)의 변이형은 여러 다른 환경에서 특정 유전자들의 변이형을 선호하는 자연선택에 대한 적응성 대응이라 할 수 있으며, 이에 대한 증거가 점점 많아지고 있다. 오래전부터 유전학자들은 열대 바깥 지역 주민들의 피부를 옅은 색으로 만드는 유전자(혹은 유전자군)를 찾기 위해 연구해왔다. 그리고 최근 제브라피시라는 물고기에서 밝은 색 변이를 조절하는 유전자가 발견되고, 유럽 주민들의 게놈(유전체)에서도 이에 해당하는 유전자가 확인되어 이러한 목표에 접근해가고 있다(5장에서 설명한 바 있다).[44]

역사 이전의 초기 호모 속과 호모사피엔스에 속하는 그룹의 이동 양상과 그 시기에 대해 알려진 바에 따르면, 인류는 수십만 년에 걸쳐 자외선 양이 다른 지역들로 옮겨다녔음이 분명하다. 자연선택은 시기에 따라 각기 다른 지역에서 짙은 색 혹은 옅은 색 피부의 진화를 선호했을 것이다. 그래서 짙은 색과 옅은 색 피부 표현형질들이 각각 별도로 진화했고, 같은 무리들 내에서도 피부색이 다시 짙어지거나 옅어지는 등 변화했을 것으로 보인다.[45] 다시 말해 진화의 역사에서 인류가 자외선 양이 많고 적은 지역으로 이주해 다님에 따라 짙은 색과 옅은 색 피부 내에서도 각각 한 차례 이상 진화가 일어났다. 환경에 대응하는 수단이 오늘날처럼 효과적이거나 정교하지 못했던 초기 호모 속 (호모사피엔스의 초기 역사를 포함하여)에게도 이와 같은 현상이 일어났을 것이다.

서로 다른 피부색의 진화는 인간 진화에 얽힌 모든 이야기 가운데 가장 흥미로우면서도 중요한 것이라 할 수 있다. 그러나 '인간의 피부색'이라는 주제에는 진화에 대한 이야기보다 훨씬 많은 것들이 포함되어 있다. 피부색은 사람들이 각기 다름을 보여주는 가장 확실한 방법이기 때문에, 사람들을 유전학적으로 서로 다른 지리적인 그룹이나 '인종人種'으로 분류할 때 가장 먼저 사용되는 특성이다. 그러나 지금까지 우리가 살펴본 생물학적 근거를 고려할 때, 사람을 피부색으로 분류하는 방법은 아무런 의미가 없다. 피부색은 분명히 적응의 결과이며, 특정 인구집단에서 피부색의 진화는 해당 지역의 환경 조건—특히 자외선 양—에 큰 영향을 받았다. 짙은 색과 옅은 색 피부는 인류 진화의 초기에 인구집단이 여러 다양한 환경의 지역들로 옮겨다님에 따라 반복적으로 진화했다. 우리 신체의 다른 부위들처럼 피부색도 자연선택에 의한 진화의 산물이며, 또 그와 같은 자연선택은 우리 조상들이 살던 지역의 햇빛 환경에 근거하여 작동했다.

그러나 이와 같이 매우 정교하게 적응된 특성은 인류를 서로 다른 종이나 인종으로 분류하는 데 사용될 수 없다. 왜냐하면 그것은 '평행진화' 혹은 '수렴진화'에 관한 주제이기 때문이다. 즉 유사한 외관은 자연선택이 각각의 환경에 따라 기능적으로 대응하는 적응을 만들어 내면서 진화한 결과다. 유럽 사람들에게도 그에 대응하는 유전자가

피부색에 감춰진 비밀

존재하는 제브라피시의 변이유전자는 이와 관련된 아주 좋은 사례다. 이 유전자는 유럽 사람들에게서만 피부를 옅은 색으로 만드는 역할을 한다. 세계 각지에서—예를 들어 북아시아와 남아프리카에서—벌어지는 '탈색소_{脫色素}' 현상은 그 배경이 되는 유전자가 다른 것으로 보인다. 그러므로 짙은 색이나 옅은 색 피부는 과거에 사람들이 살았던 환경에 대해 말해주지만, 피부색 자체는 인종의 정체성을 나타내는 표시로서 아무런 쓸모가 없다.

외모의 차이, 특히 피부색의 차이는 '인종' 및 '민족' 개념이 발달하는 데 큰 역할을 했으며, 거기에는 종종 인간을 구분하는 태생적 차이가 존재한다는 믿음이 포함되기도 한다.[46] 다른 많은 포유류 종에서 관찰되는 차이보다 지리적으로 폭넓게 분포해 있는 인구집단 사이의 유전적 차이가 훨씬 적다는 사실을 우리가 이미 알고 있음에도 말이다. 최근 많은 의학 연구에서는 '인종' 혹은 '유전학적 차이가 있는 집단' 개념을 대체하여 '피부색'을 사용해 접근하는 경우가 늘고 있다. 그러나 이러한 접근방법은 다양한 질병의 진행과정과 피부색 사이의 관계를 매개하는 사회문화적 요인들을 무시했기 때문에 많은 문제가 있다. 피부색은 혈통을 정확히 대변해주는 것이 아니며, 환자 치료를 위한 판단을 내리는 의학적 상황에서는 매우 조심스럽게 사용되어야 한다.[47]

피부색은 '인종'과 같은 말이 아니지만 건강과는 관련이 있다. 피부색 표현형질에 따라, 즉 다른 요인들과는 별개로 피부색이 짙거나 옅기 때문에 발생하는 질병들이 많이 있다. 예를 들어 피부가 옅은 사람들은 자신의 혈통과 상관없이 자외선을 많이 받으면 피부암에 걸리기 쉽다. 선조들이 살던 고향과는 판이하게 다른 새로운 환경에서 살고 있기 때문이다.[48] 이와 비슷하게, 선조들이 살던 고향으로부터 멀리 이주해와 자외선이 적은 지역에 거주하는 짙은 색 피부의 주민들은 주기적인 비타민 D 결핍이 발생할 수 있다. 따라서 체내 비타민 D 수준에서 영향을 받는 구루병이나 다른 여러 질병들(대장암, 유방암, 전립선암, 난소암 등)의 발생이 점점 증가하고 있다.[49]

이제 우리는 인류의 진화 역사에서 피부색이 담당한 중요한 역할에 대해 충분히 이해하게 되었다. 피부색은 외모를 이루는 사소한 측면이 아니라 주위 환경, 특히 햇빛과의 상호작용에서 핵심적인 중개자였다. 수만 년 전 인류가 속한 종의 초기 구성원들이 세계 각지로 이주할 때 우리의 피부색은 필요에 따라 짙은 색이나 옅은 색으로 변하여 새로운 환경에 대응했다.

오늘날에는 상황이 많이 다르다. 먼 거리를 빠르게 이동할 수 있으며, 때로는 선조들의 고향에서 아주 멀리 떨어진 곳으로도 이주하기 때문에 피부가 새로운 지역에 적응하기가 어렵다. 피부가 환경 변화를 따라 잡을 시간이 없으며, 새로운 환경에 비해 피부가 너무 옅거나 짙은 경우가 많다. 우리 몸을 둘러싸고 있는 피부는 기본적으로 수만 년 전에 진화된 구석기 시대의 모델이라 할 수 있다. 비교적 최근에 와서 적응을 위해 우리가 추가해온 새로운 도구들은 생물학적인 것이 아니라 문화적인 것들이다. 우리의 피부색은 인류의 생물학적 유산의 일부로, 선조들이 살았던 환경에 대해 자세히 이야기해준다. 그렇기

피부색에 감춰진 비밀

때문에 우리의 피부색을 다시 살펴보고 현재 살고 있는 장소에 적합한 색을 가지고 있는지 판단하여 그에 따라 행동을 변화시킬 필요가 있다. 무엇보다도, 우리 각자가 지닌 피부색이 우리를 건강하게 지켜주고 있는 데 감사해야 할 것이다.

7

촉각

피부에서 감지하는 촉각은 우리 몸에서 가장 오래된 감각으로, '감각의 어머니'라 불리기도 한다. 하지만 과학계나 대중의 관심에서는 약간 벗어나 있었는데, 이는 청각이나 시각 같은 소위 원거리 감각에 비해 촉각이 인간의 건강과 행복에 미치는 영향은 뚜렷이 드러나지 않기 때문이다. 마찬가지로, 영장류와 인간의 진화에 있어 촉각 매체로서 피부의 역할도 잘 알려져 있지 않다. 인간이 느끼는 다섯 가지 감각들 중에서 촉각은 명백히 저평가되고 있다.[1] 하지만 촉각은 여전히 영장류의 삶에서 중심에 위치하는 경험이며, 과거 수만 년 동안에도 그러했다. 또한 우리의 진화 역사에서 커다란 역할을 했을 뿐 아니라 일상생활에도 많은 영향을 미치고 있다. 인간의 삶에서 촉각이 가지는 중요성은 언어생활에도 반영되어 있어, 일상적인 대화에서도 많이 찾아볼 수 있다. 예를 들어 친구나 가족들에게 "자주 접하며 지내자"라고 표현하고, 감정이 예민해졌을 때는 "건드리지 마"라고 하며, 너무도 생생한 경험에 대해서는 "피부에 와 닿는 느낌이야"라고 말한다.

촉각은 열, 물리적 힘, 화학적·전기적 방법으로 피부에 자극이 가해졌을 때 압력, 진동, 온도, 통증을 느끼는 것이다. 모든 포유동물 중에서 특히 영장류에게는 촉각이 중요한 역할을 한다. 영장류에게서 촉각은 이 동물 집단이 처음 출현할 때부터 진화했다. 물체를 쥘 수 있는 예민한 손과 발을 갖게 된 고대 영장류가 다른 초기 포유류들로부터 분리되어 나올 때부터다. 약 5000만~6000만 년 전 팔레오세 Paleocene(신생대 제3기의 첫번째 세)와 에오세Eocene(신생대 제3기 팔레오세와 올리고세 사이의 지질시대) 시기의 숲 속에서 고대 영장류들은 이와 같이 쥘 수 있는 신체기관 덕분에 민첩한 동작이 가능했다. 그들은 발을 나뭇가지에 안전하게 부착시킨 상태에서 먹이와 다른 동물들을 찾을 수 있었다.[2] 나무 위에서 살아가는 포유동물이 나무에 안전하고 확실하게 발을 붙인 채 빠르게 움직이기 위해서는 촉각이 필수적이다. 영장류는 자연선택에 따라 손과 발에 이러한 감각이 정교하게 진화하여 촉감을 정확하고 빠르게 판단할 수 있었다. 영장류의 손가락에는 정교한 촉각에 관계하는 여러 미세한 해부학적 구조가 있다.[3]

영장류는 손가락과 발가락 끝이 패드 모양으로 넓어져서 감각신경 말단·혈관·땀샘이 자리 잡고 있으며, 표면은 지문으로 덮여 있다. 패드 모양의 피부에는 신경 말단이 빽빽이 위치해 있어 촉각을 매우 민감하게 구분할 수 있으며, 질감이나 온도감각도 매우 정교하여 고

피부색에 감춰진 비밀

그림 25. 피부에 존재하는 여러 감각수용체들. 이러한 수용체들이 작용하여 영장류의 촉각이 세밀하고 민감해진다. 수용체들이 주위 환경으로부터 오는 신호들을 감지하여 전달하면 뇌에서는 이를 감각으로 해석하고 우리는 압력, 감촉, 통증, 진동 등을 느끼게 된다. Illustration ⓒ Jennifer Kane

진피   피부표면   표피

A 깊은 압력수용체(파치니소체)
B 온도수용체(루피니소체)
C 촉각수용체(메르켈소체)
D 통각수용체(자유신경종말)
E 약한 촉각수용체(마이스너소체)

도로 세밀한 작업이 가능하다. 손가락 패드에는 약한 촉각을 감지하는 수용체(마이스너소체)를 비롯해 지속되는 압력(메르켈소체), 깊숙한 압력과 진동(파치니소체), 온도(루피니소체), 통증(자유신경종말) 등을 감지하는 수용체가 존재한다(그림 25). 이러한 수용체들이 환경으로부터 온 신호들을 감지하여 전달해주면 뇌에서 감각으로 해석하는데, 대뇌피질 중 넓은 영역(일차 체감각 피질)이 이러한 일을 전담한다. 손가락 패드의 아래에는 작은 뼈(끝마디뼈)들이 있는데, 이 뼈들은 다른 포유동물의 해당 뼈들보다 상대적으로 넓은 모양이다. 영장류는 넓고 매우 민감한 패드를 지지하고, 상처에 취약한 손가락과 발가락 말단을 보호하기 위해 손발톱을 넓은 모양으로 진화시켰다.

인간의 손가락 끝 민감도도 놀랄 만한데, 특히 시력을 잃은 사람의 경우에는 매우 예민하다. 선천적으로 맹인이거나 어릴 때 시력을 잃은 사람은 손가락 끝으로 상세한 질감과 정보를 감지할 수 있다. 손으로 상세히 '볼 수 있게' 되어, 표면의 세부 사항이나 작은 돌출 부위들을 구별해낸다. 오랫동안 시력을 잃었던 사람은 보통 사람이 시각 정보를 해석하는 데 이용하는 대뇌 부위(시각피질)를 촉각 및 청각을 통해 전달되는 자극을 해석하는 데 동원한다. 오랜 기간 시력을 잃은 사람이 점자를 빨리 읽을 수 있는 것은 이와 같은 변화 덕분이다.[4]

영장류는 대뇌피질의 많은 부위가 손, 발, 얼굴의 감각수용체로부터 전달되는 신호를 해석하는 일을 전담한다. 반면 쥐를 비롯한 다른 포유류들은 손으로부터 오는 자극을 해석하는 데 대뇌피질의 아주 작은 부분만 사용한다. 그 대신 코털이나 콧수염으로부터 오는 신호에 상당히 많은 대뇌피질 영역을 할당한다. 다른 많은 포유류가 주둥이의 민감한 코털을 이용해 주위 환경을 접촉하고 해석하는 반면, 영장류는 손을 통해 전달되는 정보로 기본적 판단을 내린다. 영장류에게서 '손대지 말라'는 표현은 몸에 어떤 자극도 주지 말라는 뜻이다.

어떤 포유동물은 촉각수용체가 단순히 촉각을 감지하는 것 이상의 목적으로 사용된다. 박쥐가 그 대표적 예로서, 이들의 날개에 존재하는 메르켈세포에는 털이 있어 날개 표면을 스쳐가는 공기의 흐름을 감지할 수 있다.[5] 박쥐가 비행 중에 부양력을 잃게 되면 수용체에서 뇌에 신호를 보내고, 뇌는 이에 따라 날개의 방향을 조절하여 공기 중에서 중심을 잡을 수 있게 한다. 여성용 제모 크림을 박쥐 날개에 발라서 털을 제거한 뒤 관찰했을 때 해당 세포들의 놀라운 기능을 확인할 수 있었다. 털이 제거된 박쥐는 직선으로만 날 수 있어 장애물이 나타날 때

피부색에 감춰진 비밀

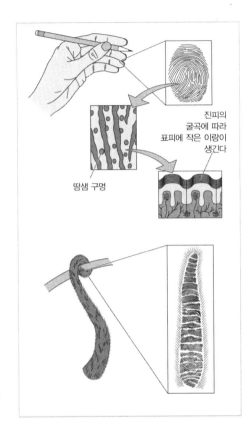

피하지 못했다. 그리고 털이 다시 자라난 후에는 정교한 비행을 할 수 있게 되었다.

우리의 손가락 끝을 보면 인간의 피부를 가장 분명하게 드러내주는 속성 하나를 발견할 수 있다. 보통 '지문指紋 fingerprint'이라 부르는 이것은 '마찰융선摩擦 friction ridge' 혹은 '피문皮紋 dermatoglyphics'이라고도 하며 많은 포유동물의 손바닥과 발바닥에 있다. 지문은 아래에 있는 진피의 굴곡에 따라 생긴 표피의 작은 이랑들이며(그림 26), 그 형태가 개인별로 일정한 특징이 있다. 지문에는 나선형·고리형의 피부 이랑들 외에도 땀샘 구멍과 말단 지점 및 분지 지점들이 개인별로 고유한 위치와 방향으로 존재한다. 한번 만들어진 지문의 전체적 모양은 개인의 일생 동안 변하지 않는다. 1872년 프랜시스 골턴Francis Galton이 지문의 개인별 '고유성'에 주목한 이후, 지문은 법률적 목적으로 개인의 식별에 이용되어왔다. 오늘날에는 특정인을 잘못 식별할 가능성을 통계학적으로 제거하기 위해 지문의 모든 해부학적 상세 구조를 조합하여 사용한다.[6] DNA가 개인 식별에 사용되기 전까지는 특정인을 식별할 때 지문이 법률적으로 인정되는 유일하고도 보편적인 방법이었다. 그리고 현재에도 지문은 이러한 목적으로 활용되는 가장 믿을 수 있고 편리한 생물 측정 도구다.

정부와 법집행 기구들에게는 지문이 법의학적으로 매우 유용하지만, 동물학자들은 지문이 처음 진화했을 때 지녔던 기능을 밝히는 데 더 많은 관심을 가진다. 실제로, 자연에서 지문이 하는 가장 중요한 기능은 마찰력을 강화하여 손가락과 발가락으로 나뭇가지를 잡거나 미끄러운 표면을 지나갈 때 혹은 물건을 다룰 때 미끄러져 나가지 않도록 하는 데 있다. 즉 지문은 손이나 발로 무언가를 안전하게 쥘 수 있게 도와준다. 영장류 중에서 신대륙 원숭이(광비원류廣鼻猿類)들은 손바닥과 발바닥뿐 아니라 긴 꼬리 아랫면에도 '피문'이 있어 꼬리로 나뭇가지를 단단히 쥐고 매달리거나 다른 나무로 건너갈 수 있다(그림 26). '피문'의 도움을 받은 꼬리가 다섯번째 손 역할을 하는 것이다.

엄격한 의미에서 지문이라 할 수는 없지만 도마뱀붙이의 발도 움

피부색에 감춰진 비밀

그림 27. 도마뱀붙이 발에는 건식 부착력을 띠는 케라틴 성분의 미세 가시들이 많이 있다. 미끄러운 표면에 붙을 수 있는 접착성은 분자 간의 인력이라는 기초적 원리에서 생겨난다. Photograph ⓒ Mark Moffett / Minden Pictures

켜쥐고 이동하는 데 사용하기 위해 진화된 특수한 구조의 피부로 되어 있다(그림 27). 도마뱀붙이의 발에는 케라틴 성분의 작은 돌기들이 실처럼 뻗어 있는 수천 개의 가시들이 나 있어 미끄러운 표면 위를 기어가거나 움켜쥐기 좋다. 수직으로 된 표면도 올라갈 수 있다. 이러한 능력은 분자들 간의 인력 작용인 '반데르발스 힘'이 물체 표면과 발의 가시 사이에서 건식 부착력으로 작용한 결과다.[7] 도마뱀붙이를 비롯한 여러 동물들이 묘기 같은 동작을 할 수 있는 것은 피부에 특수한 화학 접착제가 있어서가 아니라 촘촘한 가시의 표면 밀도 덕분이다.

영장류의 경우, 움켜쥘 수 있는 강하고 민감한 손가락은 진화라는 커다란 이야기의 일부에 불과하다. 영장류는 에오세에 지구의 넓은 지역을 뒤덮었던 열대 수풀에서 생태학적 서식지를 확보할 수 있었기 때문에 진화의 초기에 성공을 거두었다고 할 수 있다. 이 시기의 풍족한 환경에서 영장류는 어린잎이나 잘 익은 과일 같은 질 좋은 먹이를 선호하는 식성을 진화시켰다. 여기에는 상대적으로 많은 양의 식물성 단백질과 쉽게 소화시킬 수 있는 당질이 포함되어 있었다. 그렇다면 영장류는 이와 같은 양질의 먹이를 어떻게 발견하고 고를 수 있었을까? 비교해부학 및 고생물학적 연구 결과 영장류는 더욱 정교한 시각과 촉각을 진화시켰던 것으로 나타났다. 눈이 크고 두 눈의 위치가 상대적으로 가까워서 '깊이'를 인식하는 데 유리했으며 색깔 수용체가 있어 먼 거리에서도 적절한 먹이를 찾아낼 수 있었다. 먹고 싶은 먹이에 가까이 가면 촉각과 후각을 모두 사용해서 감촉이나 냄새 등으로 먹이의 질을 평가했다.[8] 예를 들어 말랑하게 잘 익은 과일은 딱딱한 것보다 당분이 많고 영양가 있었다. 소화가 빨라 에너지 비용이 적게 소요되었기 때문이다. 그러므로 오늘날 우리는 선조 영장류들이 민감하게 진화시킨 손가락을 이용해 슈퍼마켓에서 자두나 아보카도가 잘 익었는지 확인할 수 있다.

영장류가 매우 정밀한 촉각을 진화시킨 데는 먹이 선택이라는 목적 외에 소통이나 결속의 필요성도 한몫을 했다. 영장류와 같은 사회적 동물은 '손으로 만지는' 행위를 통해 개체들 사이의 결속을 강화한다. 대부분의 포유류는 주둥이를 대고 비비거나 혀로 핥는 동작으로 이와 같은 소통과 결속 행동을 한다. 그러나 영장류는 신체적으로 서로 떨어져 있을 때는 얼굴 표정으로, 가까이 있을 때는 손가락이나 입술을 만지는 방법으로 사회적 소통이 수행된다. 사회적 집단 내에서 신뢰관계를 발전시키며 가까운 관계를 유지한 영장류나 동물은 서로를 안심시키는 얼굴 표정이나 신체 접촉을 통해 인사를 나눈다. 신체 접촉을 통한 관심을 가장 많이 받는 것은 새끼들이다. 우선 그들의 어미가 가장 먼저 만져주고, 어미가 아닌 다른 암컷들이 새끼를 만져주

피부색에 감춰진 비밀

는 종들도 많다. 사회적 신체 접촉을 많이 받은 영장류는 스트레스를 적게 받으며, 새끼들의 경우는 성장도 빠르다. 모든 영장류의 건강한 행동발달에는 성장 초기의 편안한 감촉이 필수적이며 인간들도 마찬가지다. 어릴 때 이러한 감촉을 충분히 누리지 못하고 성장한 사람들은 나중에 부적절한 행동을 보이는 경우가 많다고 한다.[9] 간단히 말해 신체 접촉이 없으면 스트레스가 발생한다는 것이다.

만지는 행위는 사회적 결합을 강화시켜주는 것 외에도 동료를 사귀는 데 도움이 된다. 새로운 집단에 끼어들려는 원숭이는 해당 구성원들과 서로 털 손질을 해주는 관계를 만들어낼 때 그 집단에 받아들여질 가능성이 크다.[10] 이는 적대감이 없음을 전달하고 호감을 표현하는 행동이므로 상대방을 안심시킨다. 관심을 담아 만지는 행위가 필요한 이유가 여기에 있다. 많은 영장류에게서, 특히 인간에게서는 이 행위가 항상 그렇진 않더라도 섹스의 전주곡이 될 때가 많다. 우리 신체의 민감한 부분들—입술, 손가락, 외생식기—을 만지는 행위는 육체적 친밀감을 느끼게 하여 성관계와 생식으로 이어진다. 진화에서 이보다 더 근본적인 것은 없다.

영장류는 출생할 때 분만에 수반되는 매우 강력한 신체 접촉을 경험하게 된다. 자궁벽의 근육이 분만 수축을 하며 골반 출구 쪽으로 밀어내는 과정에서 태아가 마사지를 받는 것이다. 인간의 경우 이 과정이 매우 오래 걸리기 때문에 완전히 탈진해버리는 산모들도 있다. 다행히도 대부분의 문화에서 분만 중인 여성들은 친지나 산파로부터 풍부하고 편안한 신체 접촉을 받으며 안정을 꾀할 수 있다. 출생 과정에서 겪는 신체적 어려움은 처음으로 자궁 밖에서 기능해야 하는 신생아들의 신경계통에 도움이 된다. 혈액 순환과 호흡을 조절하는 자율신경계에 물리적 자극을 직접 가해주기 때문이다.[11]

대부분의 영장류 산모들은—많은 개발도상국의 인간 산모들도 포함된다—출산 직후 아기를 가슴에 안고 어르며 젖을 빨게 한다. 감각신경수용체가 많이 분포해 있는 유두와 입술 사이에서 강렬하고도 즐거운 접촉이 생기면 산모와 아기 모두에게 중요한 생리학적 변화와 긍정적인 감각 반응이 시작된다. 포유동물 어미들은 출산 후 첫 며칠 동안 거의 대부분의 시간을 자신이 낳은 아기들과 신체적으로 밀접히 접촉—안고, 문지르고, 쓰다듬고, 젖을 물린다—하면서 보낸다. 그리고 산업화되지 않은 인간 사회의 신생아들도 이와 비슷하게 생후 처음 몇 주 동안 젖을 먹으며 엄마 품에서 잠자거나(엄마가 일할 때도 마찬가지다) 엄마에게 거의 달라붙어 지낸다.[12]

많은 학자들이 지난 세기 동안 산업화된 국가에서 친밀한 신체 접촉—특히 출생 직후 아기와 엄마 사이의 접촉—이 줄어드는 경향을 지적했다. 한동안 분유 같은 인공영양물로 아이를 기르는 것이 영유아 보호와 영양의 현대적 해결책으로 간주되었지만, 인공영양물로 자란 아기는 모유를 먹고 자란 아기보다 영양 상태가 나쁠 뿐 아니라 정상적인 신체 · 행동 발달에 필요한 신체 접촉 자극이 부족하게 된다. 특히 미숙아들은 엄격히 통제된 환경에서 의료적 처치를 받으며 사람의 접촉이 없는 곳에서 출생 직후를 보내야 하기 때문에 이와 같은 문제가 더 심각하게 나타날 수 있다.[13]

출생 직후와 영아기 때 엄마와 긴밀한 신체 접촉을 갖지 못한 아기들은 생물학적·정신적 스트레스를 받을 뿐 아니라 일생 동안 그 영향을 받을 수 있다. 동물 실험에서 출생 후 어미로부터 격리된 새끼 쥐들은 어미와 정상적인 신체 접촉을 한 쥐들보다 스트레스 호르몬 수치가 증가했으며 성장 속도도 느려지고 불안해하는 모습을 보였다. 해리 할로Harry Harlow는 1950년대 말에서 1960년대 초에 걸쳐 마카크원숭이를 대상으로 새끼가 어미와 신체 접촉을 하지 못할 때 나타나는 영향에 대해 연구했다.[14] 실험에서는 마카크원숭이 새끼들이 태어나자마자 어미로부터 떼어놓고, 그 대신 인형 대리모들을 주었다. 그중 한 대리모는 부드럽고 따뜻한 인형이었으며(헝겊으로 감싸고 전구로 데워 따뜻하게 했다), 다른 한 대리모는 차가운 인형이었다(철망으로 만들었지만 우유병이 들어 있었다). 새끼 원숭이에게 우유가 나오지 않는 헝겊 어미와 우유가 나오는 철사 어미 중 하나를 선택하게 했을 때, 새끼들은 대부분의 시간을 부드럽고 따뜻한 어미와 함께 보냈으며 철사 어미와 함께한 시간은 우유병을 빨아서 젖을 먹을 때뿐이었다(그림 28).[15] 따뜻하고 부드러운 어미 인형은 먹을 것을 주지 못했지만 새끼들은 더 편안함을 느꼈다.

인간의 아기도 신체 접촉을 갈망한다. 어떤 문화에서는 엄마가 신생아를 품에 안고 젖을 물려서 아기에게 피부끼리 닿을 때의 만족감을 주는 것 외에, 아기 몸에 자주 오일을 바르고 마사지해서 몸 전체를 이완시키고, 포대기로 감싼 후 다리와 몸통을 세게 두드려주기도 한다.[16] 그 문화의 산모나 산파 같은 보호자들은 이러한 풍습을 유익한 것이라

그림 28. 해리 할로의 유명한 실험에서는 유아 발달에 있어 친밀한 신체 접촉의 중요성을 확인했다. 어미를 잃은 새끼 원숭이는 먹을 것을 제공하지 않더라도 따뜻하고 부드러운 '헝겊 어미'를 선택했다. Photograph ⓒ Harlow Primate Laboratory, University of Wisconsin

고 믿으며, 자주 마사지해주면 아기가 더 얌전하고 편안하게 잠들 뿐 아니라 신체 기능 발달도 빨라진다고 말한다. 대부분의 선진국들에서는 아기를 마사지하는 경우가 흔치 않지만, 미숙아 관리 방법의 하나로 아기 마사지가 도입되고 있으며 이는 발달 지표와 체중 증가율로 측정했을 때 뚜렷한 효과가 입증되었다.[17] 마사지의 효과가 아기에게만 나타나는 것은 아니다. 우울증을 가진 엄마가 자신의 아기를 규칙적으로 마사지해주면 증세가 줄어들고 아기들과 노는 데 더 많은 시간을 할애하게 된다. 아기 마사지 치료 연구에 나이 많은 '할머니' 자원봉사자들을 활용했을 때도 비슷한 효과가 나타났다. 즉 할머니들의 우울증이 줄어들고 불안 수준도 낮아지는 등 도움이 되었다.[18]

피부색에 감춰진 비밀

친밀한 신체 접촉은 영아기를 지나 청소년기에 이르기까지도 상당한 도움을 주는데, 이는 고아원과 유기아동 보호소에서 생활하는 아동들을 대상으로 한 여러 연구에서 입증된 바 있다. 이와 같은 시설은 20세기 초 미국, 독일, 영국 등에 많이 존재했다. 1920년대에 그와 같은 고아원에 아이를 맡기는 것은 아동을 거의 죽음으로 내모는 것과 다름 없었다. 음식이나 의료 문제 때문이 아니라 보호자의 친밀한 신체 접촉이나 따뜻한 보살핌이 없었기 때문이다. 이와 관련하여 두 곳의 독일 고아원 아동들을 대상으로 한 연구가 자주 인용된다. 그 연구에서는 따뜻하고 사려 깊은 보모와 함께 놀고 다정하게 신체 접촉을 할 수 있는 시설에서 생활하는 아동들이 아이들과의 신체 접촉을 꺼리고 자주 욕을 하는 보모가 있는 시설의 아동들보다 훨씬 빨리 성장한다는 사실을 확인했다. 보모들이 '모성적 보육'을 도입하기 전까지 고아원 아동들 사이에서는 스트레스성 왜소증으로 만성적 장애가 발생하거나 사망하는 일이 매우 흔했다. 모성적 보육은 1930년대와 1940년대에 아동 보육의 한 부분을 이루게 되었지만 그 이전까지는 비과학적인 방법으로 간주되었다.[19]

미국과 유럽의 일부 병원에서는 이제 마사지를 표준 영아 간호의 한 부분으로 도입하고 있는데, 아동들에게 나타나는 장·단기적 효과가 입증되었기 때문이다. 피부가 과민하여 신체 접촉을 싫어하는 일부 자폐아들에게도 마사지가 활용되고 있다. 최소한 이러한 아동들 중 일부는 우연히 닿는 가벼운 접촉은 싫어해도 마사지의 깊숙한 압력은 좋아하는 것으로 보인다. 그들은 학교에서 마사지 프로그램을 끝낸 후 보호자 및 교사들과 좀 더 좋은 관계를 형성했으며 잠도 더욱 편안하게 잤다. 자폐증이 있는 성인의 경우에도 깊숙이 누르는 압력이 마음을 진정시키고 편안하게 해주는 효과를 나타냈다. 마사지는 단기적으로 스트레스 호르몬의 수치를 낮추며, 장기적으로는 성장 호르몬의 분비를 촉진하여 체중 증가와 신체 기능 발달을 빠르게 하는 효과가 있다.[20]

영장류는 어미에게 거의 전적으로 의존하며 수시로 신체 접촉하는 시기를 지나면, 어미와 가끔씩만 접촉하는 긴 시기로 진입한다. 이 시기 동안 새끼들은 젖을 먹고 주위를 기웃거리며, 어미에게 업혀 다니거나 어미 혹은 동료들과 서로 털 손질을 하며 대부분의 시간을 보낸다. 영장류에게서 털 손질은 이빨이나(여우원숭이 같은 원원류原猿類) 손가락을(원숭이나 다른 유인원들) 이용해 털을 깨끗이 함과 동시에 신체 접촉도 하는 행위다. 털 손질은 신체 접촉의 한 형태로 영장류가 일생 동안 즐겨 하는 행동이다. 단순히 털을 깨끗이 하고 기생충이 붙은 털을 제거하는 데만 목적이 있는 것이 아니다. 영장류 집단 구성원들을 한데 묶는 사회적 접착제라 할 수 있는데, 이는 어미와 새끼 사이의 유대에서부터 시작된다.

최근 행동생물학자, 인류학자, 심리학자로 구성된 연구진은 야생 및 우리에서 생활하는 영장류를 비교·연구하여 영장류가 서로 털 손질해주는 행위의 중요성을 확인했다. 영장류에게 털 손질은 소통의 한 양식이며, 또 서로 간의 연대를 정립하고 유지하는 방법 중 하나일 뿐 아니라 갈등 해소 과정의 한 부분으로도 기능했다.[21] 특히 스트레스

피부색에 감춰진 비밀

호르몬 및 생체 시스템의 변화를 영장류가 여러 사회적 상황에서 보여주는 행동과 결합하여 파악한 연구는 중요한 의미를 지닌다.[22] 이 연구에서는 털 손질이 마사지와 마찬가지로 손질받는 동물과 손질해주는 동물 모두에게서 스트레스 호르몬 수치를 낮추는 것으로 확인됐다. 자주 털 손질을 하는 영장류는 그렇지 않은 경우보다 불안과 우울이 더 적었다. 개코원숭이 같은 종에서는 태어나는 새끼들이 어미의 사회적 지위와 동일한 서열에 속하게 된다. 서열이 높은 새끼들은 집단의 다른 동료 구성원들로부터 더 많은 관심과 털 손질을 받으며, 서열이 낮은 새끼들보다 더 빠르게 성장한다. 서열이 낮은 어미에게서 태어난 새끼들은 더 많은 생리적 스트레스를 받아 성장속도가 느리고 질병에 잘 걸리며 사망률도 더 높았다.[23]

신체 접촉을 하지 못해 스트레스 호르몬이 증가하면 면역체계에도 나쁜 영향을 준다. 우리에 갇힌 새끼 마카크원숭이들에 대한 실험 연구에서는 면역체계의 항체 생산 능력이 신체 접촉과 털 손질 횟수에 연관되는 것으로 나타났다.[24] 보통의 다른 새끼들처럼 어미와 신체적으로 접촉하는—털 손질을 포함하여—새끼들은 몸에 문제가 발생했을 때 활발한 면역반응을 보였지만, 어미에게서 떼어낸 새끼들은 면역반응이 약화되었다.

다 자란 영장류에게서는 털 손질이 갈등 해소의 중요한 방법이 된다. 영장류, 특히 원숭이와 유인원들은 수명이 길고 생식은 느리며 대부분 새끼를 한 마리씩만 낳는다. 영장류 사회 집단에서는 먹이·교미·구역 등을 두고 자주 갈등이 발생하며, 새로운 개체가 무리 속으로 들어올 때도 갈등이 일어난다. 무리 내의 싸움으로 심각한 부상이나 사망이 발생하여 종이 대량으로 사멸할 가능성을 피하기 위해서는 갈등을 예방하고 해소하는 방법을 진화시켜야 했다. 얼굴 표정이나 몸짓으로 첫 만남에서 발생할 수 있는 심각한 분쟁을 피하는 경우도 있다. 그러나 분노가 증폭되어 거친 추격전이나 물리적 싸움으로 번질 수도 있는데, 이러한 충돌은 거의 대부분 화해로 막을 내린다. 이러한 화해는 대부분의 영장류들에게서 진하게 털 손질해주는 행위로 이루어지며, 심각한 부상이 발생한 경우에도 역시 털 손질로 마무리된다.[25] 이와 같이 의식으로 자리 잡은 털 손질은 갈등의 양쪽 당사자 모두를 진정시키며 그들 사이에 사회적 결합을 회복시켜준다.

정확히 털 손질이라고 할 수는 없지만, 사람의 일상생활 속에서도 이러한 행동이 한 부분을 이룬다. 가정이나 사회적 친목 모임에서 사람들을 가만히 지켜보면 대부분이 다른 사람들을 '만지고' 있음을 알 수 있다. 가볍게 만지거나 쓰다듬고, 반갑게 두드리며 문지른다. 오늘날 많은 사회 집단 내에서는—특히 직장에서—무관한 사람들 사이의 신체 접촉을 금기시하지만, 사회적 접촉에 대한 요구는 여전히 존재한다. 많은 선진국에서 이미 널리 보급된 사무실용 마사지 의자, 미용실에서 해주는 머리 마사지, 온천욕과 찜질 마사지 등은 접촉에 대한 인간의 끊임없는 욕망을 말해준다. 하지만 우리는 이를 단지 건강이나 외모의 향상이라는 관점에서만 생각하는 경향이 있다.

모든 문화에서 사람들은 서로 접촉한다. 그러나 인간 사회에서 학습된 행동으로 나타나는 신체 접촉은 필연적으로 각 문화마다 다르게 나타날 수밖에 없다. 공적·사적으로 허용되는 신체 접촉의 기준이나 바람직한 접촉의 개념 등이 다르기 때문이다. 접촉의 형태도 수없이 많으며(우리가 경험해본 악수나 포옹 방법들을 생각해보자), 이러한 행위를 통해 어떤 사회적 신호를 보내는 경우도 많다. 예를 들어 악수를 청하는 손에 키스를 하면, 악수하는 손을 썩은 생선 대하듯이 무성의하게 잡거나 반대로 너무 세게 쥐면, 혹은 악수만 하려는데 숨 막히게 포옹하거나 뜨거운 키스를 하면, 부끄러워하고 당황하게 된다. 특정 접촉 행위는 특정한 사람들만 하는 경우—예를 들어 의사가 진찰을 할 때 등—도 많다. 사람들 사이의 신체 접촉은 행위를 할 당시의 맥락이 가장 중요하다.[26]

인류학자 애슐리 몬터규Ashley Montagu는 《터칭Touching》에서 신체 접촉 문화에 관한 문헌들을 검토한 후, '접촉' 사회와 '비접촉' 사회 사이에 놀랍고도 공통적인 차이가 있다고 설명했다. 그러한 차이는 출생 때부터 만들어진다. 신체 접촉을 많이 하는 사회에서는 엄마나 다른 보호자들이 아기를 자주 껴안거나 마사지해준다. 이러한 문화에서는 보호자의 신체 접촉으로부터 아기를 분리시키는 요람이나 보행기 등의 기구를 사용하지 않으며, '현대적 생활양식'의 한 부분으로서 그와 같은 용품을 이용하려는 사람들에게는 조롱과 질책이 가해진다.[27] 반대로 비접촉 사회에서는 엄마나 다른 보호자들이 아기에게 하루 중 짧은 시간 동안만 사회적으로 허용된 범위 내의 신체 접촉을 해줄 뿐이다. 이러한 사회 문화에서 성장하는 아동들은 부모로부터 점점 더 신체적 거리가 멀어지며, 나중에는 신체적 접촉을 원하더라도 할 수 없게 되는 경우가 많다.

오늘날의 미국 문화는 주로 접촉을 기피하고 있다. 특히 학교, 병원, 요양시설, 그리고 대부분의 직장에서는 신체 접촉이 법률적으로 문제가 될 수 있어 허용 가능한 접촉 행위가 최소한으로 줄어든 상황이다. 이러한 문화에서 자란 아동은 자신의 감정을 신체 접촉이 아닌 말이나 얼굴 표정으로 표현하도록 배우는 데 적응된다. 그러나 이런 방식에 순응하는 데 대한 대가도 따른다. 청소년이나 성인이 되었을 때 스킨십으로 자신의 감정을 드러내는 데 서툴고 타인과 몸으로 관계를 표현하는 데 서툴러 애를 먹게 된다.[28] 비교영장류학적 관점에서 볼 때는 비접촉 문화가 비정상적이며, 그러한 사회에서 살아가는 구성원에게는 우울, 불안, 그리고 좀 더 심각한 형태의 사회적 병리가 더 많이 발생할 것으로 예상할 수 있다.

신체 접촉이 친밀감만 나타내는 것은 아니다. 분노나 공격성이 신체 접촉의 형태를 취할 수도 있다. 성인이 아동에게 자신의 불쾌감을 표현하고 벌을 주기 위해 피부에 자극을 주는 방법을 선택하면, 따귀·주먹질·매질 같은 물리적 폭력의 형태로 나타날 수 있다. 영장류 어미가 새끼들을 때리는 경우는 드물다. 그럼에도 새끼들이 자신을 성가시게 할 때는 우발적이긴 하지만 매우 효과적으로 때린다. 예를 들어 어미는 그만 젖을 떼고 싶은데 새끼들이 계속해서 젖을 찾으며 안아달라고 조르면 손바닥으로 철썩 때린다. 물론 영장류 어미는 그와 같은 상황에서 대부분 잘 참으며 물리적으로 벌을 주는 경우가 드물다. 그러나 인간 사회에서는 체벌이 드물지 않게 행해진다. 역설적

피부색에 감춰진 비밀

이지만 아동·여성·노인들이 폭력의 피해자가 되는 일은 신체 접촉을 기피하는 문화에서 흔히 발생한다. 그러한 환경에서 아동들은 체구가 작고 무력하기 때문에 쉽게 물리적 공격의 대상이 된다.

피부 접촉 없이 양육되고 일상적으로 체벌을 당했던 아동들은 심각한 행동장애가 발생하거나 약물중독, 폭력 등의 문제를 일으키기 쉽다.[29] 최근 역사에서 가장 극단적인 사례들을 보면, 아동을 손으로 때리거나 매질하는 문화에서는 잘못에 대한 벌로서 아동을 때리기도 하지만, 잔인하고도 경쟁적인 세계에서 살아가기 위해서는 거칠어져야 한다는 이유로 의도적으로 때리는 경우도 있었다. 이러한 문화에서 아동들(주로 남자아이들)은 가정이나 학교에서 체벌을 당했으며 끊임없는 경고와 협박에 시달렸다. 반면 체벌 외에는 신체적 접촉이 거의 없었다. 이런 방식에 반복적으로 노출된 아동은 감정 표시와 고통을 안겨주는 형벌을 분리하여 생각하는 방법을 배우게 되고, 이런 과정을 통해 자란 사람은 타인에게 섬뜩한 고통을 가할 수 있게 된다.[30]

사람들의 건강과 행복을 증진시키는 데 긴밀한 접촉이 중요하다는 점을 감안할 때, 환자와 노인들에게 신체적 접촉이 얼마나 필요한지는 명백하다. 인류 역사에서 거의 모든 문화의 치료사들은 '안수', 즉 손을 얹는 행위를 환자 치료에 필수적으로 사용했다.[31] 신체 접촉이 나타내는 여러 생리적 효과들은 점차 입증되고 있다: 암 및 관절염 환자의 통증 완화, 천식환자의 호흡 중 공기 흐름 개선, 에이즈(후천성면역결핍증) 환자의 림프구 수 증가 등.[32] 피부의 촉각 및 압력 수용체들이 자극받을 때 시작되는 일련의 반응들이 이러한 효과들을 나타낸다.

그리고 이것은 다시 중추신경계를 자극하여 체내 아편성 물질(기분을 좋게 만들어주는 엔도르핀 등의 화합물)의 분비를 촉진한다. 그 결과 통증이 해소되고 기분이 좋아지며, 불안 및 스트레스 수준이 크게 낮아지고, 스트레스의 영향을 크게 받는 면역체계의 기능도 강화된다.

신체 접촉은 뚜렷한 고통이 있는 사람이나 환자들뿐 아니라 일반적인 노인에게도 효과를 나타낸다. 선진국에서는 노인들이 요양시설에서 따로 떨어져 생활하는 경우가 많으며, 이에 따라 친밀한 신체 접촉도 하지 못하게 된다. 이들에게 친밀한 신체 접촉이 이루어질 경우 건강과 행복감이 개선되고, 일반적인 노화 증상들(불안, 건망증, 불규칙한 식사, 소외되는 기분 등)이 줄어드는 느낌을 준다. 연구에 따르면, 요양시설 거주자들 중 자주 마사지를 해주고 관심 있게 끌어안아준 노인들은 신체 접촉을 하지 못한 노인들보다 좀 더 젊게 행동하며, 의식 상태나 신체 징후가 더 좋고 명랑한 것으로 나타났다.[33] 단순히 살아 있는 생명체를 만지는 행동만으로도 좋은 효과를 낳는다. 예를 들어 병원의 미숙아들을 안고 마사지해준 할머니 자원봉사자들과 애완동물을 기르는 노인들에게서 큰 효과가 있었다. 다른 영장류처럼 인간의 경우에도 손으로 어루만지며 친밀하게 신체를 접촉하는 행위는—그것이 문화적으로 어떻게 나타나든 간에—연령에 관계없이 큰 효과가 있다.

피부색에 감춰진 비밀

8

감
정
섹
스
그
리
고
피
부

우리 피부에서는 매일 눈에 보이지 않을 정도로 느린 변화가 일어난다. 즉 늙은 피부가 대체되고, 멜라닌 생산이 일어나고, 비타민 D가 만들어진다. 그러나 다른 변화들, 특히 우리의 감정 상태를 반영하는 변화들은 갑작스럽게 일어나고, 눈에 잘 띄며, 쉽게 감지된다. 피부는 우리가 행동하기 전에 먼저 '생각' 하기도 한다. 자극에 반응하고, 소름이 돋으며, 손에 땀이 나고, 얼굴이 붉어진다. 우리가 그 원인을 알기도 전에 그와 같은 변화가 일어날 때도 있다.

인간 피부에는 매우 광대한 신경망이 자리 잡고 있는데, 여기에는 자율신경계에 속하는 교감신경섬유도 포함된다.[1] 이러한 신경계는 호흡, 순환, 소화와 같은 '자율적 기능' 을 조절하여 신체 내부 환경을 유지하는 일을 한다. 특히 교감신경계는 스트레스가 닥칠 때 '싸우거나 도피하는' 반응에 중요한 역할을 한다. 우리는 공포를 마주하게 되면 빠르고 극적인 반응을 나타내는데, 심장의 혈액 박출량을 늘리고 피부 혈관에 분포된 혈액을 골격근 내의 혈관으로 옮긴다. 즉 교감신경계는 우리 몸이 가진 자원을 스트레스에 대항하거나 도피하는 데 필요한 신체 장기로 돌려서 '피부를 보존한다.' 피부의 신경섬유들이 신호를 보내면 진피 속 작은 동맥들의 수축과 땀샘의 활성화가 동시에 일어나고, 모낭 속의 미세한 평활근도 자극하여 털을 세운다. 그 결과, 피부는 창백해지고 땀으로 축축해지며, 머리털은 쭈뼛 일어서고 소름이 돋는다. 여기에 눈의 동공도 커져서 놀란 얼굴 표정이 되는데, 다급한 상황에 처할 때 우리 신체가 나타내는 극단적 반응이다.

공포가 아닌 불안이나 흥분을 느낄 때는 좀 덜 극단적인 반응이 일어난다. 즉 교감신경계가 조금 약한 강도로 자극되고, 그 결과 소위 말하는 '식은땀' 이 나게 된다. 이때 손은 차갑고 축축해지며, 겨드랑이가 땀에 젖는다. 이와 같은 현상에도 나름의 진화 역사가 있다. 손바닥과 발바닥의 에크린 땀샘은 우리 몸에서 가장 오래된 땀샘이다. 다른 신체 부위에 있는 땀샘의 경우는 교감신경계로 전달되는 자극이나 온도에 반응하는 반면, 손과 발바닥에 있는 땀샘은 우리가 느끼는 감정에 주로 반응한다.[2] (얼굴, 겨드랑이, 사타구니에 있는 에크린 땀샘은 두 유형 모두에 반응한다.) 날씨가 더울 때 몸을 식히기 위해 흐르는 열성 땀에 비해 불안하거나 초조할 때 솟아나는 식은땀은 '감정적 땀' 이라 부를 수 있다. 이와 같은 땀이 어떻게 시작되었는지에 대한 연구는 거의 없지만, 오래전 인간이 나무 위에서 살아갈 때 좀 더 안전하게 이동하기 위해—특히 동물들을 쫓아갈 때—손과 발의 땀샘들이 자극되었다고 추정해볼 수 있다. 작은 영장류들은 지문 사이에 습기가 있으면 나뭇가지를 좀 더 단단히 쥘 수 있다. 그리고 손과 발에 습기가 약간 있을 때 피부 감각이 더 민감해지기 때문에 주위 환경을 더 쉽게 '파악'할 수 있다.

감정적 땀은 법의학 영역에서 중요한 역할을 하는데, 이와 같은 유형의 땀은 당사자가 어느 정도로든 불안한 상태에 놓였음을 말해주기 때문이다. 과학자들은 피부의 전기전도성 변화를 측정하여 불안 반응의 강도를 추정할 수 있다. 땀샘이 활동한 결과 피부에 습기가 많아지면 전기전도성이 증가하기 때문이다. 피부 전기 반응 측정은 거짓말탐지기의 기본 원리가 된다. 논란이 많은 그 기계는 피부의 전기전도성에 나타나는 작은 변화들을 측정한다(그림 29). 오래전부터 미국의 형사재판에서는 피의자가 거짓말을 하고 있는지 판단하는 데 도움을 받기 위해 거짓말탐지기를 이용해왔다. 그러나 최근 수십 년 동안 전문가들은 그 기계의 신뢰성에 의문을 제기했는데, 피부의 전기전도성은 거짓말 때문에 변화되기도 하지만 검사를 받는 데 대한 두려움 때문에 변화할 수도 있기 때문이다. 현재 미국, 캐나다, 이스라엘 등의 법정에서는 거짓말탐지기 검사 결과를 더 이상 증거로 채택하지 않지만, 일부 영역에서는 여전히 사용되고 있다. 예를 들어 피의자가 자신의 결백을 주장하기 위해 자발적으로 검사를 받거나, 경영주들이 기업 운영에 사용하는 것이다.[3]

땀 외에 피부의 색깔도 감정 상태를 나타내는 거울이 된다. 인간의

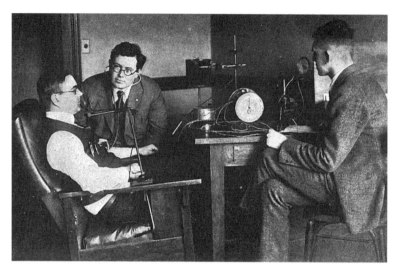

그림 29. 수십 년 동안 공권력들은 거짓말탐지기를 범죄 피의자가 경찰을 속이고 있을 가능성을 판단하는 데 이용했다. 거짓말탐지기는 피부 전기전도성에 나타나는 작은 변화를 측정하는데, 불안과 초조에서 오는 감정적 땀으로 변화가 발생한다. 사진 속의 거짓말탐지 장비가 현대적 거짓말 탐지기로 발전했다. Photograph ⓒ *Psychology: The Science of Human Behavior*(Robert C. Givler, Harper, 1920)

피부는 놀랄 때 창백해지지만, 화가 나거나 당황할 때는 눈에 띄게 붉어진다. 분노 감정에 대한 반응으로 벌겋게 화끈거리고, 당황할 때의 반응으로 얼굴이 상기되는 것은 흥미 있는 현상이지만 그 기전은 아직 정확하게 알려져 있지 않다. 이러한 반응들은 얼굴, 특히 뺨·이마·귀에 한정되는 경우가 보통인데, 이와 같은 부위의 동맥들은 쉽게 확장되어 혈액의 흐름이 증가하기 때문이다. 이러한 반응의 강도는 사람에 따라 다르며, 스트레스에 대한 대처가 사람들마다 다른 것도 그 이유 중 하나일 것이다.[4] 예를 들어 어떤 사람들은 조금만 감정이 격해져도 많이 붉어지지만, 아무리 상황이 심각해도 피부색이 거의 변하지 않는 사람들도 있다.

피부색에 감춰진 비밀

당황하여 붉어지는 현상보다 분노할 때 얼굴 피부에 나타나는 반응에 대해 더 많은 연구가 있었다. '얼굴이 빨개진다'는 말은 많은 문화권에서 강력한 분노의 표현과 동일한 의미로 사용된다. 분노에 수반되는 우리 몸 전체의 생리학적 영향은 다른 감정에 대한 신체 반응보다 훨씬 더 극단적이다.[5] 분노의 효과는 점차 증폭되는데, 심장 박동이 빨라지고 혈압이 상승하며, 말초동맥이 수축하고, 감정적 발한 반응이 서로 맞물려서 나타난다. 분노가 더 커지면 목의 외경동맥 분지들이 크게 확장된다. 즉 동맥의 직경이 커져서 얼굴로 가는 혈액 흐름이 많아진다. 이렇게 되면 얼굴이 붉게 변하고, 목의 측면에서 굵어진 동맥이 눈에 보인다. 그 정도로 흥분하면 스스로나 다른 사람들이 보기에나 유쾌하지 못한 경험이 된다.

그동안은 분노에 따른 안면 상기의 이유에 대해 잘 알려져 있지 않았다. 신체의 교감신경들이 심장의 혈액 박출량을 늘리고, 피부 속의 혈관 대부분을 수축시켜서 혈액을 골격근 쪽으로 돌리고 싸울 태세를 갖추는 상황인데, 왜 유독 얼굴은 붉어져야 할까?[6] 한 부위의 피부 혈관이 동시에 확장되는 것은 모순처럼 생각된다. 이와 같이 모순돼 보이는 현상은 왜 일어날까? 이에 대해 극단적으로 화가 나서 혈압이 매우 높이 치솟을 때 안전밸브 역할로 안면 피부 속의 혈류가 증가한다는 설명이 있다.[7] 목 부위의 동맥에 있는 압력수용체가 위험 수준으로 치솟은 혈압을 감지한다. 이때 동맥의 벽이 이완되어 안면으로 혈액이 몰리고, 이에 따라 심장 박동과 혈압의 증가를 둔화시키는 데 도움이 된다.

화가 나서 붉어진 얼굴이 눈에 잘 띄는 점을 강조하는 설명도 있다. 극단적으로 화가 날 때 붉어진 얼굴은 매우 나쁜 감정 상태임을 나타내는 확실한 징표가 되며, '저리 가! 만약 그러지 않으면……' 하는 분명한 경고가 된다. 진화론적으로 보면 이는 물리적 공격이 임박한 전투 상태에 돌입했음을 경고하는 분명한 신호다. 자연선택에 따라 분노로 벌겋게 달아오른 모습이 더 강하게 나타나기를 선호해왔다고 볼 수 있는데, 그렇게 하면 충돌을 피할 가능성이 많아지기 때문이다. 이러한 능력은 원숭이와 유인원, 그리고 특히 인간의 진화에서 중요한 역할을 해왔다.

안면 홍조紅潮는 어찌 보면 분노로 얼굴이 상기되는 것과 비슷하다. 얼굴의 교감신경들이 흥분하면 혈관이 확장되어 얼굴로 가는 혈류량이 늘어난다. 사람들은 주변에서 자신에게 과도한 관심을 보이거나 당황하면 홍조가 발생한다. 이는 단계적 반응으로 나타나는데, 어떤 때는 뺨과 귀만 빨갛게 된다. 하지만 주변 상황이 심하게 불편할 경우에는 이마와 목으로 번진다.[8] 얼굴 전체가 빨갛게 되는("얼굴이 홍당무가 되다") 경우는 드물지만, 이 경우에는 얼굴이 붉게 변한 것 자체가 당사자에게 불안의 원인이 될 수도 있다. 쉽게 심한 홍조가 나타나는 사람들은 가능한 한 당황스런 상황을 마주하지 않으려 애쓰며, 사실 그와 같은 안면 홍조 불안은 하나의 질환으로 간주된다.[9]

우리 몸의 피부에는 살아가는 과정에서 일시적으로 겪게 되는 당황스러움이나 분노뿐 아니라 장기적인 스트레스에 대한 반응도 쌓인다. 만성 스트레스나 우울감은 건강과 기대수명에 나쁜 영향을 주며

피부색에 감춰진 비밀

우리 몸의 면역력도 약화시켜서 피부 질환 등 여러 질병들에 대해 더 취약하게 만든다. 습진, 건선, 두드러기와 같이 흔히 볼 수 있는 피부 질환들은 만성 스트레스로 악화된다. 피부 상태로 인해 남들이 자신을 이상하게 본다고 생각할 때는 상태가 더 악화되어 불안감이 증폭되고 결국 주위를 기피하게 되는 경우도 있다. 현재 의학계에서는 피부 상태와 만성 스트레스 사이의 근본적 연관성을 널리 인정하고 있다.

인류의 진화를 다룬 문헌들에서는 얼굴이 붉어지는 문제에 대해 거의 주목하지 않지만, 인류 역사의 초기부터 극단적으로 분노하거나 당황할 때 얼굴이 붉어지도록 진화했을 것이라고 추정할 수 있다. 인간이 두 발로 걷게 되자 사회적인 신호를 보내는 형태에 근본적인 변화가 발생했다. 예를 들어 남성의 송곳니는 더 작아졌는데, 이는 사회적 표현이나 실제 싸움에서 덜 중요했기 때문이다.[10] 아마 비슷한 시기에 인간은 신체의 털을 잃기 시작했을 것이며, 동시에 털을 세워서 흥분 상태를 과시하는 능력도 없어졌을 것이다(1장의 그림 4 참조).

이러한 변화에 따라 감정 상태를 보여주는 신호로서 신체 자세 및 얼굴 표정이 더 중요해졌으며, 특히 나쁜 감정 표현에 더 잘 활용되었다. 미묘한 얼굴 표정까지 만들어내기 위해 얼굴 근육들은 더욱 정교해졌다. 오늘날 인간은 피부색에 관계없이 화나거나 당황하면 얼굴이 붉어진다. 짙게 착색된 피부를 가진 사람들도 생리학적으로는 얼굴이 '붉게' 변하지만, 옅은 색 피부를 지닌 사람들의 경우만큼 눈에 잘 띄지는 않는다. 피부색에 관계없이 모두가 이와 같이 붉게 변화할 수 있다는 사실은, 얼굴이 붉어지는 능력을 갖게 된 것이 인간 진화 역사에서 멜라닌 착색보다 먼저 일어났으며 초기 호모 속 이전의 고대 호미니드들도 그와 같은 얼굴 표현이 가능했음을 시사해준다.

피부는 또한 섬세한 방법으로—때로는 그다지 섬세하지 않은 방법으로—우리가 성적性的 존재임을 반영한다. 인간과 가까운 다른 영장류도 피부를 통해 성적 표현을 하는데, 이 경우에는 섬세하지 않은 방법을 구사한다. 구대륙 영장류 가운데 일부 종들—특히 마카크원숭이, 개코원숭이, 침팬지—의 암컷은 성적으로 성숙하여 교미를 받아들일 준비가 되면 엉덩이가 선홍색으로 변하고 크게 부풀어 오른다. 엉덩이가 선홍색으로 변한 암컷은 수컷의 관심을 끌어 교미를 유도하는 것으로 보인다. 이와 같이 피부와 섹스가 연결된 이유는 흥미롭다.

영장류는 매우 시각적인 동물이기 때문에 눈에 잘 띄는 단서를 제공하면 냄새에만 의존할 때보다 더 효과적으로 주의를 끌 수 있다. 많은 영장류 암컷들은 배란기가 다가오면 성기 주위 회음부 피부가 붉어지며, 실제 배란이 일어나는 며칠 동안은 가장 크게 부풀어 올라 눈에 잘 띄게 된다. 마카크원숭이, 개코원숭이, 침팬지 등에서는 암컷의 회음부 피부에 혈관이 풍부하게 분포하며, 이 혈관은 호르몬 수준의 주기적 변화에 반응을 나타낸다.[11] 혈액 흐름이 늘어나면 피부 색깔이 변화되고 체액이 혈관 밖에 축적되어 회음부가 부풀어 오른다. 그러나 배란이 끝난 다음에는 곧바로 사라진다. 어떤 암컷은 회음부가 최고로 부풀어오를 때 자기 몸무게의 25퍼센트까지 불어난다. 이는 자신이 지금 임신 가능하니 교미할 상대를 찾는다고 적힌 빨간 깃발을 흔드는 것과 같다.

일부 암컷은 다른 암컷보다 회음부가 더 많이 부풀어오르는데, 영장류학자들에 따르면 번식의 성공과 진화의 관점에서 볼 때 크기가 클수록 더 좋은 결과를 낳기 때문이라고 한다. 야생 개코원숭이를 장기간에 걸쳐 관찰한 연구에 따르면 회음부가 더 크게 부푼 암컷이 작게 부푼 암컷들보다 성적 성숙이 빨랐다. 그리고 엉덩이가 가장 큰 암컷이 일생 동안 더 많은 새끼들을 생산했고 새끼들의 평균 생존율도 더 높았다. 수컷 개코원숭이의 눈에는 회음부가 크게 부푼 암컷이 성적으로 훨씬 더 매력적으로 보이며, 임신 가능 기간 동안 교미 상대로 계속 붙잡아두기 위해 더 많은 노력을 기울인다. 회음부가 크게 부푼 암컷의 교미 상대인 수컷은 경쟁 관계 수컷들의 침입을 막는 데 많은 시간을 투자하며, 교미를 지속시키기 위해 암컷을 더 정성껏 돌본다.[12] 성적으로 크게 부풀어 오르는 현상은 동물학자들이 말하는 '정직한 신호 honest signal'의 사례라 할 수 있다. 즉 이러한 신호를 만들어내기 위해 생리학적 비용이 소요되지만, 번식의 성공 가능성을 더 높여주기 때문에 진화적 가치를 가진다. 그러므로 커다란 선홍색 엉덩이는 수컷들에게 성적으로 매력 있게 보인다. 즉 암컷이 번식 가능한 상태이며 일생 동안 많은 새끼를 만들 수 있다고 말해주는 믿을 만한 신호다.

침팬지 무리에게서 관찰된 바에 따르면, 교미 가능한 암컷에게서 성적으로 부풀어 오르는 현상이 뚜렷이 보이면 그 암컷을 향한 수컷의 공격성이 누그러진다고 한다. 암컷 침팬지가 성적으로 성숙하면 자신이 태어나고 자란 집단을 떠나서 새로운 집단으로 옮겨간다. 이러한 이동에는 커다란 위험이 수반되는데, 침팬지들은 외부에서 온 개체를 경계하여 무단 침입자에게 물리적 공격을 가하거나 심지어 죽이기도 하기 때문이다.[13] 암컷 침팬지들은 대부분 자신들의 성적 부풀기가 가장 크고 뚜렷해질 때 새로운 집단으로 이주하는데, 이렇게 함으로써 새 집단 내에서 수컷들의 관심을 유도하여 파트너 관계를 시작할 수 있다. 암컷은 이런 관계를 만들어냄으로써 (일시적이지만) 수컷의 보호를 받을 수 있어 상대적으로 공격을 덜 받으며 새로운 집단에 안착한다. 파트너 관계를 형성하지 못한 경우라도, 선홍색으로 부풀어 오른 암컷들은 공격을 덜 받는 경향이 있다. 이는 수컷들이 그 암컷을 공격 대상보다는 잠재적 교미 대상으로 관심을 두기 때문이다.

그러나 선홍색 엉덩이를 가졌다고 해서 무조건 새로운 집단의 구성원으로 쉽게 안착하는 것은 아니다. 발정기가 끝나면 엉덩이의 색깔이 사라지고 축 처진다. 그리고 새로 전입해온 암컷은 자신을 집단의 사회구조 내부에 편입시키기 위해 노력한다. 집단의 권력구조에서 핵심을 이루는 어른 암컷들로부터 우호적 반응을 얻어야 하며, 그 과정에는 긴 시간이 소요된다. 이때 기존 암컷들에게 배척당하거나 심한 물리적 공격을 당할 수도 있다. 암컷의 붉은 엉덩이가 새로운 집단으로의 진입을 보장해주지는 못한다는 관찰 보고도 있다. 악랄한 공격의 대상이 되어 새 집단의 호전적 구성원들에게 엉덩이가 찢어지도록 물어뜯기는 경우도 있다는 것이다.[14] 이는 예외적인 사례로, 자신과 교미할 수 있음을 말해주는 '정직한 신호'가 오히려 그 암컷을 공격 대상으로 지목하는 결과를 낳았다. 그러나 자연에서 그와 같은 신호들이 무시되는 경우는 드물다.

피부색에 감춰진 비밀

인간들에게서도 피부는 성적 활동과 밀접히 연관된다. 어떤 사람들은 성적으로 흥분하면 피부가 상기되는데, 주로 목과 가슴 주위가 붉게 변한다. 이처럼 피부가 성적으로 상기되는 현상은 얼굴에 나타나는 홍조보다 길게 지속되어 몇 분 동안 사람을 '안절부절못하게' 만든다. 이 현상은 많이 연구되지 않았지만 '혈류량이 증가하면서 부분적으로 혈압이 상승하여 신체 조직이 부풀어오르는 현상'인 것으로 보인다. 다시 말해 목과 가슴 부위의 좁은 실핏줄에서 혈액의 흐름이 느려지는 것이다.[15]

피부는 인체에서 가장 큰 성적 기관이지만 우리는 이를 잘 인식하지 못한다. 섹스에서 얻는 기쁨의 상당 부분은 섹스 그 자체를 하는 동안이나 섹스를 하기 전후에 행해지는 '피부끼리의 접촉'에서 느끼는 편안함과 즐거움, 그리고 농밀한 접촉에 대한 기대감에서 온다고 볼 수 있다. 어떤 부위는 성적 접촉에 특히 더 민감한데, 피부의 신경망이 표면에 더 가까이 밀집해 있기 때문이다. '성감대'라 부르는 이와 같은 부위를 쓰다듬는 애무는 성적 쾌감과 흥분을 높여준다. 성감대는 생식기뿐 아니라 가슴, 유두, 목, 허벅지, 입 등도 포함되며, 개인별로 차이가 있다. 성감대와 섹스를 할 때 피부의 반응에 대한 생물학적 연구 문헌은 거의 없다. 실망스럽지만 별로 놀랄 일은 아니다. 하지만 다행스러운 것은 개인의 경험으로부터 정보를 얻어낼 수 있고, 그 가운데 몇몇은 제법 전문지식을 뽐낼 정도가 된다는 점이다.

우리가 섹스에 대해 생각하거나 말하고 있을 때도 피부는 반응한다. 그와 같은 반응들 중 상당 부분은 사회적으로 만들어진다. 섹스에 대해 민감하게 대하거나 금기시하는 문화에서는 이 주제를 이야기하는 데 어려움을 느낄 수 있으며, 그런 말을 해야 할 때나 동물이 교미하는 광경을 보게 되는 경우에는 부끄러움이나 당황스러움 때문에 얼굴을 붉힐 수 있다. 동물원에 가면 많은 동물들을 관찰할 수 있으며, 영장류는 아이들에게 가장 인기 있는 동물이다─나도 동물원에서 많은 시간을 들여 원숭이와 침팬지를 관찰했다─그리고 그 녀석들이 우리를 관찰하는 모습도 보았다. 나는 종종 다른 사람들이 영장류를 관찰하는 모습을 지켜보곤 한다. 사실 원숭이나 침팬지의 행동이 성적인 것과 관련되지 않을 때는 드물기 때문에, 나는 그런 행동을 관찰하는 관람객의 모습을 눈여겨보았다. 어떤 아동은 저기 원숭이 두 마리가 뭘 하고 있는 중이며, 한 마리는 엉덩이가 왜 저렇게 붉은지 묻는다. 옆에 서 있는 어른은 얼굴이 붉어지며 어떻게 대답해야 할지 몰라 말을 더듬는다. 그리고 그 자신도 암컷 원숭이의 엉덩이 색깔이 가지는 의미에 대해 궁금해한다. 또 어떤 사람은 아동의 질문에 대한 답을 알고 있으면서도 모르는 척하며 입을 다물어버린다. 그들은 빨리 그 자리를 벗어나고 싶다거나 원숭이들이 다른 곳으로 가주었으면 하고 바랄 것이 분명하다. 선홍색 엉덩이에는 두 질문에 대한 답이 모두 함축되어 있다. 즉 섹스와 피부다.

피부색에 감춰진 비밀

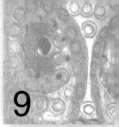

9

마모와 손상

피부는 주위 환경으로부터 우리 몸을 보호하고 차단하는 1차 방어선이며 날카롭고, 지저분하고, 얼얼하고, 부식성이 있는 공격들을 견딜 수 있도록 진화했다. 그러나 완벽하지는 않다. 점차 노화하고, 흉터가 생기고, 질병과 환경의 공격들 때문에 고통을 받는다. 피부를 침범하는 질병들은 대부분 일시적이고 다시 회복되지만, 일부는 오래 지속되거나 축적되어 피부의 형태와 기능에 모두 문제를 발생시킨다.

오래전부터 사람들은 피부에 발생하는 여러 문제들과 질환들을 관찰하고 기록해왔다. 18세기에 현대 의학이 탄생하기 전까지 사람들은 수천 년 동안 피부를 통해서만 건강 상태를 확인할 수 있었다. 질병의 증상과 징후들은 대부분 피부에 나타났다.[1] 이와 같은 오랜 역사를 바탕으로 서양의학에서 피부만 다루는 전문 분야(피부과)가 발달한 결과,

지금까지 알려진 피부 질환의 목록은 생각보다 훨씬 많다. 그리고 피부과학 교재를 펼쳐보면 너무 많은 종류의 질환에 질려버릴 뿐만 아니라 사진을 보면 불쾌한 느낌이 든다. 사실 우리는 간처럼 몸 안에 있는 기관의 경우와 달리 피부에 생긴 문제는 쉽게 알아본다. 피부 질환 사진만 보고도 그 환자가 겪었을 고통을 짐작할 수 있다. 책에 실린 피부 질환 사진이 충분히 무서울 경우에는, 실제로 온몸이 오싹해지며 소름이 돋기도 한다. 자신의 피부가 스멀거리는 느낌이 들 때도 있다.

물론 이 장에서 논의하려는 것이 그 정도의 불편함을 야기할 것들은 아니다. 다만 우리가 살아가는 과정에서 비교적 흔히 만날 수 있는 '피부 문제' 가운데 몇 가지를 시간 순서에 따라 살펴볼 것이다. 우리가 태어날 때부터 갖고 있는 것들도 있는데, 예를 들면 '모반母斑 Birthmark'이라 부르는 반점이 있다. 그 외에 흉터, 뾰루지, 주름 같은 것들은 단순히 지구상에서 긴 시간 동안 살아온 결과물이라 할 수 있다. 그러나 사마귀, 화상, 피부암 같은 경우는 우리가 주의를 기울여야 할 만큼 광범위하게 퍼져 있는 의학적 문제들이다.

모반과 반점

피부 표면은 넓기 때문에 태아 발육 과정에서 여러 환경적·유전적 영향을 받는다. 따라서 태어날 때부터 피부에 모반이 있는 아기들이 많다. 모반은 여러 원인으로 생기는데, 엄마의 자궁 내에 있을 때 혈관 발달에 영향을 주는 작은 문제들 때문에 나타난 경우가 많다.

가장 흔히 볼 수 있는 모반은 소위 '연어반鱗魚斑 salmon patch' 이라는 것으로 '황새잇자국' 혹은 '천사의 키스' 라고도 부른다. 이것은 얼굴이나 목의 혈관 일부가 약간 기형적으로 생겨서 나타나며 보통은 생후 1년 이내에 사라진다.

등이나 엉덩이에 나타나는 짙은 청색의 '몽고반점蒙古斑點 Mongolian spot' 도 흔히 볼 수 있는 모반이다. 동아시아 지역 아동들에게서 많이 볼 수 있기 때문에 붙은 이름이다. 이 반점은 진피에 멜라닌세포가 많이 모여 표피를 통해 보이는 것으로, 이 세포들은 배아 발생 초기에 표피로 이동해가던 중 멈춘 상태다.

'포도주색반점port-wine stain' 은 가장 잘 알려진 모반 중 하나로, 피부의 모세혈관들이 기형으로 확장되어 나타난다. 이것은 시간이 지나도 사라지지 않고 색깔이 더 짙어지는 경향이 있어, 분홍빛에 가깝던 것이 나중에는 진홍색이나 보라색으로 바뀐다. 이 반점은 건강에 해가 되지는 않지만, 얼굴 부위에서 크고 뚜렷하게 보일 때는 자신의 외모를 의식하게 될 수 있다. 1980년대에 흉터를 남기지 않고 반점의 색을 옅게 만드는 펄스색소레이저가 도입된 이후 모반 치료가 혁명적으로 발전했다.[2]

성인들은 거의 모두 한두 개 이상의 반점을 가지고 있는데, 대부분은 멜라닌세포가 모인 것으로 건강에 해가 없다.[3] 대부분의 반점들은 태양에 노출되는 신체 부위에 생기며, 자외선에 노출됨으로써 세포 생리에 변화가 발생한 유형들도 많다. 매우 드물지만 이러한 반점들이 '흑색종' 이라는 위험한 피부암으로 발전할 때도 있다. 의사들은 특히 흰 피부의 사람에게 반점이 있을 경우 주기적으로 검사해서 반점의 크기·두께·색깔의 변화를 살펴보아야 한다고 말한다.

피부에서 보이는 이러한 이상 징후에 대한 현대의학의 과학적 탐구가 있기 전까지, 사람들은 오래전부터 모반이나 반점들에 깊은 의미가 있을 것이라고 믿었다. 모반은 임신 기간 동안 산모에게 있었던 일을 알려주며, 반점은 그 사람이 앞으로 살아가면서 겪게 될 일을 예언한다고 생각했다. 17세기와 18세기 초 유럽에서는 피부 반점의 의미와 그로 인한 결과를 예측하여 기록한 논문이나 책자들이 많이 발표되었다. 임신 중에 일어난 일들이 특정 색깔과 형태를 지닌 모반을 만들어낸다거나 아기 피부의 전체 모양을 결정한다고 믿었다. 예를 들어 신생아 피부에 포도주색반점이 있으면 누군가 몇 달 전에 산모에게 술병을 쏟았기 때문이라고 믿었다. 또한 산모가 원숭이나 곰을 보고 놀라면 털이 난 아기를 낳으며, 생선 때문에 기겁을 한 적이 있는 여성은 비늘 같은 피부를 가진 아기를 낳게 된다고 믿었다.[4] 이와 같은 해석은 우리에게 어처구니없어 보이지만, 지금 우리가 하는 '설명들' 또한 미래에는 어떻게 보일지 알 수 없다.

딱지

피부 상처에 생긴 딱지는 누구에게나 좋게 보이지 않는다. 피부가 표피를 관통할 정도로 깊게 긁혔다면 진피의 혈관들이 손상되어 출혈이 시작된다. 그리고 혈액 속에 포함된 혈소판이 콜라겐이나 손상으

피부색에 감춰진 비밀

로 노출된 피부의 다른 구조물들과 접촉한다. 이러한 접촉은 혈소판이 출혈을 멈추기 위해 응고인자를 비롯한 여러 물질을 방출하도록 만든다. 출혈이 멈추면서 이미 치유 과정이 시작되었다고 볼 수 있다.[5] 이제 '호중구好中球 neutrophil'라는 특수 백혈구가 상처 부위에 도착하여, 침입한 세균과 및 손상된 조직 등 이물질을 제거하기 시작한다. 이 과정은 국소 염증 발생으로 진행되는데, 일련의 치유 과정을 조절하는 사이토카인cytokine 분자가 중요한 역할을 한다.

상처 부위가 깨끗해지면, 섬유아세포들이 해당 부위로 옮겨와서 '피떡'으로 구성된 기초 골격에 새로운 콜라겐을 입히기 시작한다. 상처 부위의 섬유아세포들이 자라면서 치유를 돕는 새로운 단백질들을 만들어내면 여러 복잡한 화학반응이 일어난다. 이후 며칠 동안 상처 부위에서 진피를 재생시키기 위해 여러 유형의 콜라겐들을 생산한다. 이 콜라겐들은 계속 손상된 부위를 개보수하며 물리적으로 채워 나가고, 또한 해당 부위에는 새로운 혈관들이 형성된다. 이 모든 과정이 진행되는 동안 표피는 케라틴세포를 손상 부위로 옮겨와서 표면을 재포장할 준비를 한다.

피부 표면에 생기는 딱지는 상처 부위가 새로 축성되면서 생긴 부스러기라 할 수 있다. 거기에는 상처가 나면서 형성된 피떡 성분과 치유 초기 단계에 해당 부위로 투입된 여러 응급 단백질들이 포함되어 있다. 상처 부위의 딱지는 자연적 반창고 역할을 한다. 두께가 있어 치유가 진행되는 동안 덮고 있는 조직들을 보호해주기 때문이다. 딱지는 며칠에 걸쳐 구성과 모양이 변한다. 처음에는 얇고 약간 물렁하며 적갈색을 띠지만, 차츰 두껍고 딱딱하며 짙은 색으로 변한다. 딱지가 떨어져 나가기 직전에는 콜라겐 섬유들이 뭉치면서 더 작고 두꺼운 검은색을 띤다. 그리고 그 아래에 새로운 피부가 생긴다. 대개 아이들은 피부에 딱지가 생기면 가렵고 보기 싫기 때문에 떼어버리려 하고, 부모들은 자녀들에게 그렇게 하면 안 된다고 타이른다. 예전부터 부모들이 "그렇게 하면 상처가 덧난다"고 한 표현은 과학적으로도 정확한 지적이다. 딱지가 제대로 형성되어야 그 아래에서 새 피부가 깨끗하게 생기고, 흉터가 남을 가능성도 줄어들기 때문이다.

흉터

피부가 베이거나 데거나 물리면, 치유 과정의 일부로 상처 부위에 콜라겐이 축적되면서 흉터가 생긴다. 어떤 흉터는 거의 보이지 않지만, 눈에 잘 띄는 흉터들도 많다. 흉터의 모양은 피부가 받은 원래의 손상에 따라 결정된다. 칼이나 면도날에 베였을 때처럼 깨끗한 상처는 빨리 치유되며 흉터도 거의 눈에 띄지 않는다. 치유되는 동안 상처의 양쪽 면이 서로 밀착되어 있기 때문이다. 베인 면이 서로 어긋났거나 심한 화상을 당한 경우에는 치유되어도 뚜렷한 흉터가 남는다. 뾰루지나 여드름에서도 흉터가 생기는 경우가 있으며, 천연두나 수두와 같이 피부를 포함한 전신 감염성 질환들도 흉터를 남길 수 있다. 이러한 흉터는 작게 패거나 움푹 들어간 모양을 띠며 '위축성 반흔萎縮性瘢痕 atrophic scar'이라 부른다(그림 30).

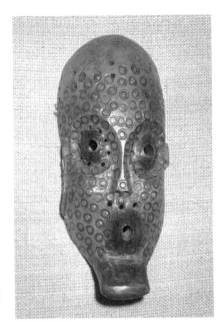

그림 30. 아프리카 서남부의 앙골라에서 수집된 마스크. 깊게 패인 흉터 모양이 새겨져 있는데, 이는 한때 크게 유행했던 천연두의 특징이다.

대부분의 흉터는 별 문제 없이 형성되지만, 어떤 경우에는 콜라겐이 과다 증식해 흉터가 비정상적으로 튀어나오기도 한다. 이렇게 흉터 조직이 원래 상처의 테두리 안에서 축적되어 솟아오른 형태를 '비후성 반흔肥厚性瘢痕 hypertrophic scar'이라 부른다. 그리고 원래 상처의 테두리 밖으로 콜라겐이 과다 증식해서 흉터 조직이 만들어지면, 콜라겐 섬유가 두껍고 단단하며 흉하게 축적되어 솟아오른 형태인 '켈로이드keloid'가 된다. 이 부위를 누르면 통증이 느껴지는 경우도 있다.[6]

비후성 반흔과 켈로이드는 눈에 잘 띄기 때문에 얼굴처럼 항상 드러나 있는 피부에 생겼을 경우 남들의 시선을 의식하기 쉽다. 이런 문제가 발생한 부위에는 피부의 여러 정상적 특성들이 결여되어 있어,

털과 땀샘이 없거나 자연적 탄력성이 떨어진다. 상처 치유 과정에서 콜라겐 섬유가 많이 축적될수록 흉터가 단단해지고 유연성이 없어진다. 피부색이 짙은 사람일수록 켈로이드 흉터가 더 많이 발생하는데, 그 이유는 아직 알려져 있지 않다. 이러한 경향은 아프리카의 많은 지역에서 장식용 흉터를 만드는 전통이 생겨나는 데 일조했다. 이에 대해서는 다음 장에서 다룬다.

신체의 다른 부위와 마찬가지로 흉터와 흉터 조직들도 나이가 들면 변화한다. 시간이 흐르면 대부분의 흉터가 '정상화' 과정을 거친다. 즉, 흉터 안의 콜라겐 구조들이 리모델링되고 일시적으로 혈액이 공급되면서 상처가 자연적으로 퇴화해 흉터가 줄어들게 된다.

물리거나 쏘인 상처

다른 온혈동물처럼 인간 역시 절지동물에게 물린다. 절지동물이란 곤충이나 거미 등을 포함하는 무척추동물을 말한다. 절지동물에게 물리면 짜증이 날 뿐만 아니라 무는 동물의 종류에 따라 여러 문제가 발생할 수 있다. 인간의 건강에 큰 문제를 초래하는 질환인 말라리아, 수면병, 뎅기열, 전염병 등이 곤충에 의해 전파된다. 그렇다고 아무 동물이나 물리는 것은 아니다. 대부분의 절지동물은 자신의 희생양을 까다롭게 고르는데, 이를 숙주특이성이 매우 높다고 말한다. 무는 자와 물리는 자가 함께 진화하는 과정은 진화생물학적으로 매우 흥미로운 무용담이며, 현재 이에 대한 많은 연구가 진행되고 있다.[7] 그중 가장 흥미를 끄는 것은 절지동물이 어떤 방식으로 물며, 그로 인해 왜 성가신 문제가 발생하는가 하는 점이다.

절지동물이 무는 이유는 배가 고프기 때문이다. 그들은 피를 얻기 위해 자신의 희생자가 될 인간이나 다른 온혈동물을 찾는데, 특히 암컷은 번식을 위해 피가 필요하다. 곤충이나 거미가 인간을 좋아하는 이유는 따뜻하고 냄새가 나기 때문이다. 우리가 입고 있는 옷 색깔이나 날숨에 포함된 이산화탄소에 끌리는 종들도 있다. 종에 따라 무는 방법이 다르지만 대부분은 톱날 모양의 주둥이를 이용해 피부를 뚫는다. 모기는 암컷이 무는데, 이들은 혈액 흡입용 관을 찔러넣은 다음 영양이 풍부하고 밀크셰이크처럼 껄쭉한 양식을 최대한 빨아들인다. 모기는 이때 빨대가 막히지 않게 하기 위해, 피의 응고를 막는 액체를 희생자의 피부 안으로 주사한다. 이 액체는 자극성이 강하여 물린 부위에 부종과 가려움증을 유발한다. 물린 직후 이 부위를 긁으면 모기가 주사한 항응고제를 퍼트리는 결과를 초래해 불쾌감이 주위 피부로 확대된다.

거미에게 물리는 경우는 이와 다르다. 희생자를 문 거미는 혈액을 빨아들이지 않고 주둥이를 통해 독을 주입한다. 거미는 사실 겁이 많은 동물이며 위협을 느낄 때만 척추동물을 문다. 일반적으로 거미가 무는 대상은 곤충인데, 거미줄에 걸린 곤충에게 독을 주입해서 움직이지 못하게 한 후 먹어치운다. 거미가 척추동물을 문다 해도 먹잇감이 되지는 못하며, 단지 자신을 보호하기 위한 행동일 뿐이다. 거미에게 물려도 대부분은 일시적으로 통증과 부종이 생길 뿐이지만, 블랙

위도우 같은 독거미에게 물리면 심각한 문제가 발생할 수 있다. 독성이 매우 강하기 때문이다.

꿀벌과 말벌의 공격방식은 다르다. 주둥이를 이용해 피부를 자르는 대신, 암컷이 알을 낳을 때 사용하는 산란관과 유사한 도구를 이용해 피부를 쏜다. 쏘이면 통증이 유발되고, 해당 부위에 부종과 발적 같은 강한 국소 반응이 나타나며 가려움증이 생긴다. 식량을 저장하고 새끼를 키우는 벌집에 인간을 비롯한 다른 동물이 접근하는 것을 막기 위해 쏘는 것이다. 한 번에 여러 차례 찔리면 치명적인 알레르기 반응이 나타날 수도 있기 때문에, 세계의 거의 모든 지역에서 벌집을 건드리지 말라고 경고한다.

벼룩, 진드기, 빈대 같은 다른 많은 곤충들은 기회만 되면 사람을 문다. 그러나 단 한 종의 곤충만이 인간의 역사 내내 사람들을 괴롭히며 저주의 대상이 되었었다. 그것은 바로 '이' 다. '이' 를 의미하는 영어단어 'louse' 에서 '지저분하고, 더럽고, 불결한' 것을 통칭하는 'lousy' 가 파생되었다는 데서도 사람들이 '이' 를 어떻게 인식하는지 알 수 있다. '이' 와 인간은 오래전부터 흥미로운 관계를 맺어왔다.

현대인이 감염되는 '이' 에는 두 유형이 있다. 그중 하나인 머릿니와 인간의 관계는 아주 오래된 것으로 보인다. 주로 아동들의 머리에서 발견되는 이 곤충은 오랫동안 탁아소나 어린이집의 골칫거리였다. 신체 접촉이나 머리빗 등을 통해 급속히 전파되었기 때문이다. 머릿니의 알은 숨구멍이 뚫려 있고 끈적끈적한 껍질에 싸여 있다. 따라서 애벌레는 그 안에서 안전하게 보호받으며 성장한다. 애벌레는 따뜻한

피부색에 감춰진 비밀

두피를 인큐베이터 삼아 7~9일 동안 보육된 다음 껍질 밖으로 나와서 첫번째 먹이를 찾는다. 머릿니가 태어난 후 첫 24시간 안에 인간으로부터 혈액을 얻지 못하면 죽게 된다. 그러므로 머릿니에 오랫동안 심하게 감염되면, 성충과 알과 배고픈 새끼들이 함께 존재한다. 오늘날에는 머리를 청결하게 유지하는 화학제품으로 자녀의 머리에서 이를 없애고 있지만, 지나간 대부분의 기간 동안에는 이를 없애기 위해 손으로 잡거나 손톱으로 눌러 죽이는 방법을 주로 사용했다.

얼마 전까지만 해도 머리에 기생하는 이와 몸에 기생하는 이가 같은 종이라고 생각했지만, 최근의 정밀 연구를 통해 다른 종임이 밝혀졌다. 몸에 기생하는 이는 머릿니와 행동 양태가 달라서 사람의 신체보다는 주로 의복에 알을 낳는데, 이는 비교적 새로 습득한 특성인 것으로 보인다. 최근의 해부학 및 분자생물학적 연구에서는 몸에 기생하는 이가 머릿니의 진화적 후손이며 과거 약 4000년 동안 인간의 의복에서 새로운 생태학적 서식지를 만들어낸 것으로 밝혀졌다.[8] 몸에 기생하는 이는 더 큰 문제가 될 수 있는데, 발진티푸스 같은 여러 질병을 옮기는 매개체로 기능할 수 있기 때문이다. 우리 신체 내부나 표면에서 새로운 생명체가 진화하게 된 데는 인간의 행동 양태가 주요 원인이 되었으며, 이 경우가 대표적 예라 할 수 있다.

화상

화상은 피부가 열이나 불에 접촉할 때 발생한다. 아동에게 발생하는 화상은 주로 뜨거운 액체가 원인이며, 성인은 가정이나 직장에서 불길에 닿아 화상이 발생하는 경우가 많다.[9] 가장 흔하게 발생하는 것은 부분화상으로, 화상 부위가 붉게 변하는 발적(1도 화상)이나 수포(2도 화상)가 나타난다. 좀 더 심각한 경우는 전층 화상 혹은 3도 화상으로, 표피뿐 아니라 진피까지 피부의 전층이 파괴된다. 피부의 넓은 부위(신체 표면의 15퍼센트 이상)에 3도 화상을 당하면 매우 위험하다. 체액이 급속히 소실되고 화상 부위에 세균이 침범하여 치명적인 감염을 일으킨다.

화상을 심하게 당하면 피부가 지닌 보호 역할에 매우 중대한 문제가 생긴다. 이 경우 화상의 치료는 응급 처치에서 수술까지 여러 단계가 있으며, 물리치료 및 심리치료가 필요한 때도 많다.[10] 화상이 치유되면서 손상된 피부는 흉터로 대체되는데, 이는 화상 부위에 콜라겐이 쌓이면서 형성된다. 이때 콜라겐은 상처의 가장자리가 서서히 결합되면서 점점 수축된다. 화상이 심각할 때는 이 자연적 과정이 아주 잔혹한 결과를 낳을 수 있다. 예를 들어 목과 같이 자연스럽게 움직여야 할 신체 부위가 일그러지면서 굳어버리면 정상적으로 움직일 수 없게 되기 때문이다. 화상을 입은 사람들 중에는 이처럼 흉터 조직 때문에 굳어버린 신체 부위를 풀어주기 위해 여러 차례 수술을 받는 경우가 많다. 그리고 흉터 조직은 정상 조직과 매우 다르다. 정상 피부가 가진 탄력성과 층 구조가 없기 때문에 사람의 움직임에 따라서 늘어나지 못한다. 땀샘과 털이 없어 땀을 흘리지도 못한다. 그렇기 때문에 '대체 피부'에 관한 연구는 의학 역사에서 가장 많은 열정이 집중된

피부색에 감춰진 비밀

최고의 난제였다.

지난 20년 동안 화상 치료는 크게 발전했다. 세균 감염에 더 잘 대처하고 '인공 피부'를 사용함으로써 치유 속도를 크게 높였다. 세계 각지에는 화상 전문 병동이 만들어졌다. 그러나 후진국에서는 아직도 화상이 주요 사망 원인이 되어 수많은 생명을 앗아가고 있다.

피부염

피부는 다양한 화학적·생물학적 공격에 저항하는 구조와 기능을 갖추고 있다. 피부의 면역체계는 현대적 군대와 비슷하여, 여러 특수한 유형의 방어세포들과 화학물질이 각종 형태로 포진해 있다가 공격의 성격에 따라 각각 다른 시점에 출동한다(그림 31). 피부는 우선 감염에 대항해 싸우는―염증을 일으키는―화학물질을 즉시 만들어냄으로써 반응한다. 이는 적응성 반응을 촉발시키는 소위 내재적 반응이며, 표피에 근거지를 둔 면역체계의 랑게르한스세포로부터 시작된다. 랑게르한스세포가 충분히 자극받으면 성난 군대로 변하여 인근 림프절로 이동하고 그곳에서 감염에 대항해 싸울 림프구를 만들게 한다. 이와 같이 외부에서 침범한 화학물질이나 병원체에 대항하는 전투가 가시적으로 드러나기도 한다. 즉 싸움이 일어나면 피부에 발적이 생기고 가려우며, 맑은 체액이 찬 혹이 작게 부풀어 오르기도 한다. 염증이 오랫동안 계속되면 피부가 두꺼워지며 인설鱗屑이 생기게 된다. 피부염이 생기면 이와 같은 여러 일들이 일어난다.

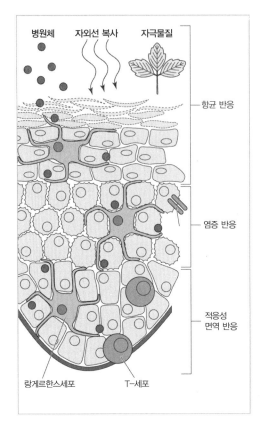

그림 31. 피부의 면역체계는 피부 및 하부 조직을 보호하기 위해 여러 단계에서 작동한다. 즉각적으로는 내재적 반응(항균 반응)이 나타나고, 이어서 랑게르한스세포에 의해 매개되는 적응성 반응이 일어난다.
Illustration ⓒ Jennifer Kane

피부염은 '피부에 생기는 염증'으로 간단히 정의할 수 있다. 염증은 외부의 자극이나 신체 내부의 화학적 불균형으로 발생할 수 있기 때문에 수많은 피부질환이 피부염에 포함된다.[11] 그중 가장 흔히 볼 수 있는 형태는 접촉성피부염으로 자극성 화학물질이나 미생물과 접촉할 때 발생한다. 옻 중독이 접촉성피부염의 고전적 예다. 피부염은 대부분 가려움증을 동반하는데, 이는 염증 형성 과정의 일부로 신체에서 생산하는 화학물질 때문에 발생한다. 이는 다시 가려움에 특화

피부색에 감춰진 비밀

된 신경경로를 자극하게 된다. 긁으면 순간적으로나마 가려움이 사라지고 시원한 기분이 드는데, 그 이유는 긁을 때 약한 통증이 생기고 이것이 가려움을 느끼는 신경경로를 억제하기 때문이다.[12]

뾰루지와 여드름

10대 청소년은 아동 신체에서 성인 신체로 변화함에 따라 엄청난 물리적·생리적 변화를 겪으며 그 영향은 피부에도 나타난다. 피부는 여러 호르몬들에 반응하는데, 강력한 스테로이드성 호르몬인 테스토스테론도 그중 하나다. 남녀 모두 테스토스테론 수준이 급격히 증가하면, 피부가 이에 반응하여 진피 내의 피지샘에서 더 많은 피지를 분비한다. 피지는 지방과 지방성 물질들이 섞인 혼합물이다.

대부분의 경우, 피지가 생산될 때 피지샘 관의 내막세포가 저절로 떨어져 나간다. 하지만 피지가 대량으로 분비될 때는 내막세포가 떨어져 나오지 못한 채 관을 막아버려 피지가 쌓이고 이 때문에 면포面胞(딱딱하게 굳은 피지덩어리)가 형성된다. 면포가 커져서 관 밖으로 터져 나오는 경우를 개방형 여드름 혹은 블랙헤드blackhead(공기 중에 노출되면서 여드름 끝이 검게 변하기 때문에 붙은 명칭이다)라 부르며, 면포가 피부 아래에 머물러 있는 경우에는 화이트헤드whitehead라 부른다. 화이트헤드에 염증이 발생하면 뾰루지가 된다. 많은 피부 관리 제품들의 포장이나 설명서에는 'noncomedogenic'이라고 적혀 있는데, 이는 바로 모공을 막아 뾰루지나 여드름을 유발하는 성분이 들어 있지 않다는 뜻이다. 뾰루지가 동시에 여러 개 발생할 때에도 여드름이 된다. 여드름이 심할 때는 염증성 여드름이 얼굴, 목, 등, 가슴에 깊숙한 흉터나 낭포를 만들 수 있다. 여드름은 남자아이들에게서 더 심하게 발생하는 경향이 있는데, 피지샘의 활동을 자극하는 테스토스테론이 청소년기 남성에게서 더 강하게 분비되기 때문이다.

그렇다고 해서 뾰루지와 여드름이 청소년만의 전유물인 것은 아니다. 성인도 호르몬 수준에 변화가 오면 뾰루지와 여드름이 생길 수 있다. 나이가 들면 신체의 염증 반응과 치유 과정이 느려지기 때문에, 성인에게 발생하는 '지속형 여드름'은 개인에게 정서적인 상처가 되기도 한다. 대개 여드름은 생명에 위협을 주는 질병으로 여겨지지 않는다. 그러나 청소년뿐 아니라 성인도 여드름 때문에 불안감과 우울증이 심해져 스스로 목숨을 끊기도 한다. 개인의 자기 이미지는 피부와 밀접히 관련되어 있기 때문에, 여드름이 발생시키는 심리적 영향을 사소한 것으로 치부할 수만은 없다.

사마귀

과거에는 사람들이 두꺼비를 만지면 사마귀가 생기고, 몸에 난 반점을 보면 그의 운명을 알 수 있다고 생각했던 적이 있다. 사실 사마귀는 '유두종 바이러스papilloma virus' 때문에 발생하며 사람들 간의 접촉으로 전파될 수도 있다. 일반적인 사마귀는 모양이 둥글거나 불규칙적이며 손가락, 팔꿈치, 무릎, 얼굴에 가장 흔히 생긴다. 이에 비해

피부색에 감춰진 비밀

'편평 사마귀plantar wart'는 압력에 의해 편평한 모양을 띠고 있으며, 딱딱한 피부에 둘러싸여 있다. 편평 사마귀는 발바닥에 주로 생기기 때문에 '족저 사마귀'라고도 불리며, 피부 깊이 파고들기 때문에 통증이 느껴지기도 한다. 편평 사마귀가 피부의 좁은 범위 내에 퍼져서 모자이크 형태를 띠기도 한다.

사마귀는 특히 아동과 청소년에게 흔히 생기지만 쉽게 치유되지 않는다. 모든 환자의 모든 사마귀를 효과적으로 치료할 수 있는 하나의 방법은 없기 때문에, 사마귀의 형태에 따라 여러 방법으로 치료를 시도한다. 살리실산과 에센셜 오일 혼합제를 바르거나 사마귀를 냉각시키는 방법 등이 주로 사용된다.

튼살

신체가 급속하게 커질 때, 이를테면 임신이나 체중 증가로 피부가 갑작스럽게 팽창할 때 콜라겐 골격이 이를 따라잡지 못하여 튼살이 생긴다. 튼살은 임신부에게서 가장 흔히 볼 수 있는데, 결합조직에 가해지는 팽창 압박이 증가하고 호르몬 수준이 변하여 복부·골반·엉덩이·유방에 생기는 분홍색 혹은 보라색 띠를 말한다. 또한 남녀 모두에게서 체중이 갑자기 불어날 때 튼살이 나타날 수 있다. 시간이 지나면 튼살이 희미해지며 잘 보이지 않게 되지만 완전히 없어지지는 않는다. 현재 튼살을 막거나 줄이려는 소비자들을 대상으로 한 제품들이 미용시장에서 많이 판매되고 있다.

주사

　얼굴 피부 속의 동맥이 확장되어 혈액이 증가하면, 그것이 피부에
드러날 수 있다. 예를 들어 화를 내면 얼굴이 붉어졌다가 몇 분 후에는
보통의 혈류 상태로 돌아온다. 그러나 어떤 사람들은 오랜 시간 동안
혈관이 확장된 상태를 그대로 유지한다. '주사rosacea'라 부르는 이 질
환은 혈관이 항상 확장된 상태여서 얼굴 피부가 붉게 보이는 병이다.
피부가 붉어지는 것 외에도 얼굴 한가운데에 딱딱하게 굳은 형태나 고
름이 가득 찬 형태의 뾰루지가 함께 생기는 경우도 있다. 주사는 염증,
발적, 가려움증을 줄이는 화학물질이 포함된 크림이나 젤을 바르면

그림 32. 미국의 유명한 코미디언 필즈
(1880~1946)는 얼굴 혈관이 늘 확장되어
있는 상태인 주사 때문에 크고 둥근 코를
갖게 되었다. Photograph ⓒ W. C.
Fields Productions Inc. and National
Rosacea Society

피부색에 감춰진 비밀

매우 효과적으로 치료된다. 심한 경우에는 의사의 처방을 받아 항생제를 복용한다. 치료하지 않고 방치하면 혈관 벽이 늘어나서 피부가 두꺼워지고 거칠어질 수 있다. 코의 혈관에 가장 많이 발생하기 때문에 흔히 '딸기코'라고도 부른다.

코미디언 필즈W. C. Fields의 얼굴에 전형적인 주사가 있었는데, 그로 인해 크고 두껍고 둥근 딸기코를 갖게 되었다(그림 32). 주사는 모든 연령과 피부색에서 발생할 수 있지만, 옅은 색 피부를 지닌 사람들에게서 가장 흔히 나타난다.

주름

사람들은 매 순간 팔다리나 얼굴의 일부를 움직이고, 이에 따라 피부도 함께 움직여 일시적 주름을 형성하는데, 이를 '동적 주름'이라 한다. 피부에 생긴 주름이 원 상태로 복구되는 능력은 긴 시간에 걸쳐 서서히 줄어들고, 일부 주름—특히 얼굴의 움직이는 부위에 생기는 주름—은 영구적이고 고정적인 주름이 된다. 얼굴에 생기는 주름은 자신이 늙었음을 말해주는 두려운 표시이자 가장 확실한 증거라 할 수 있다. 피부가 노화하면 신체에서 일어나는 여러 자연적 화학변화에 따라 피부의 구조물들, 특히 콜라겐과 엘라스틴elastin(결합조직에 포함된 탄력섬유)이 기능을 상실한다. 엘라스틴의 기능이 없어지면 얼굴 근육의 정상적인 활동에 따른 피부 스트레스만으로도 고정된 주름살이 만들어지게 된다. 피부 자체가 얇아지고, 표피와 진피 사이의 구조적 연

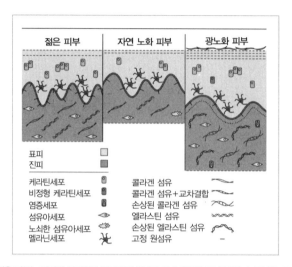

그림 33. 젊은 피부는 진피에 콜라겐과 엘라스틴 섬유가 더 높은 밀도로 존재하며, 진피와 표피 사이(물결선으로 표시된 부분)가 단단하게 연결되어 있다. 노화된 피부는 자연적으로 그와 같은 연결(고정 원섬유)이 더 적으며, 콜라겐과 엘라스틴도 더 적게 포함한데다 전체적으로 얇다. 광노화(햇빛에 손상된) 피부는 더 두꺼우며 비정상적인 콜라겐 및 엘라스틴 섬유들로 차 있다. 그리고 자외선의 파괴적 작용 때문에 생긴 비정형 결합세포와 염증세포가 많이 존재한다. 광노화 피부에서 손상된 엘라스틴은 일찍부터 주름살이 생기게 만든다. 콜라겐이 자연적으로 노화되거나 햇빛 노출에 따라 노화되면 교차결합이 더 많이 발생하여 피부가 약해지고 유연성이 떨어지게 된다. Illustration ⓒ Jennifer Kane

결이 약화되기 때문에 주름살이 생기기도 한다. 이러한 변화는 자연적이고도 본질적인 피부 노화의 특성이다(그림 33).[13]

피부의 적인 자외선에 노출되면 영구적인 주름 발생이 증가한다. 자외선에 만성적으로 노출되면 피부 속의 엘라스틴 섬유가 파괴되고 엉켜서, 진피 내에 비정형 물질 덩어리를 형성한다. 광노화가 심하게 발생한 피부에는 비정상적 엘라스틴 섬유가 가득 차서 피부가 거칠어지고 주름이 깊이 패는 '광탄력섬유증'(탄력섬유인 엘라스틴이 손상되고 변형되는 증상)이 발생한다. 자외선은 인간 피부의 노화를 초래하는 가장 기본적인 환경요인이자 주름과 연관된 가장 중요한 외부 요인이다. 충

피부색에 감춰진 비밀

분히 오래 산다면 결합조직의 노화를 피할 수 없고, 이 때문에 주름이 발생한다. 또한 자외선은 이러한 조직의 손상을 심화시키고 가속화시켜 더 빨리 주름이 형성되게 만든다. 가능한 한 오랫동안 주름 없는 얼굴과 목을 유지하고 싶다면 햇빛에 긴 시간 동안 노출되지 않도록 해야 한다.

과거에는 대부분의 문명에서 주름을 나이 들어 지혜롭게 되었다는 증거로 간주했다. 그러나 오늘날 대부분의 선진 산업국가에서는 젊어 보이는 외모와 감정을 중요하게 생각하며, 주름은 두려움과 조롱의 대상으로 전락했다. 대중매체와 산업계에서는 젊음과 젊어 보이는 외모를 끊임없이 찬양해왔는데, 영국 작가 오스카 와일드Oscar Wild의 소설《도리언 그레이의 초상The Picture of Dorian Gray》의 주인공도 병적으로 자기를 탐닉하는 사람으로 매도되기보다는 젊음을 추구하는 역할 모델로 인정받는다. 특히 여성에게는 주름과의 전쟁에 나설 것을 부추기고, 이에 따라 주름을 비롯한 여러 노화 징후를 예방하거나 제거하는 처치가 폭발적으로 성장하고 있다. 이는 다음 장에서 좀 더 상세하게 다룰 주제다.

대상포진

몸의 한 지점에 질병을 일으킨 바이러스는 수년 동안 휴면 상태로 있다가 갑자기 다시 나타나기도 한다. 수두水痘를 일으키는 '수두대상포진 바이러스'가 그 예다. 이 바이러스는 수두의 가려운 농포가 사라진 뒤에도 수십 년 동안 척수신경의 감각신경절에서 휴면 상태로 남아 있다. 그리고 아직 알 수 없는 이유로 바이러스가 복제되기 시작하여 신경에 급성 염증을 발생시키는데, 이것이 '대상포진帶狀疱疹'이다. 이 바이러스는 특정 척수신경 내에만 머물기 때문에 신체 표면 중 일정 영역에 한정되어 병변이 나타난다. 즉, 대상포진은 하나의 척수신경이 지배하는 피부 영역인 '피부분절皮膚分節 dermatomere'에 따라 발생한다. 대상포진은 몸통 상부나 하체 피부에 반점이 띠 모양으로 나타나는 경우가 대부분이지만 눈 주위에도 생길 수 있다. 대상포진 반점이나 통증은 대부분 몇 주 내에 사라지지만, 노인의 경우에는 바이러스 감염의 급성기가 끝난 후에도 계속 남아 심한 고통을 주기도 한다.

피부암

피부암은 단일한 질병이라기보다는 자외선이 피부의 DNA에 손상을 주어 발생하는 질환군이다. 햇빛 노출과 피부암 사이의 관련성은 오스트레일리아로 이민 온 북유럽인(주로 영국) 후손들에게서 가장 먼저 인지되었다. 이들은 선조가 살던 지역에서보다 오스트레일리아에서 더 많은 자외선에 노출되었다. 그리고 그리 오랜 시간이 지나지 않아 이들에게서 전례 없이 높은 빈도로 피부암이 발생했다. 인간의 피부색과 멜라닌 수준은 특정 환경의 자외선 수준으로부터 신체를 보호하기 위해 오랜 기간에 걸쳐 적응하며 진화한 결과다. 대략 수천 년이 소요되었을 것이다. 50만 년 전에 살았던 인간은 100킬로미터 이상

피부색에 감춰진 비밀

여행하는 경우가 드물었고, 수백 킬로미터를 넘는 여행은 상상할 수도 없었다. 그러나 오늘날 우리는 선조들의 땅으로부터 수만 킬로미터 떨어진 곳에서 생활한다. 이 때문에 많은 생물학적 문제가 발생할 수 있지만, 인간이 겪은 최근의 신체적 진화는 이에 대해 아무런 대비도 하지 않았다.

피부암은 흔히 발생하며, 선진 산업국가의 노령 인구에게서 더욱 많이 발생한다. 특히 생활양식이나 여행 때문에 장기간 햇빛에 노출되는 사람에게서 발생률이 증가하고 있다. 햇빛이 강하게 비치는 곳으로 휴가를 떠나는 사람은 자신의 몸이 견딜 수 있는 수준보다 훨씬 많은 양의 자외선에 노출된다. '건강함을 보여주는 선탠'은 사실 그렇게 건강한 행위가 아니다. 휴양지에서 건강미를 과시하기 위해 선탠을 한 사람들 중 많은 수가 피부과의사를 찾고 있다. 최근 피부암 발생률이 크게 높아졌기 때문에 이에 대한 연구가 피부과의사, 생리학자, 역학전문가, 유전학자 등의 많은 관심을 끌고 있다.[14]

피부암은 크게 흑색종과 비흑색종 두 유형으로 나눌 수 있다. 흑색종은 피부에 발생하는 가장 심각한 질환이며 높은 사망률을 보인다. 그러나 비흑색종—기저세포암과 편평세포암—은 문제가 되긴 하지만 사망으로까지 이어지는 경우는 드물다.

'기저세포암Basal Cell Carcinoma'은 비흑색종 피부암의 약 70~80퍼센트를 차지하며 인간에게 가장 흔히 발생하는 암이다. 비흑색종 피부암 중 나머지 20~30퍼센트는 '편평세포암Squamous Cell Carcinoma'이다.[15] 기저세포암은 표피의 기저층, 즉 가장 활발하게 세포분열이 발생하는 부위에 어떤 변화가 생겨 일어난다. 편평세포암은 표피에서 케라틴세포로 구성된 유극층에 일어난 변화 때문에 발생한다. 표피세포의 DNA가 손상됐을 때—대부분 자외선이 원인이다—손상된 세포가 복구되거나 제거되지 않으면 악성 DNA를 가진 세포가 변이를 일으켜 무제한 복제되기 시작한다. 처음에는 변이세포가 복제를 통해 피부 내에 작은 군락을 형성하지만, 그 과정이 오래 지속되면 눈에 띄는 종양이 된다. 이러한 종양은 처음에 보통 크기가 작고 밝은 색을 띤다. 기저세포암은 편평세포암보다 좀 더 서서히 성장하며 피부 바깥으로 전파되는 경우가 거의 없다. 다시 말해 거의 전이되지 않는다. 편평세포암은 좀 더 파괴적이며 피부 아래로 파고들어가 다른 조직을 침범할 수 있다.[16]

짙은 색 피부를 지닌 사람에게는 비흑색종 피부암 발생이 드물지만, 옅은 색 피부를 가진 사람들에게서는 발생 빈도가 증가하고 있다. 오랫동안 햇빛에 노출되어온 고령자뿐 아니라 40세 이하, 특히 젊은 여성에게서도 비흑색종 피부암 발생이 증가하고 있다.[17] 햇빛에 대한 노출이 증가하고 있음에도 자외선 차단제나 보호용 의복을 사용하지 않고, 선탠이 건강에 좋다는 잘못된 믿음—자외선에 취약한 피부를 가진 사람조차 이렇게 생각한다—을 갖고 있기 때문에 피부암 발생이 증가한 것으로 추정된다.

흑색종은 비흑색종 피부암보다 발생률이 훨씬 적지만 더 심각한 결과를 초래한다. 기저세포암과 편평세포암은 표피 속의 결합조직 세포에 문제를 일으키지만, 흑색종은 멜라닌세포에 이상을 초래한다.

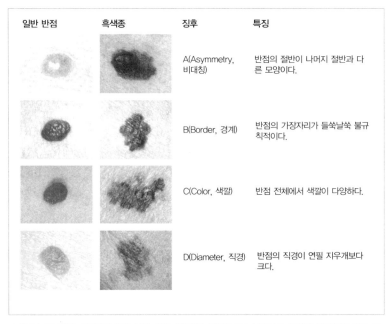

일반 반점	흑색종	징후	특징
		A(Asymmetry, 비대칭)	반점의 절반이 나머지 절반과 다른 모양이다.
		B(Border, 경계)	반점의 가장자리가 들쑥날쑥 불규칙적이다.
		C(Color, 색깔)	반점 전체에서 색깔이 다양하다.
		D(Diameter, 직경)	반점의 직경이 연필 지우개보다 크다.

그림 34. 피부암을 인지하기 위한 사진 설명. 'ABCD' 접근법으로 설명한다. 비대칭, 불규칙한 경계, 다양한 색깔, 커다란 직경 등을 그 특징으로 한다. Photograph ⓒ National Cancer Institute

흑색종은 옅은 색 피부의 사람들에게 더 흔히 발생하는데, 특히 매우 밝은 색 피부에 주근깨가 있으며 붉은색 머리카락을 지닌 사람들에게 많이 발생한다. 이처럼 흑색종이 잘 발생하는 사람들은 MC₁R 유전자의 변이형과 관련이 있는데, 이는 사람들에게서 정상적 피부색 발현을 조절하는 데 관여하는 유전자다.[18] 흑색종은 파괴적인 암이지만 보통 생각하는 것처럼 늘 사망으로 이어지는 것은 아니다. 흑색종이 초기 단계, 즉 깊은 조직까지 파고들거나 멀리 떨어진 다른 조직으로 전이되기 전에 발견되면 치유 가능성이 매우 높다(그림 34). 반면 다른 신체 부위로 전파된데다 그곳에 혈액 공급망까지 형성되면 치료하기가 어렵다.[19] 항상 그렇진 않지만 흑색종은 피부 표면에 매우 짙은 색 병변으로 나타나는 경우가 많다.

선진 산업국가에서, 특히 젊은 연령층에서 피부암 발생이 증가하는 경향은 앞으로 더 심화될 것으로 예상되기에 많은 학자들이 관심을 집중시키고 있다. 인간의 행동과 환경에 관련된 다른 암들처럼 피부암 역시 예방이 최선이다. 예방을 위해 취할 수 있는 가장 효과적인 방법은 햇빛에 과도하게 노출되거나 무방비 상태로 있지 않는 것이다. 이는 옅은 색 피부에 밝은 색 머리카락을 가진 사람들에게서 특히 중요하다. 또한 암의 징후를 빨리 인식하기 위해 자신의 피부를 관찰해 보아야 한다. 이는 간단한 과정인데, 자신의 피부에 생긴 반점이나 병변에 어떤 변화가 있는지 확인하면 된다. 모양이 비대칭적인가? 가장자리가 불규칙한가? 여러 색이 섞여 있는가? 너무 크지는 않은가? 그림 34에서는 미국 국립암연구소에서 만든 이미지를 토대로 암이 의심되는 피부 반점을 감별하는 기준을 설명했다.[20]

피부색에 감춰진 비밀

10

피
부
가

전
하
는 말

알몸으로 거울 앞에 서면 피부는 우리에 관해 많은 것을 말해준다. 대강의 나이, 우리가 살아온 인생의 험난함, 전반적 건강 상태, 그리고 우리 선조들이 겪어왔던 환경 등이다. 그러나 피부는 삶의 단순한 생물학적 측면뿐 아니라 훨씬 더 많은 정보를 전달해준다. 겉모습을 정교하게 변화시킬 수 있는 인간만의 독특한 능력 때문에, 피부는 개인의 정체성과 개성을 우리가 원하는 형태로 나타낼 수 있게 해준다. 수천 년 동안 피부는 자신이 어떻게 보이길—심지어 죽은 뒤에도—원하는지 그리고 자신이 어떤 세계관을 가지고 있는지 간단하고도 명료하게 말해주는 메신저로 기능해왔으며, 또한 자신이 어떤 집단이나 신념에 적극적으로 동의하고 있는지를 드러내는 역할도 수행해왔다.[1]

영장류는 시각 중심적으로 살아간다. 눈에 보이는 단서를 통해 정보를 모으고 주위 동물들에 대한 판단을 내린다. '저 동물은 전체 모양과 가죽 색깔로 봤을 때 나와 같은 종에 속하는 것일까?' '저 녀석은 자세나 얼굴 표정으로 봤을 때 나에게 호의적인 것일까?' '지금 나에게 교미하자는 신호를 보내는 것인가?' 우리 인간도 영장류의 한 종으로서 '외관을 보고 판단하는' 방법을 배웠다. 시각 정보를 이용해 다른 동물의 모양과 의도를 파악하고 재빨리 주위 환경을 판단하는 능력은 생존을 위해 필수적이다.

인간은 진화 과정에서 영장류의 시각 정보 점검 목록을 크게 확장시켰다. 그리고 촉각과 청각뿐 아니라 고도로 진화한 언어 소통능력도 활용해 주위 환경과 다른 동물에 대한 정보를 수집했다. 하지만 시각이 담당하는 자료 수집 능력은 압도적이어서 다른 어떤 것으로도 대체될 수 없다. 오늘날 인간은 시각 중심적으로 살아가지만, 역으로 시각에 지배당하기도 한다. 디지털 통신매체가 급속하게 성장하는 현대 사회에서, 사람들은 빠르게 전달되는 시청각 신호를 통해 주위 사람과 세계에 대해 배우고 있으며, 이에 따라 외관은 압도적인 중요성을 지니게 되었다. 우리가 다른 사람의 외관—주로 피부(와 그 장식물), 의복, 보석 등—으로부터 읽어내는 첫인상은 머릿속에 매우 깊숙이 각인된다. 따라서 때로는 무의식적으로 그 이후의 상호관계에 상당한 영향을 주게 된다.[2]

사람들은 자신의 정체성, 사회적 지위, 사회적·성적 열망을 알리기 위해 피부를 캔버스로 사용한다. 인간은 수만 년 이상의 역사 동안 자신의 피부 모양을 정교하게 변화시켜왔다. 피부가 화석 기록으로

피부색에 감춰진 비밀

보존되는 경우는 매우 드물기 때문에 오래전의 문화적 행태를 정확히 재구성하기는 어렵다. 그러나 고고학적 연구를 통해 인간이 이미 후기 구석기 시대부터 여러 방법으로 피부 모양을 변화시켰다는 증거를 발견할 수 있었으며, 미라를 비롯한 여러 방법으로 보존된 피부를 분석해 신석기 시대부터 피부 장식이 널리 행해졌음을 보여주는 직접적 증거를 확보할 수 있었다. 즉, 인간은 수만 년 전부터 피부를 변화시켜왔다.

그러므로 넓은 의미에서 신체 '미술'은 아주 오래되고 복잡하며 흥미진진한 역사를 가지고 있다. (여기서 '미술'이라는 단어를 사용한 이유는 사람들이 자신의 개인적·문화적 미학에 근거해 섬세한 방법으로 피부를 장식하기 때문이다.) 초기의 피부 장식은 아마 피부 표면에 일시적으로 무언가를 그려넣는 방식이었을 것이며, 이는 인류 최초의 신체 미술이자 화장이라 할 수 있다. 이후 인간이 좀 더 정교하고 안전하게 상처를 내는 기술을 개발함에 따라 영구적으로 피부를 장식(문신, 피어싱, 흉터 내기)하게 되었다.

현대에 들어 신체나 피부를 이용해 자신을 표현하려는 움직임이 매우 활발해졌다. 다시 말해 신체·피부 미술이 발달한 것이다. 이러한 움직임은, 자신의 육체를 변화시키고 재구성하려는 욕구 때문에 다이어트나 보디빌딩에서부터 성형수술이나 성전환에 이르기까지 '신체 작업'에 집착하는 현대인의 경향을 반영하는 것이기도 하다. 이러한 작업에는 정교한 기술이 필요하거나 신체적으로 힘든 노력, 굳센 의지, 고통 등이 수반될 수 있다.[3] 특히 지난 20세기의 놀라운 기술 발전은 피부를 이용한 자기표현의 가능성을 더 높여주었다. 그중에서 미용수술이나 성형수술 같은 분야는 두 차례의 세계대전을 거치며 신체 형태가 심하게 일그러져 고통 받는 이들에게 원형을 찾아주어야 한다는 요구를 토대로 성장했다.[4] 의학이나 기술의 다른 많은 영역들과 마찬가지로 손상이나 결함을 복원시키기 위해 개발된 기술들은 곧바로 형태와 기능을 더 좋게 만드는 목적으로도 활용되기 시작했다. 오늘날 선진 산업국가에서는 이러한 기술들이 피부 자체의 캔버스를 변화시키는 데 주로 이용된다. 즉, 피부의 색조와 질감을 바꾸는 것이다. 태닝, 미백 등 매우 다양한 방법을 통해 피부를 좀 더 젊게 보이게 한다. 물론 시간과 돈이 충분한 사람들을 주 대상으로 한다. 이제 21세기의 인류는 피부를 통해 자신을 표현하기 위해 수천 년에 걸쳐 축적한 다양하고 풍부한 물질과 기술의 혜택을 누릴 수 있게 되었다.

신체 페인팅과 화장

인류가 피부 모양을 변화시키기 위해 최초로 사용한 방법은 자연에 존재하는 색소를 이용해 장식하는 것이었다. 7만5000년 이상 된 유적의 고고학적 연구에서 발견한 색소는 사람들이 의복을 입기 훨씬 전부터 신체 페인팅으로 스스로를 장식했음을 시사해준다.[5] 이는 놀라운 사실이 아니다. 오늘날에도 옷이 거의 필요 없는 열대 기후의 주민들은 흔히 그렇게 하기 때문이다. 그리고 의복은 아무리 단순한 경우라도 절단기구, 송곳, 바늘 등 도구가 필요하지만 몸에 색칠하는 일

피부색에 감춰진 비밀

은 별다른 기술 없이도 색소와 상상력만 있으면 가능하다.

세계 모든 대륙에서 신체 미술에 관한 인종학적 문헌 기록을 보면, 신체 페인팅에 적철석赤鐵石이 널리 사용되었음을 알 수 있다. 그 외에도 갈철석褐鐵石에서 갈색이나 노란색, 연망간석에서 검은색, 석회석이나 재에서 흰색 등 여러 광물 색소들이 사용되었다. 적철석은 구석기 시대 유적에서도 발견되는데, 남아프리카 블롬보스 동굴의 중석기 시대 유적지에서 적철석을 갈아 크레용 모양으로 만든 유물이 발견되었으며, 이는 사람의 몸을 장식하는 데 사용되었을 것으로 추정된다.[6] 북아프리카와 서아시아에서 발견된 약 8000~9000년 전의 바위그림, 암각화, 조각상 등을 보면 당시의 신체 페인팅 양식이 상당히 정교했음을 추정할 수 있다.

초기의 신체 페인팅에는 아마 여러 종류의 돌이나 흙을 안료顔料로 사용했을 것으로 추정된다. 하지만 그 후 5000년 이상이 흐르는 동안 콜Kohl, 대청大靑, 우루쿠uruku 등과 같은 광물 가루나 식물성 색소들도 사용되기 시작했다. 콜은 기원전 약 3000년경 이집트 고왕국 유적에서 추출된 가루 색소로 안티몬이 그 중심 성분이다. 대청은 고대 영국인들이 피부에 색칠할 때 사용한 푸른색 염료이며, 대청엽大靑葉을 발효시켜 만들었다. 남아메리카 적도 지역의 원주민들 중에는 우루쿠로 피부를 장식하는 사람들이 많은데, 이는 빅사 오렐라나Bixa orellana라는 학명의 우루쿠나무 열매 씨앗과 수지樹脂에서 추출한 붉은 색소다. 최근 들어 선진국에서 판매되는 '친환경' 화장품 가운데는 우루쿠를 포함한 제품들이 많다.[7]

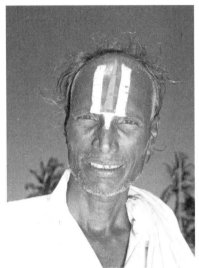

그림 35. 탄자니아의 마사이족 전사가 자신의 용맹성을 강조하기 위해 적철석과 동물 지방으로 만든 반죽을 얼굴에 발랐다(왼쪽). 인도 남부에 위치한 마하발리푸람 사원으로 참배하러 가는 순례자의 이마 장식도 이와 비교된다(오른쪽). 붉은 흙이나 다른 색소로 그린 줄무늬 사이에 흰색 흙으로 선명한 선을 그려 넣은 형태다. 세계 각지에서 이와 비슷한 유형의 얼굴 장식 방법이 각각 독자적으로 발전했다. 특히 이마와 양눈이 강조된다. Photograph ⓒ Edward S. Ross

전통적 신체 페인팅은 현대 세계의 거의 대부분 지역에서 쇠퇴하고 있지만 적도아프리카, 남아시아, 뉴기니 등에서는 아직 문화의 하나로 남아 있다(그림 35). 초기 인류는 처음 진화한 열대지역을 벗어나서 이주함에 따라 비교적 덜 호의적인 환경에 맞서며 살아가야 했고, 몸에 맞는 의복을 입는 것이 이러한 환경으로부터 자신을 보호하기 위한 중요한 방법의 하나가 되었다. 그 결과 신체 페인팅을 하는 부위는 의복으로 덮이지 않는 부분들로 줄어들게 되었다. 손과 발, 그리고 특히 얼굴이다.

고대 이집트에서 최초로 화장술이—특히 얼굴에 칠하는 신체 페

그림 36. 고대 이집트인의 화장품 통과 구리거울. 이집트인의 화장품은 대부분 납 성분을 지녔는데, 자연에서 채취한 형태 그대로 사용하거나 인위적으로 만들었다. 남녀 모두 얼굴 화장을 했으며, 살아 있을 때뿐 아니라 사후에도 화장을 했다. 왼쪽에서 오른쪽으로: 조개껍질과 광물 색소, 거울, 몽키 콜 병, 콜 튜브와 칠 도구. Photograph © Phoebe Apperson Hearst Museum of Anthropology and the Regents of the University of California, photographed by Nina G. Jablonski

인팅이—널리 행해졌는데, 여러 화합물들과 색소를 가진 광물 가루들이 담긴 화장품 통이 발견되었다. 남성과 여성, 산 자와 죽은 자 모두의 얼굴을 장식하는 데 사용된 화장품이었다(그림 36).[8] 화장품에는 자연에 존재하는 납을 주성분으로 하는 화합물뿐 아니라 '습식 화학법'이라는 정교한 기술로 만들어지는 다른 물질들도 있었다. 이러한 기술에는 '실험실'에서 통제하는 간단한 화학 반응들도 포함되었다. 화장품 산업의 효시라 할 수 있었다.

이와 같은 초기 이집트인의 화장품 통에는 눈 가장자리를 짙게 하

그림 37. 미얀마 만달레이의 한 여성 댄서. 흰 얼굴에서 짙은 눈과 붉은 입술이 더욱 강조된다. 이런 식의 얼굴 화장은 세계 여러 지역의 연극에서 전통으로 이어져왔다. Photograph ⓒ Edward S. Ross

는 데 사용하는 콜, 눈꺼풀을 녹색으로 칠해주는 공작석孔雀石, 입술에 바르는 적철석이나 카민 등이 들어 있었다.[9] 얼굴 대부분에는 백연白鉛을 두껍게 발라서 장식한 부위를 더욱 강조했다. 백연은 탄산납과 수산화납을 혼합한 것으로, 과거에 가정용 페인트의 주재료로 사용했기 때문에 우리에게 익숙한 물질이다. 사실 백연은 독성이 매우 강하지만, 그 위험성을 모르고 오랫동안 화장품으로 널리 사용했다. 백연을 얼굴에 바르는 행위는 고대 이집트뿐 아니라 고대 그리스부터 19세기 초까지 유럽 전역에서 흔한 일이었다.[10] 일본 게이샤들의 얼굴이 눈부시게 흰 것도 쌀가루나 백연 분말을 물에 섞어 만든 반죽을 발랐기 때문이다. 이렇듯 얼굴을 희게 만들면 눈과 입술에 칠한 색상이 더욱 극

피부색에 감춰진 비밀

적으로 대비되어 보이는 효과가 있었다. 백연은 또한 얼굴의 주름을 덮어 가리거나 천연두 흉터도 희미하게 감춰주었다. 이처럼 짙은 눈썹과 붉은 입술을 강조하는 흰색 파운데이션 화장은 전 세계 연극 무대에서 전통으로 남아 있다(그림 37).

최근 선진 산업국가에서 행해지는 신체 페인팅과 화장을 보면 매우 복잡하고 흥미롭다. 지난 150년 동안 사람들의 일시적인 자기 장식 욕구와 관련된 산업이 발달했다. 개인이 다른 이들의 형상을 보는 방법들(그림, 사진, TV, 영화, 인터넷 등)이 확장되면서 관찰자가 자신의 마음에 드는 '형상'을 모방하려는 욕구가 증가하게 되었고, 그와 같은 형상을 정교하게 창조하고 언제든 변화시킬 수 있는 기술이 발전하면서 관련 산업의 발달을 가속화시켰다. 최근에는 화장이 의상과 연계되었으며, 그 결과 계절에 따라 화장의 유행이 변하고 피부 형태 및 문화적 특성을 반영하게 되었다. 대부분의 화장품이 여성을 겨냥해 설계·판매되며, 감정적 정보와 성적 매력을 전달하는 데 중요한 신체 부위─눈, 눈썹, 입술, 뺨 등─를 강조하는 제품들이다.

눈과 눈썹의 윤곽이나 크기를 강조하는 제품은 고대 이집트의 콜에서 시작해 최근에는 각종 마스카라, 아이라이너, 아이섀도까지 발전했으며 여성에게 매우 중요한 화장품이다. 이러한 제품들은 눈의 크기 혹은 눈 사이나 눈썹 사이를 강조하거나 눈꼬리를 살짝 올려주는 방식 등 약간의 변화를 주는 것만으로도 섬세한 표현을 창조해낼 수 있다. 그리고 이는 얼굴을 여성형과 남성형으로 구분할 때 사용하는 특성이기도 하다. 한편 성인 여성의 커다란 눈은 아기 같은 모습으로 간주된다. 출생 직후의 아기는 두개골과 안면 상부의 성장이 매우 빠르기 때문에 눈이 상대적으로 커 보인다. 그리고 여성은 일반적으로 청소년기에 안면 하부가 남성보다 적게 성장하기 때문에 성인이 되었을 때 눈이 더 커 보이는 경향이 있다.[11]

입술 크기와 붉은 색상을 강조하는 제품들도 여성에게 중요하다.[12] 입술은 다른 이들과의 사회적 결합이나 신체적 친밀감을 형성해주는 언어적 소통이나 키스에 절대적으로 중요하다. 뺨의 색상을 짙게 해주는 화장품들도 흔히 사용된다. 환한 색상의 뺨은 감정적으로 좋은 상태이거나 신체적으로 건강하다는 것을 의미하고, 젊음의 향기, 성적 흥분 상태, 격렬한 운동, 여름휴가를 즐기는 그을린 모습 등을 상기시켜준다. 18세기 후반 프랑스에서 최초로 루주rouge가 대량 생산되었는데, 1년에 200만 개 이상 팔린 것으로 추정된다.[13] 그 후 약간의 굴곡은 있었지만 화장품 사용과 판매는 꾸준히 증가해왔다.

문신

문신은 고대부터 행해진 신체 미술의 한 형태이며, 거의 모든 시기 모든 장소의 인류가 문신을 만들어온 것으로 보인다. 늦어도 신석기 시대에 이미 문신이 영구적 신체 장식으로 이용되었다. 알프스 빙하에서 발견된 신석기 시대의 냉동인간 '외치'(2장에서 설명한 바 있다)의 몸에 새겨진 문신이 현재까지 알려진 가장 오래된 것이다. 빙하 속에서 거의 5000년 동안 보존된 그의 피부에서는 문신으로 생각되는 단

피부색에 감춰진 비밀

순한 모양의 그림들이 14세트나 새겨져 있었다. 그중 대부분은 발목과 등에 위치한 짧은 평행선들이었으며, 숯 검댕을 피부에 문지른 다음 피부에 구멍을 뚫어 그 안으로 밀어넣어 새겼다(컬러 사진 2).[14] 러시아 시베리아 알타이 계곡 파지리크의 스키타이호족 냉동 분묘 유적에서는 실제 혹은 상상의 동물을 묘사하는 모양의 문신들이 복원되었으며, 이는 약 4500년 전에 이미 화려한 문신으로 몸을 장식했음을 말해준다.[15]

미라로 보존된 이집트 중왕조 시대 고위층 여성의 피부에도 문신이 있고, 이와 비슷한 시기를 언급한 성서에는 문신을 금지하는 명령이 실려 있다(레위기 19:28). 스칸디나비아와 북극 지방, 아메리카대륙과 오세아니아에서는 약 3000~4000년 전에 문신이 크게 유행했다. 매우 정교한 문신들 중에도 아주 오래전에 시작된 경우—오스트로네시아(태평양 중남부 도서 지역) 원주민들의 문신—가 있다. 고고학자들이 태평양 도서 지역 고대 라피타 문화 유적지에서 발견해 복원한 문신도구(바늘과 빗)들은 기원전 1200~1100년의 유물로 추정되며, 타파천 및 라피타 도자기의 무늬와 문신의 모양 사이에는 지역적 연관이 있었다(그림 38).[16]

문신에 대해서 많은 사람들이 글을 썼는데, 대부분은 문신이 소속감, 기념, 자기보호 등을 강조해 이를 지속적으로 전달하는 의미를 지닌다는 데 동의한다. 개인은 문신을 통해 자신이 어떤 사회적 단위에 동조함을 선언할 수 있다. 예를 들어, 아시아의 일부 전통 사회에서는 여성이 얼굴 문신을 할 때 자신의 사회 내에서 미인으로 간주되지만

그림 38. 남서 태평양 도서 지역의 라피타 문화에서는 생활 도구 뿐 아니라 사람들의 몸에도 복잡한 형태의 기하학적 무늬를 새겨 넣어 장식하곤 했다. 고대의 도자기나 타파천(거친 직물), 그리고 문신에서 비슷한 형태의 무늬가 발견된다. 라피타 유적지에서 문신 시술용 바늘이 발견된 것으로 볼 때 태평양 도서 지역의 초기 원주민들은 오래전부터 몸에 문신을 새겨넣었을 것으로 보인다.
Photograph ⓒ Patrick V. Kirch

외부 사람들은 이를 곱지 않은 시선으로 본다. 일부 사회에서는 이와 같은 얼굴 표식이 여성을 집단에 더욱 강하게 결합시키는 방법으로 활용된다(컬러 사진 13). 문신은 피부의 실제 표면을 장식된 표면으로 대체하며, 이렇게 함으로써 피부 표면은 자해와 자기보호라는 이중적 의미를 나타낸다. 이렇게 만든 피부 장식들은 영구적인 경우가 보통이기 때문에 다시는 어릴 적의 깨끗한 피부로 돌아갈 수 없다.[17]

수천 년 동안 문신 만들기는 거의 모든 인류 문화에서 시행되어왔다. 그러나 초기 그리스도교 시대에는 유럽 지역 대부분에서 공공연히 배척되었으며, 이는 성서에서 문신을 금지했기 때문이었다. 그 후 서구에서 문신은 사회 변두리에 속하고 평판이 나쁜 사람들, 즉 죄수·창녀·미개인이나 알려지지 않은 머나먼 지역의 사람들이 주로 하는 것으로 인식되었다. 하지만 그동안 전 세계 다른 문화들에서는 문신이 계속 행해지고 있었다. 오늘날에도 문신을 신성 모독으로 간주하는 전통 유대교 등 일부 문화권에서는 이를 배척하고 있다.

피부색에 감춰진 비밀

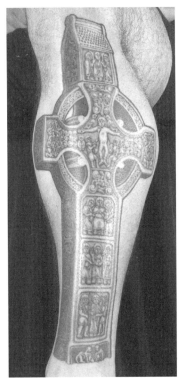

그림 39. 문신을 만들 때는 바늘을 이용해 피부 표면 아래의 진피 속으로 영구적 잉크나 먹물을 깊숙이 주입한다. 왼쪽: 문신미술가 카이라 오드(Kira Od)가 대니얼 매컨(Daniel McCune)의 하지에 복잡하고 세밀한 켈트 십자가 그림을 문신으로 새겨넣고 있다. 감염 위험을 줄이기 위해 무균 시술하는 모습이다. 오른쪽: 완성된 뮈레다치 십자가 문신. 몸에 맞게 디자인되었을 뿐 아니라 상세하게 표현된 현대적 문신의 좋은 사례다. 한 개인의 삶에서 어떤 획기적 사건을 기념해 만들었다. 이 경우에는 대니얼이 십자가 문신을 통해 아버지와 함께 아일랜드로 여행하며 즐거웠던 기억을 떠올릴 수 있다.

　　문신에 대해 다룬 최근의 여러 문헌들에서는 문신 만들기가 인류 역사 내내 보편적으로 행해졌음을 강조하며, 다시 한 번 문신이 정상적인 행위로 인정받고 보편화되어 현대의 주류에 편입되기를 기대한다.[18] 그러나 우리는 서구에서 문신을 만들던 방법과 주제 등 그 역사에 대한 정보가 부족하다. 문신을 만들던 집단이나 그들의 문화에 대해 제대로 기록되어 있지 않기 때문이다.

　　오늘날 문신은 영구적 피부 미술 중 가장 흔히 볼 수 있는 형태이며, 선진국 국민들 중 약 8000만 명 정도가 어떤 형태로든 '피부에 색깔을 넣었다.' 문신은 영구적으로 만들어질 뿐만 아니라 재료에 따라 다양한 표현이 가능하기 때문에 이를 선호하는 사람들이 많다(그림 39). 피부라는 커다란 캔버스에는 다양한 크기, 색깔, 모양의 형상을 그릴 수 있다. 문신을 만들지 않는 사람들의 생각과 달리, 문신을 하는 이들 대부분은 자신의 결정을 후회하지 않는다고 한다. 대부분 문신을 하기 전에 몇 번이고 신중히 생각하기 때문이다. 문신의 영구적 특성은 오히려 강점이 된다. 문신을 새기면 삶에서 중요한 어떤 사건의 기억이 지워지지 않고 각인될 수 있다. 문신은 기념 티셔츠나 머리 염색처럼 쉽게 없애버릴 수 있는 것이 아니다. 세계가 서로 점점 가까워짐에 따라 옷차림, 화장, 헤어스타일 등이 모두 비슷해 보이는 시대에 문신은 자신의 개성을 영구적으로 표현하는 수단이 된다. 핵심적인 신념을 응축해서 문신을 통해 나타냄으로써 자신의 개성을 독창적이고 강력하게 선언하는 것이다.[19]

많은 경우, 문신은 어떤 집단이나 계급에 대한 헌신을 의미하는 영구적이고도 가시적인 표현 기능을 했다. 즉, 동조나 반대를 상징했던 것이다. 문신은 자발적으로 만드는 경우가 보통이지만 한 개인이 특정 집단에 소속되어 있음을 표시하기 위해 강요되는 경우도 있다. 그중 갱이나 죄수들의 문신은 집단 소속 구성원이라는 가장 확실한 선언이 된다. 연인들이 자신들에게 의미 있는 문양이나 상대방의 이름을 문신으로 만들어 사랑을 확인하는 경우도 있다. 하지만 삶의 상황이 문신을 만들 때와 달라지거나 그와 같은 선언이 더 이상 필요하지 않게 되면—예를 들어 갱단이 해체되거나 연인 관계가 끝나면—문신을

피부색에 감춰진 비밀

지우고 싶어질 수 있다. 현재는 여러 레이저 수술법을 이용해 문신을 지울 수 있게 되었지만, 이런 시술은 비용이 많이 들고 시간도 오래 걸린다.[20] 1980년대에 레이저 수술이 처음 도입되었을 때는 문신을 지운 부위에 흉터가 남는 경우가 많았다. 1990년대에 새로 개발된 방법은 이런 부작용을 해결했지만, 문신을 지운 부위의 정상적 피부색이 일시적으로 사라지는 문제가 아직 남아 있다.

현대의 문신들은 양식에 따라 전통문신, 부족문신, 갱단문신 등으로 분류된다. 1980년대 이후 선진국들에서 문신이 점점 더 많아진 데는 '유명인들의 문신'이 큰 역할을 했다. 안젤리나 졸리와 브레드 피트 같은 연예계의 아이콘들이 권위 있는 행사에서 자신들의 문신을 내보이면 사회적으로 문신을 허용하는 분위기가 생겨나고 이에 따라 문신을 하고 싶다는 사람들도 늘어난다. 문신을 만드는 사람들이 많아지면서 문신의 개별적 양식과 모양을 설명하는 특별한 어휘들이 만들어졌다. 즉 '다크사이드darkside', '올드 스쿨old school', '제일하우스jail-house', '와일드 스타일wild style' 등은 문신의 특정 양식을 지칭하는 단어들이다. 오늘날 선진국에서 문신을 만드는 이들은 디자인, 구성, 문신작가를 선택할 때 매우 신중히 결정한다. 그래서 때로는 유명한 문신작가에게 시술받기 위해 먼 거리를 여행하거나 많은 비용을 지불하며, 최근에는 문신을 포함한 신체 미술 축제가 여러 지역에서 성황리에 개최되고 있다.

'스킨 트랜스퍼skin transfer(임시 문신)'를 사용하거나 피부에 반영구적 색소를 입히는 방법도 문신과 비슷한 미용 효과를 얻을 수 있다. 헤

그림 40. 멘디 시술가인 라비 카타우라가 헤나로 피부에 색칠하고 있다. 보통은 7~10일 정도 지속되지만 6주 이상 유지되기도 한다. 전통적으로 시술하는 행위 자체도 시술된 문양의 효과만큼이나 중요한 축제 의식이다. Photograph ⓒ California Academy of Sciences

나를 이용한 피부 염색인 '멘디mehndi'가 여기에 속한다. 멘디는 헤나 염료를 이용해 여성의 손과 발에 복잡한 모양의 색깔로 장식하는 전통적 행위를 일컫는 말로, 이러한 방법은 북아프리카와 중동 지역 국가들에서 시작되어 12세기경 무굴인들이 인도에 전파한 것으로 알려져 있다. 멘디는 원래 예비 신부를 치장하는 데 이용되었지만, 최근에는 점차 대중화되어 아시아와 서구의 많은 여성들 사이에서 자신을 치장하는 양식 가운데 하나로 자리 잡았다(그림 40). 피부에 멘디를 시술하면 보통 7~10일 정도 지속되며 길게는 6주까지 유지될 때도 있는데, 피부에 시술한 다음 얼마나 빨리 그리고 얼마나 자주 씻는지에 따라 달라진다. 아름다움을 극대화하기 위해서는 복잡하게 디자인해야 한

피부색에 감춰진 비밀

다고 생각하기 때문에, 보통 시술하는 데 6시간이 소요되기도 하며, 특히 신부 치장 때는 더 많은 시간이 든다.[21]

피어싱과 흉터 만들기

피어싱(뚫기), 흉터 만들기(상흔 내기), 브랜딩Branding(낙인찍기)은 세계 모든 대륙의 원주민 문화에서 볼 수 있는 보편적 행위들로, 고대로부터 행해져 온 것으로 생각된다. 피어싱은 의복이 거의 사용되지 않거나 필요 없는 초기 문화에서 장식용 소품이나 귀중한 물건을 몸에 부착하는 방법으로 시작되었을 것이다. 문신은 중간 정도 짙은 색에서 옅은 색 피부를 한 사람들에게 더 흔하지만, 흉터 만들기나 브랜딩은 짙은 색 피부를 가진 사람들이 더 많다. 멜라닌색소가 많은 피부는 켈로이드 흉터가 더 뚜렷하게 형성되며, 솟아오른 흉터 역시 짙은 색 피부에서 더 잘 보인다.

문신과 마찬가지로 피어싱도 지난 20년 동안 선진 산업국가에서 보편화되었다. 처음에 서구 여성들은 보석을 귀에 영구적으로 고정시키기 위해 피어싱을 했으며, 차츰 확대되어 남녀 모두 신체 여러 부위에 피어싱을 했다. 현재는 얼굴에서 귀를 제외한 다른 부위에 피어싱을 하는 것이 가장 흔한데, 이는 귀에 여러 개의 피어싱을 하는 것이 유행했던 1980년대의 경향이 더 확장된 것이다. 얼굴 피어싱은 지난 10여 년 동안 대유행하면서, 쇼핑몰 매장에서도 간단한 피어싱을 해주고 있다.

서구에서 다른 신체 부위에 만드는 피어싱은 사도-마조히즘sado-masochism(가학-피학증)이나 1970년대의 원시 회귀 운동과 연관되어 처음 시작되었다. 현대의 기술 발달과 산업화로 발생하는 무감각을 극복하기 위한 운동으로, 영적 탐구와 개성을 표현하는 형태로 신체에 영구적 변형을 가한다는 의미에서 피어싱을 채택한 이들이 있었다. 그들은 아시아 수도승이나 아메리카 원주민 전사들이 영적 힘을 표현하기 위해 피부를 뚫어 고리를 연결해 몸을 매다는 등 여러 방법으로 스스로에게 고통을 가하는 모습을 보고 피어싱을 생각해냈다(그림 41). 1970년대와 1980년대 펑크록 공연자들은 좀 더 전통적인 피어싱을 시술했다. 그들은 공연의 일부로 자기 몸에 상처를 내고 신체를 극단적으로 변형시켜서 '반反유행'을 선언했다.[22] 행위예술가 스텔락Stelarc의 철학은 달랐다. 그는 피부라는 한계를 벗어나 신체 내부와 외부 공간 사이의 장벽을 제거하기 위한 끊임없는 노력의 일환으로 자신의 몸을 매달았다(그림 42). 그에게 피부를 꿰어 몸을 매다는 행위는 "중력이 끌어당기는 힘을 드러내는 것이자 그것을 극복하는 모습을 드러내는 것이며, 최소한 그것에 대해 저항하는 모습을 보여준다. 이때 늘어난 피부는 중력이 작용하는 모습의 한 형태이다."[23]

피어싱도 문신처럼 모양, 양식, 시술 부위가 다양하다. 남녀 모두 유두나 외성기에 피어싱하는 경우가 많아지고 있는데, 성적 표현을 대체하는 수단으로 사용되거나 다른 형태의 영구적 신체 미술들처럼 개인이나 집단의 정체성을 표현한다.[24]

흉터 만들기는 피부가 화상이나 깊은 자상(칼에 베이는 상처)을 입을

그림 41. 전통적인 신체 피어싱 중에는 힌두교 수도승들의 고행처럼 극단적인 자기파괴 행위도 있다. 그들은 가슴과 등의 피부에 고리를 꿰고 끈에 연결하여 몸을 매단다. 그림은 미국 화가 조지 캐틀린(George Catlin)이 북아메리카 인디언 맨던족의 유명한 의식인 '오키파 제례'를 목격하고 그린 것이다. 이 의식이 행해진 것은 1835년경이었고, 그림을 그린 것은 1867년이다.

그림 42. 행위예술가 스텔락은 피부를 의미 있는 장벽으로 보는 우리의 관점에 의문을 제기한다. 그는 자신의 피부 여러 곳에 고리를 꿰고 27개의 줄을 연결해 몸을 매달았다. 그는 이렇게 매달림으로써 공중에 떠다니거나 날고자 하는 인간의 욕구를 표현했다. 그의 말에 따르면 "(고리에 연결된) 줄은 매달린 몸의 시각적 형태의 일부다." 그는 또 늘어난 피부를 "중력이 작용하는 모습의 한 형태"라고 설명했다. Spin Suspension, Artspace, Nishinomiya, 1987 ⓒ Stelarc

때 눈에 띄는 흉터가 생기는 신체의 특성을 이용해 시술된다. 특히 짙은 색 피부를 가진 사람들은 멜라닌색소가 매우 많은 켈로이드 흉터가 만들어진다. 낙인을 찍거나 날카로운 기구를 이용해 만들 수 있다. 낙인은 원하는 모양으로 디자인된 금속 조각을 뜨겁게 가열해 피부에 대고 눌러 2도 혹은 3도 화상을 만든다. 화상으로 생긴 흉터는 대부분 다른 상처보다 훨씬 크고 덜 정교하기 때문에 낙인 모양이 문신으로 표현하는 것보다 단순한 경향이 있다. 최근에는 수술용 레이저를 이용해서 낙인을 새기는 신체 미술 작가들도 있다.[25]

인위적인 흉터는 경험 많은 전문가가 날카로운 칼로 피부를 절개해 만들며, 잉크를 넣지 않는다. 면도칼이나 가시를 이용해 피부를 작게 절개하고 숯으로 덮으면 흉터가 솟아오르면서 정밀한 무늬를 만들어낸다(그림 43).[26]

숯(혹은 다른 자극제)을 절개 부위로 넣으면 영구적인 흉터가 만들어지는데, 시간이 흐르면서 약간 옅어지긴 해도 절대 없어지지는 않는다. 자신의 신념을 표현하고 한 개인의 일생에서 중요한 시기를 기록하기 위해 장식용 흉터를 만든다. 전 세계의 많은 원주민 문화에서는 아직도 성인이 될 때 그와 같은 흉터 만들기 의식을 행한다. 비서구 지역에서도 사람의 외형 표준이 서구화되면서 전통적 흉터 만들기는 차츰 사라져가는 상황이지만, 아프리카와 폴리네시아 군도 일부 지역에서는 아직도 이와 같은 의식을 행하고 있다. 피부 절개에 따른 통증은 의식의 중요한 일부가 되는데, 칼이 피부를 절개한 기억이 의식 깊숙이 각인되어 자신은 이제부터 어린아이가 아니라는 생각을 하게 된다.

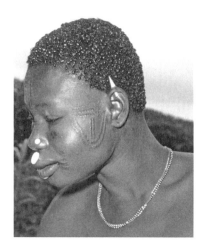
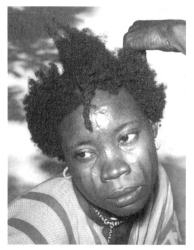

그림 43. 나이지리아와 카메룬 국경 지역 만다라산 인근 누비아족 여인의 얼굴이 정교한 흉터로 장식되어 있다(왼쪽). 이러한 흉터는 날카로운 칼로 얼굴 피부에 자국을 내고 그 속에 숯이나 다른 물질을 넣어서 두드러진 모양으로 만든 것이다. 나이지리아 다마투라의 카누리족 여인의 뺨에 수직으로 깊숙한 흉터가 보인다(오른쪽). 진피까지 거칠게 절개하여 만든 흉터다. 두 경우 모두, 젊은 여인의 얼굴에 흉터를 만들어 성인이 되었음을 확인하고 아름다움을 강조한다. Photograph ⓒ Edward S. Ross

창백한 피부를 넘어서

수 세기 동안, 우리는 서로 다른 인구집단에 소속된 사람들의 특성, 잠재력, 호감도 등을 피부색에 근거해 판단했다. 유럽인이 힘으로 아프리카를 식민화하고 그곳을 자원과 인력 공급처로만 간주했던 시대에는 짙은 색 피부를 불량한 인격이나 도덕성 결핍 등과 동일시하며 노예무역을 합리화했다. 계몽주의 시대부터 19세기까지 유럽과 미국의 철학자 및 자연사학자들은 피부색의 창조론을 믿었고, 이와 같은 결론을 전체 인구에 적용시켰다. 로렌츠 오켄Lorenz Oken은 19세기 초에 쓴 《자연철학 편람Lehrbuch der Naturphilosophie》에서 무어인을 '원인猿人'

이라 부르며 백인과 구별했다. 전자는 피부색이 검기 때문에 자신의 내적 감정을 피부에 드러내기 어려웠다. 반면 후자는 피부가 희고 투명하여 내적 감정이 겉으로 잘 드러났다. 검은 피부를 지닌 주민들은 얼굴이 붉어져도 잘 보이지 않았으며, 이는 그들이 도덕적 감정, 특히 부끄러움이 없다는 증거로 간주되었다. 그래서 인간이라면 갖춰야 할 도덕의식이 결여된 것으로 규정된 검은 피부의 노예들은 하등 인간으로 비하되었다. 이처럼 왜곡된 논리에 근거해 노예무역이 지속되었고, 노예들이 당하는 가혹하고 야만적인 처우도 정당화되었다.[27]

유럽 문화에서 옅은 색 피부를 선호하는 사회적 경향은 오래된 유산이다. 한편 아프리카와 태평양 군도의 검은색 피부 주민들이 옅은 색 피부를 선호하는 경향은 그들이 유럽인들과 접촉하기 전에도 일부 존재했던 것으로 보인다. 하지만 이들 사회에서는 그 반대 경향도 있었다. 옅은 피부색을 높은 지위 및 능력과 연관시키는 것은 '피부색 차별론colorism' 이라 할 수 있다. 옅은 색 피부는 어린 나이 및 여성적 특성과 연관되기 때문에(5장과 6장에서 논의한 바 있다), 이를 어린이의 순박함, 강한 여성성, 보살핌을 받을 특권 등과 연관시키는 사회적 인식이 생겨났다. 피부를 짙게 만드는 야외의 고된 육체적 노동을 멀리하고, 실내에서 유흥을 즐기며 많은 시간을 보내는 것이 사회적으로 더 바람직한 일이 되었다. 옅은 색 피부는 상류층임을 나타내는 표시가 되었고, 특히 여성에게는 그것이 곧 아름다움이자 성적 상징이 되었다. 이처럼 흰색을 선호하는 문화적 경향은 여전히 뿌리 깊게 자리 잡고 있다.[28]

피부색에 감춰진 비밀

이와 같은 이데올로기는 개인의 미적 선택에 근본적인 영향을 줄 뿐 아니라 피부를 일시적·영구적으로 희게 만드는 산업을 활성화시킨다. 많은 아시아 국가에서는 대부분의 여성이 햇빛에 노출되지 않기 위해 애쓰며, 자신의 피부를 더 희게 만들기 위해 미백제를 사용한다. 피부색이 일반적으로 짙은 국가에서 피부 미백제(대부분은 하이드로퀴논 성분이지만, 독성이 있는 수은 제제도 있다)의 사용은 점점 늘고 있으며, 현재 전체 화장품 판매액에서 가장 큰 비중을 차지한다.[29] 옅은 색 혹은 흰 피부에 대한 선호는 전 세계적 마케팅을 등에 업고 더 많은 국가들, 심지어는 더 가난한 국가들에까지 파고들고 있다. 자외선 양이 많아서 짙은 색 피부가 중요한 보호 기능을 수행하는 적도 지역 국가들도 예외가 아니다. 다문화 국가에서는 피부 미백제의 공격적 마케팅이 흰 피부를 이상형으로 간주하는 왜곡된 사회적 경향을 퍼뜨렸고, 이 때문에 피부색 차별론이 힘을 얻기도 했다.

1950~1960년대에는 북반구 국가의 비농업 노동인구 가운데 거의 대부분이 항상 집, 사무실, 공장 등 실내에서 생활했다. 이때부터 모순돼 보이는 사회 현상이 나타나기 시작했다. 유럽인 후손들 사이에서 햇볕에 그을린 피부에 대한 호감도가 상승하기 시작한 것이다. 이는 당시 패션계 선구자 코코 샤넬이 "휴일에는 선탠을"이라고 공개 발언한 것이 큰 계기가 되었다. 야외 작업이나 고된 노동 때문이 아니라, 의도적인 햇빛 노출로 검게 그을린 피부는 '건강한' 것으로 간주되었다. 그리고 이는 햇빛 찬란한 리조트에서 보내는 화려한 휴가나 일광욕과 연관되었다. 수 세기 동안 비천하게 취급되던 외형이 갑자기 상

류층과 특권의 상징이 되어 멋지고 세련된 것으로 변모한 것이다.

　오늘날에도 대부분의 사람들이 피부색에 대한 모순된 열망을 가지고 있다. 세계 각지에서 짙은 색 피부를 타고난 사람들은 자신들의 피부색을 연하게 할 방법을 찾고 있으며, 반대로 옅은 색 피부를 타고난 사람들은 피부색을 짙게 하려고 애쓰고 있다. 이와 같이 모순된 열망은 피부색이 자기 자신이나 타인에 대한 인식에 많은 영향을 주며, 사회적 지위 상승에도 많이 연관되어 있음을 말해준다.

　지금도 많은 이들이 해변의 태양 아래에서 피부를 그을리거나 선탠 전문점의 인공 불빛 아래 누워서 시간을 보낸다. 피부를 검게 하는 화학물질을 바르는 사람들도 있다. 자연광을 통해서든 인공 자외선을 통해서든, 선탠은 피부 조기 노화와 피부암의 원인이 되어 매우 많은 개인적·사회적 비용을 발생시키고 있는 것으로 보인다. 특히 오스트레일리아, 미국 플로리다와 남서부 지역에 거주하는 옅은 색 피부의 주민들에게 문제가 심각하다. 의학계에서는 지난 20여 년 동안 자외선 노출이 많아진 결과 피부암 발생률이 폭발적으로 증가하고 있다며 선탠에 대해 경고해왔다. 여가로 즐기는 선탠(자연광과 인공 자외선 모두)과 엽산 부족 및 선천성 결손(특히 가임 연령기의 여성들) 사이에도 관련이 있을 것으로 추정된다. 선탠이 이처럼 많은 위험을 수반하지만 우리 사회에서 짙게 그을린 피부는 여전히 멋과 건강의 상징으로 여겨지며, 미국과 유럽에서 실내 선탠 사업은 날로 번창하고 있다.[30]

　태닝된 피부를 원하지만 자외선 노출의 위험을 피하고자 하는 사람들 중에는 시뮬레이션 태닝이나 자가 태닝을 하는 경우가 크게 늘어

　　　　　　　　　　　　　　　피부색에 감춰진 비밀

났다. 이들은 DHA 성분이 함유된 로션을 피부에 발라서 '인위적 태닝'을 만들어낸다. DHA는 표피를 구성하는 조직과 반응해 '멜라노이드'를 만들어내는데, 이는 멜라닌과 관련된 화합물로서 로션을 바른 다음 몇 시간 동안 피부를 황갈색으로 착색시킨다.[31] 이와 같은 가짜 선탠은 착색된 표피의 각질층이 떨어져 나가면 사라진다. 옅은 색 피부를 가진 수백만 명의 사람들이 피부암 위험 없이 태닝 피부를 갖기 원하며, 이는 시뮬레이션 태닝 시장을 수백만 달러 규모로 키웠다. 유럽, 북미, 오스트레일리아에서 화장품과 바디로션을 생산하는 주요 기업들은 대부분 이 시장에 뛰어들었다.[32]

피부라는 캔버스를 변화시키다

유대계 독일인 작가 프란츠 카프카Franz Kafka는 피부라는 외피는 인간이 일생 동안 걸치고 살아야 할 옷일 뿐이라고 했다. 그는 늙어가며 주름살이 생기는 모습을 감내해야 하는 현실을 한탄하며 피부가 "의복일 뿐 아니라 구속복이자 운명"이라고 표현했다.[33] 의학 및 유전자 기술의 발달과 화장품 덕분에 피부의 외관을 변화시킬 수 있을 뿐 아니라 그 물리적 기초까지도 회복시킬 수 있게 된 오늘날을 카프카가 볼 수 있다면 아마 찬사를 보낼 것이다. 수명이 길어짐에 따라 청년 수준의 신체적 활동, 성적 능력, 젊은 외모 유지가 사람들의 소망이 되었다. 젊어 보이는 피부는 한때 주로 중년 여성의 관심사였지만, 이제는 중년 남성은 물론이고 젊은 성인 남녀와 청소년들에게까지 중요한 주제가 되었다.

대중잡지들을 읽어보면 피부 노화를 늦추거나 젊은 피부로 되돌린다고 주장하는 기술들이 많이 이용되고 있음을 금방 알 수 있다. 지금까지 성형외과 전문의가 시술하는 얼굴 리프트가 노화된 피부(주로 얼굴)에 탄력을 주고 주름살을 줄이는 가장 기본적인 방법으로 간주되어 왔다. 현재도 갖가지 유형의 얼굴 리프트가 피부미용 시술의 중심에 있지만, 피부 모양을 변형시키는 새로운 처치술이나 주사제들이 개발되어 이 분야에 혁명을 가져왔다.

1990년대 이후 젊은 피부로 만드는 시술은 매우 보편화되었다. 과거에는 일부 부유층들만 대상으로 했지만, 현재는 얼굴 리프트보다 비용이 적게 드는 여러 피부 처치법들이 등장해 젊은 피부를 추구하는 중산층들에게 확산되었다. 그리고 '성형했느냐'는 질문이 이제는 더 이상 모욕적인 언사로 들리지 않게 되었을 뿐 아니라, 성형이 각종 언론 매체를 통해 역할 모델의 지위로 올라섰다. 미국에서는 〈익스트림 메이크오버Extreme Makeover〉 같은 TV 프로그램이 극적으로 피부 모양을 변화시킨 수술적·비수술적 성형술을 소개하며, 성형이 보편화되는 경향에 큰 몫을 하고 있다. 피부에 활력을 준다고 주장하는 각종 처치법이나 제품들이 널리 보급되고 급성장하면서 수지맞는 의학 분야와 응용 산업을 확장시켰다. 미국 미용수술학회에 따르면 2004년 미국인들이 성형수술에 지출한 돈은 90억 달러에 달했다. 미국의 전국 소비자연맹에서는 약 9000만 명의 미국인들이 노화의 시각적 표식을 줄이기 위해 관련 제품과 시술을 이용했거나 이용하고 있는 것으로 추

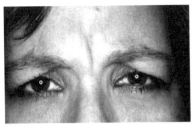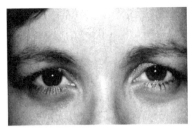

그림 44. 보톡스 주사 전(왼쪽)에는 얼굴을 찌푸렸을 때 양 눈썹 사이의 주름이 두드러지게 보인다. 주사 후(오른쪽)에는 같은 표정을 지을 때 주름이 훨씬 줄어서 거의 보이지 않는다. 독소가 얼굴 근육의 수축을 막기 때문이다. Photograph ⓒ Alastair Carruthers

산했다.[34]

진화생물학적 관점에서 볼 때 가장 흥미로운 방법은 얼굴에 주름살이 형성되지 않게 하거나 기존의 주름살을 펴기 위해 피부 내로 탈신경물질을 주입하는 시술이다. 보통 '보톡스'라 부르는 물질인 A형 신경독소 보툴리눔을 얼굴 표정에 관여하는 여러 근육에 주사한다. 이 독소는 신경근육 연결 부위에서 신경전달물질의 작용을 차단해 근육이 수축되지 않도록 한다. 그 효과는 3~4개월 정도만 지속되기 때문에 다시 정상적으로 근육이 수축되기 전에 재주사해야 한다. 같은 부위에 반복적으로 주사하면 근육의 위축을 초래해 얼굴 표정과 동적인 주름살을 만드는 능력이 떨어지게 된다. 초기에 보톡스는 이마에 깊게 팬 주름과 눈가의 잔주름을 줄이기 위해 사용했지만(그림 44), 현재는 얼굴 아래쪽과 목 부위에도 사용되어, 코와 입 주위의 주름이나 넓은 목 근육이 보기 싫은 형태를 띨 때도 시술한다.

보톡스의 사용은 영장류를 진화시킨 추진력들 간의 갈등을 보여주는 흥미로운 사례다. 한쪽에는 젊은 외형, 그리고 그와 관련해 높은 생식력이라는 프리미엄이 있다. 다른 한쪽에는 섬세한 얼굴 표정을 이용한 커뮤니케이션 강화가 자리한다. 보톡스는 한쪽 극단을 취해 얼굴 표정을 없애버린다. 말할 때도 수동적이며 생기 없는 표정이 된다. 이렇게 되면 정보를 해석하기가 매우 어려워지는데, 특히 얼굴에 나타난 감정이 언어로 전달되는 감정과 일치하지 않을 때는 더욱 그렇다. 예를 들어 대중 스타나 유명인들이 보톡스 시술 후 공감을 불러일으킬 만한 열정적인 연설을 해야 하는 경우다. 정상적인 얼굴 표정을 지을 수 없다면 연설하면서 청중들에게 감정을 불어넣을 수 없다. 또한 보톡스는 법의학적으로 특별한 문제를 일으키기도 하는데, 표정을 변화시켜서 신뢰관계에 의존하는 사람들을 기만하는 도구로 사용될 수 있기 때문이다.

우리 대부분은 피부를 통해 일시적으로라도 어떤 종류의 의사를 나타낸다. 립스틱을 바르거나 임시 문신을 하는 경우도 포함된다. 많은 사람들이 일상적으로 화장을 하며 피부를 강조한다. 그리고 문신이나 성형수술로 영구적 · 반영구적으로 색이나 형태를 변화시키는 사람들도 있다. 또 어떤 이들은 자신의 피부를 이용해 근본적으로 다른 메시지를 전하고자 한다. 행위예술가는 많은 이들에게 동떨어진 세계에 사는 사람처럼 보일 수 있다. 하지만 그들 중 일부는 육체와 개인의 경계에 대한 기존의 문화적 개념들에 저항하는 수단으로 새로운 표현 방법을 시도하기 때문에 주목할 가치가 있다. 프랑스의 행위예술가인 생 오를랑Saint Orlan은 자신의 얼굴과 몸통을 캔버스로 이용했으며 표현 도구로는 성형수술을 선택했다. 그는 여러 차례 성형수술

피부색에 감춰진 비밀

을 받아 여성적 아름다움을 재구성하는 '고전적 미의 합성'을 시도했으며, 이를 '육체 예술Carnal Art'이라 불렀다. 그는 자신의 목적이 아름다워지는 데 있지 않으며, 아름다움이라는 목표는 "달성 불가능하고 그 과정 또한 무시무시하다"고 했다.[35] 오를랑은 고전 명화 속에 구현된 여성미의 아이콘들을 모방해 얼굴의 여러 부분들을 변화시켰는데, 레오나르도 다 빈치가 그린 〈모나리자〉의 이마와 보티첼리 〈비너스〉의 턱도 여기에 포함되었다. 오를랑에 따르면 육체와 피부는 자신의 의지에 따라 변화시키도록 되어 있으며, 자연 그대로 받아들이는 것은 구시대적 발상이다.

11

피
부
의

미
래

이 책이 전달하고자 하는 내용은 크게 둘로 요약할 수 있다. 첫째, 인간의 피부가 지닌 생물학적 특성은 영장류 친척들의 피부와 대부분 비슷하다. 원숭이나 유인원의 피부와 아주 약간의 차이만 있을 뿐이 며(발한 능력과 색깔), 이는 약 600만 년 전 인간과 침팬지의 마지막 공통 조상 이후 진화한 특성들이다. 둘째, 인간의 피부가 특별한 까닭은 우리가 피부에 어떤 변형을 가하기 때문이다. 다른 동물의 경우 피부와 그 부속기관인 비늘, 깃털, 모피 등은 자신의 생김새나 용맹을 과시하는 기능을 한다. 인간처럼 피부를 장식하는 취미는 자연계의 어느 동물에서도 찾을 수 없다. 공작은 자신의 우아한 깃털을 뽐내지만 펼칠 때마다 그 모양새를 바꿀 수는 없다.

우리가 피부에 가하는 색깔이나 모양은 자신의 가치, 열망, 개인적 경험을 표현해준다. 우리가 '자연 그대로의 모습'을 취한 채 전혀 꾸미지 않더라도, 피부는 늘 사회적인 의사를 나타낸다. 피부는 우리가 아무런 조작을 하지 않아도 늘 말하고 있다. 중립적인 캔버스가 아니라는 얘기다. 피부의 표현 기능 및 신체 장식을 통해 우리는 몸으로 더 많은 커뮤니케이션을 할 수 있고, 인간의 오감 가운데 시각의 중요성이 더 강조된다. 특히 선진 산업국가에서는 피부 차원에서의 자아 인식 및 자기정체성 확보가 강조되고 있으며, 이에 따라 피부를 통한 자기 표현이 점점 더 활발해지고 있다. 그리고 피부를 통한 표현은 다중 속에서 자기정체성을 인식하는 능력과 함께, 타인이 외모를 통해 우리에게 전달하는 복잡한 시각적 신호를 해석하고 받아들이는 능력이 확대되고 있음을 반영하는 것이기도 하다.

가장 자발적이며 손을 잘 사용하는 영장류인 인간은 주위 세계를 변화시키지만 그보다 훨씬 더 많이 스스로를 변화시킬 것이다. 우리의 보호막이자 게시판이자 최대 감각기관인 피부와 연관된 과학적·예술적 창조성에는 한계가 없다. 우리 피부의 미래에 대해 상세히 예견할 수는 없지만 의학적·예술적 경향들에서 몇 가지 단서를 찾을 수 있다. 향후 수십 년 동안 피부의 기능과 잠재력은 크게 세 가지 방향으로 확대되어갈 것이다. 각 방향에서는 서로 다른 구성원들이 발전을 이룩해갈 것이며, 그들 중 일부는 서로 긴밀하게 협력할 수도 있지만, 극히 개별적이고 무작위적으로 발전해가는 경우도 있을 것이다. 그리고 과학, 기술, 예술이 새로운 조합을 이룬 발전도 가능하다.

첫번째 방향은 가장 쉽게 예상할 수 있는 것으로, 질병과 신체적

피부색에 감춰진 비밀

손상을 치료하기 위해 피부의 생물학적 기능을 변화시키는 발전이다. 이와 같은 발전은 의학 분야의 다른 혁신들과 마찬가지로 처음에는 어떤 구체적인 문제—예를 들어 화상 치료—를 해결하기 위해 도입되겠지만 차츰 정상 기능 강화를 위한 목적으로 개발될 것이다. 이와 같은 분야의 발전은 주로 유전자치료, 분자생물학, 약리학, 생명공학 분야 전문가들이 주도할 것이다.

두번째 방향은 피부를 이용한 커뮤니케이션에 집중될 것이다. 이식형 센서 및 통신 장비 같은 혁신적 도구들이 실현되고, 새로운 형태의 화장품이나 피부색 재료들이 개발돼 주로 미적인 용도로 사용될 것이다. 이러한 혁신적 도구들과 미적 고려가 결합하면 피부를 이용한 커뮤니케이션에 놀라운 변화가 이루어질 것이고, 그 속도와 영향력은 눈부실 것이다. 이와 같은 발전들에는 시각적 형태를 피부에 반영하는 것을 비롯해, 피부에 이식해 커뮤니케이션과 자극에 활용하는 센서 및 장치 개발도 포함될 것이다. 좀 더 정교한 쌍방향 가상현실 경험들이 일상생활 속으로 들어올 것이며, 주변 환경과 쌍방향으로 소통하는 시청각적 장치를 피부에 이식해 즐기는 여가생활도 일상화되리라 예상된다.

세번째 주요 방향은 인간의 촉각을 시뮬레이션할 수 있는 로봇용 피부의 개발이 될 것이다. 피부과의사나 자연과학자들보다는 주로 컴퓨터 엔지니어들과 심리학자들이 이러한 발전을 주도할 것이다. 이와 같은 여러 혁신들은 피부의 정의와 피부가 할 수 있는 역할에 관해 우리가 가진 생각을 크게 확장시킬 것이다.

치유

피부의 전층全層을 침범하는 화상이나 여러 곳이 찢어지는 극심한 손상은 과거에 비해 드물게 발생한다. 하지만 여전히 많은 사람들이 심각한 손상을 입고, 이 때문에 신체적·정신적 흉터가 남아 커다란 곤란을 겪는다. 그래서 지난 10여 년 동안 심각한 화상이나 흉터 치료를 향상시키기 위한 연구가 집중적으로 진행되어왔다. 피부는 일상생활 중 베이거나 긁힐 때는 잘 회복되지만, 심한 화상을 입은 후에는 자체 치유 능력이 상대적으로 떨어진다. 이 같은 차이가 발생하는 까닭은 화상이 인간의 진화 역사에서 흔히 발생하는 손상이 아니었기 때문이다. 동물은 환경이나 다른 동물과의 상호작용 과정에서 끊임없이 베이거나 긁히지만 화상은 비교적 드물게 발생한다.

심한 화상이나 상처를 치료할 때 직면하는 가장 큰 문제는 피부가 가진 자연적 층 구조를 복원해 움직임과 탄력성을 회복하는 것이다. 심한 화상을 입은 부위의 피부를 대체한 흉터 조직은 콜라겐이 그물처럼 빽빽하게 얽혀 있어 탄력성 없이 단단한 형태다. 넓은 부위가 이러한 흉터 조직으로 대체되거나 움직이는 관절 부위를 덮으면 흉측한 모양을 띨 분 아니라 관절이 고정되어버린다. 오늘날에는 넓은 부위에 깊이 형성된 화상은 피부이식으로 치료할 때가 많다. 이 치료법은 환자의 다른 부위에 있는 건강한 피부를 조금 떼어내 이루어지는데, 표피가 대부분이며 진피도 조금 포함된다. 그다음 떼어낸 피부(이식편)를 펼치고 늘려서 화상 부위에 덮으며, 떼어진 부위는 자연적으로 피부가

피부색에 감춰진 비밀

자라나도록 둔다.

의학은 지난 10여 년 동안 이러한 피부이식을 대체할 방법을 찾아왔으며, 환자의 피부에서 얻은 세포를 배양해 얇은 천 형태로 만들어 사용하는 기술이 개발되었다. 이 기술의 가장 큰 문제는 시간이다. 피부세포로 천 형태를 만들 만큼 배양하자면 3주가 소요되는데, 이 기간 동안 환자에게 심각한 감염이 발생해 생명을 위협할 수 있다. 다행히 피부세포를 빠르게 배양해 상처 표면에 뿌리는 새 기술을 연구 중이며, 조만간 이 기술을 단독으로 시행하거나 피부이식술과 병행해 사용할 것으로 보인다.[1] 이러한 기술들은 상처를 덮어 외부 환경과 차단함으로써 감염 위험을 크게 줄이지만 흉터는 여전히 크게 남는다. 현재는 진피와 표피를 한꺼번에 재구성하는 방향으로 연구가 진행되고 있다. 배양된 피부세포(케라틴세포)들을 동물의 연골과 콜라겐으로 만든 인공 '비계飛階' 위로 뿌린 다음, 여기서 형성된 합성 조직을 환자의 상처 위에 덮는 방법이다. 이 과정에서 진피세포들이 비계 속으로 이동해 진피를 재구축하고, 케라틴세포들은 그 표면으로 이주해 표피를 형성한다.[2] 아직 많은 실험과 정교화 과정을 거쳐야 하지만, 이 기술은—최소한 이론상으로는—획기적인 성과를 거두게 될 것이다.

'골격과 시멘트' 작업으로 비유할 수 있는 이 기술은 화상이나 대형 사고로 넓은 부위의 피부가 손상된 환자들에게 많은 도움을 줄 수 있다. 한편 더욱 자연적이고 비용 면에서 효과적인 대체 피부를 개발하는 연구도 진행되고 있다. 세포 위주의 대체 피부가 도입된 후 그와 같은 대체물을 더욱 정교하게 만드는 데 연구가 집중되어왔다. 예를 들어 더욱 자연적인 피부를 빨리 만들기 위해, 상처에 덮는 대체 피부에 환자의 표피 케라틴세포뿐 아니라 다른 피부세포들도 포함시키는 기술을 상상할 수 있다. 이 방법은 피부 이식편이나 동물을 재료로 만든 인공 피부 비계가 필요 없으며, 환자의 면역체계가 이물질로 된 이식편에 거부 반응을 일으키는 문제도 해결할 것이다. 장래에는 더욱 빠른 조직 배양 기술과 자연적 층 구조의 대체 피부를 이용하는 것 외에도 유전자 치료 기술이 개발되어 함께 시행될 것이라고 예상할 수 있다.[3]

피부질환의 유전학적 배경에 대한 지식은 이러한 질환들의 치료에서 점점 더 중요해지고 있다. 이 점에서 건선은 대표적 예가 되는 질환이다. 이는 피부에 국소 염증이 발생해 발적과 인설이 생기고 때로는 보기 흉한 형태를 띠는 피부질환이며, 일부 환자들에게서는 손과 발에 관절염이 발생한다.

건선 환자들에게는 '준-단백Jun-protein'이라는 특정 단백질군이 부족한데, PSOR₁라는 '유전자 좌遺傳子座 genetic locus'의 기능에 문제가 있기 때문이다. 이 때문에 피부에서 일련의 생화학적 반응들이 연쇄적으로 발생해 염증성 화합물의 생산이 증가하고 백혈구가 특정 부위에 모여들게 된다.[4] 그 결과 피부 표면의 형태가 변하고 가려움 등 건선 증상이 나타난다. 다른 말로 하면, 표피에서 유전자 차원의 변화가 일어나 질환이 시작된다. 현재는 건선을 일으키는 유전자와 단백질들이 가설적으로 확인된 상태지만, 결함 있는 피부 유전자의 발현을 차단하거나 준-단백을 충분히 생산해 연쇄적인 염증 반응을 정지시키는

피부색에 감춰진 비밀

약물 치료가 곧 현실화될 것이다.

　새로운 유전학적 정보, 특히 배아 발달을 조절하는 유전자에 대한 연구도 흉터 치료에 큰 발전을 가져올 것이다. 발달 과정에 있는 배아에 약간의 상처가 생기면 흉터 없이 깨끗이 치유되는데, 배아는 정상적인 성장 과정에서 자신에게 생긴 결함을 계속 고쳐 나가야 하기 때문에 이는 매우 중요한 의미를 지닌다. 배아의 치유 과정을 상세히 파악해, 우리 자신에게 내재된 이와 같은 능력을 다시 활성화시켜 출생 후에도 흉터를 남기지 않고 치료하는 데 활용하는 방법을 찾는 것이 앞으로의 과제일 것이다. 'JNKC-Jun N-terminal kinases 일련반응'으로 불리는 배아 피부 내에서 진행되는 과정이 현재 주목받고 있다. 이는 정상 발달 과정에서 그리고 상처를 입은 배아에서 피부세포들이 이주할 때 중요한 역할을 하는 반응이다.[5] 세포에 기계적 스트레스가 가해질 때 이러한 반응에 따라 작동한 유전자가 활성화되는 것으로 보인다. JNK 일련반응에 관계하는 유전자를 확인하면 만성적 상처의 치유가 절대적으로 필요한 경우(예를 들어 당뇨로 인한 하지 궤양)나 화상 등에 새로운 치료법을 찾게 될 것이다. 그러므로 앞으로 언젠가는 흉터가 옛사람들에게만 생겼던 것으로 기억될 날이 올 것이다.

피부를 통한 소통

　피부 손상이나 질병을 치료하는 분야가 크게 발전하겠지만, 자신의 경험과 열망을 피부를 통해 대중들에게 전달하는 기술은 그보다 훨씬 눈부신 성과를 거둘 것이다. 젊어 보이는 피부를 선호하는 경향, 화장품과 성형수술 활용, 다양한 형태의 피부 장식 등은 앞에서도 언급했듯이 점점 더 확대되고 있다.

예를 들어 언젠가는 유전자치료를 통해 피부의 노화 과정을 막거나 되돌릴 수 있을 것이라고 상상해볼 수 있다. 좀 더 현실적으로는 새로운 주사제가 개발되어 얼굴이나 목에 주사하면 표피를 재생시키고, 축 처진 목살을 당겨 올리고, 얼굴 잔주름을 없애줄 것으로 기대할 수 있다. 화장품들은 화학적으로 좀 더 정교해져서 피부색을 더 강조해줄 것이며, 치료 기능까지 겸하거나(약용화장품 혹은 기능성 화장품), 피부 표면에서 빛이 반사되는 양식을 변화시키는 새로운 화합물이 개발될 수도 있다.

영구적·반영구적으로 피부색을 변화시키는 방법들은 보다 다양하고 정교해질 것이다. 멜라닌이나 멜라닌과 비슷한 색소를 포함하는 자외선 차단제뿐 아니라 태양이 없을 때도 멜라닌 생산을 활성화시키는 제제를 이용해 좀 더 자연스러운 태닝이 가능해질 것이다. 반대로 같은 과정을 거꾸로 돌려 세포 수준에서 멜라닌 생산을 비활성화함으로써 피부색을 없애는 사람들도 있을 것이다.

힘들이지 않고 적은 비용으로 문신을 제거할 수 있다면 더욱 많은 사람들이 문신을 만들게 될 것이다. 일정 시간이 지나거나 단일 파장의 가시광선에 계속 노출된 후에는 무해한 물질로 자연 분해되어 보이지 않게 되는 문신용 잉크를 상상해볼 수 있다. 그러한 기술이 발전하게 된다면 범죄를 연상시키는 그림이나 기괴한 문자로 된 문신을 제거

피부색에 감춰진 비밀

하기 위해 힘든 레이저 시술을 받지 않아도 된다.

피부를 자신의 홍보용 게시판으로 강조하는 현대 사회의 경향은 점점 더 강해질 것이고, 따라서 앞으로 우리는 외모를 더 많이 의식하게 될 것이다. 현재 우리는 피부 모양을 변화시키기 위해 매년 수십 억 달러를 지출하고 있으며, 다음 10년 동안에도 좀 더 젊게 보이거나 독특한 외모로 관심을 끌고자 하는 욕망 때문에 이러한 지출은 계속 늘어날 것이다.

장래에는 컴퓨터 처리된 정보를 전달하는 데도 피부가 중요한 기능을 할 것이다. 또한 피부를 접촉할 때 얻는 즐거운 느낌은 새롭고 예상치 못한 방법으로 재발견되어 그대로 시뮬레이션될 것이다. 이미 정보를 담은 마이크로칩(RFID칩)이 이용되고 있다. 애완동물, 가축, 인간 환자의 피부에 이식해 식별하는 기술이다.[6] 개인정보를 담은 마이크로칩을 피부에 이식하는 개념은 일반 대중이 쉽게 수용하지 않아왔는데, 여러 이유가 있지만 주로 시민의 기본권 침해에 대한 우려가 가장 중요했다.[7] 그러나 조만간 사람들이 그와 같은 장치를 부착할 것으로 예상할 수 있으며, 그중에는 자발적·일시적으로 이식하는 경우도 있지만 일부는 그렇지 않을 것이다. 이미 사용 가능한 사례도 있다. 예를 들어 스페인의 한 나이트클럽에서는 저녁 파티 참가비를 미리 설정한 계좌에서 인출하는데, 계좌의 상세 정보를 저장한 마이크로칩을 파티가 시작되기 직전 피부에 이식한다. 그래서 신용카드나 지갑을 휴대할 필요가 없다.[8] 이식 마이크로칩에는 그 외에도 여러 다른 형태의 개인정보를 저장할 수 있다. 자신의 DNA 정보에서부터 의료 기록, 신용거래 기록, 범죄력까지 모든 것을 저장할 수 있다.

자신의 신체 내부나 주위 환경에 관한 정보를 인식하는 장치는 큰 논란을 일으키지 않고 도입될 것이다. 예를 들어 이식된 센서가 체온을 인식하면 이에 따라 자신을 따뜻하게 하거나 시원하게 해주는 '미래형 옷'을 생각해볼 수 있다. 또한 이온화 복사파나 강한 자기장이 있을 경우 자동적으로 경고해주면 심박 조율기나 인슐린 펌프 같은 의료 장비의 오작동을 막을 수 있다.

연예와 연극은 이식형 마이크로칩을 가장 극적으로 활용할 수 있는 분야들 중 하나다. 배우의 피부에 이식한 마이크로칩이 조명효과, 음량, 이미지 투사, 향기 발생 등을 자동으로 인지할 수 있다. 더 나아가 사전에 프로그래밍한 정보를 통해 극장의 조명, 음향, 특수효과 시스템을 조절하는 상황을 상상해볼 수도 있다. 마이크로칩은 예술 분야에서 앞으로 수십 년 동안 여러 목적으로 활용도를 넓혀갈 것이며, 더 작고 이식하기 적합한 칩이 개발될 것이다.

압력·온도·전도성 센서를 피부에 이식하게 되면 개인의 촉각 범위를 극적으로 넓혀줄 것이다. 그렇게 되면 내가 만지거나 나를 만지는 대상이 가까운 위치에 있는 사람으로 한정되지 않는다. 멀리 떨어진 사람을 원격으로 만질 수 있을 뿐 아니라 실제로 옆에 있는 사람처럼 존재감을 느낄 수도 있을 것이다. 현재의 가상현실 시뮬레이션은 비교적 거칠고 까다롭다. 하지만 매우 잘 통제된 환경에서 시각적·촉각적 자극을 조합해 전달하면 다양한 실재 세계의 상황을 경험할 수 있을 것이다. 여러 감각을 활용하는 가상현실 장비를 통해 존재감을

피부색에 감춰진 비밀

만들어내는 기술은 현재도 여러 치료 영역에서 그 효과가 입증되고 있다. 공포증, 사회적 불안, 외상후스트레스장애, 통증 관리 등이 그것이다.[9]

컴퓨터와 인공지능 기술의 발전으로 가까운 장래에 매우 정교한 쌍방향 시스템이 구축되어 여러 유익한 목적—보건 의료, 정신 치료, 신체적 친밀감, 일반적인 엔터테인먼트—으로 사용될 것이다. 예를 들어 혼자 사는 노인들에게 부드럽게 쓰다듬거나 포옹하는 느낌을 주고, 인터넷 채팅방에서 멀리 떨어진 이들끼리 서로 애무하는 등 여러 가지 가상 신체 접촉 상황을 상상할 수 있다. 이러한 시나리오는 생각보다 빨리 현실화될 것이다. 동물을 '사이버'로 어루만지는 기술은 이미 이용되고 있으며,[10] 이러한 기술을 토대로 인간을 위해 '포옹하는 옷'이 개발되어 인터넷을 통해 다른 사람을 부드럽게 안아줄 수 있을 것이다. 물론 이러한 기술을 더 나쁜 방향으로 악용할 수도 있다. 정탐, 심문, 가상학대, 고문 등이 그것이다. 기술은 환희와 공포 그 어느 쪽으로든 작용할 수 있으며 자아, 물리적 존재, 개인의 책임 등에 관한 우리의 인식을 근본적으로 흔들어놓을 가능성이 있다.

E-피부

피부 관련 연구 중 가까운 장래에 빠르게 발전할 또 다른 분야는 전자피부다. 우리가 일상적인 행동—삶은 계란 까기, 방문 손잡이 돌리기, 악수하기, 카펫 위를 맨발로 걷기, 치약튜브 짜기 등—을 할 때마다 피부 속의 여러 압력·온도 센서들과 관절의 위치 센서들이 작동한다. 그래서 얼마나 센 강도로 짜거나 밟아야 할지, 팔다리는 어느 쪽을 향해야 할지 등을 말해준다. 로봇 전문가들은 로봇이 우리가 일상 생활에서 실제 하고 있는 일들—병뚜껑 따기, 사람을 침대 위에 눕히기, 방문 열어주기 등—을 수행하게 만들 수 있을까? 아마도 매우 큰 난관에 부딪히게 될 것이다. 병을 깨트리지 않으면서 뚜껑을 따려면 어떤 느낌이 들어야 할까? 사람에게 충격을 주지 않고 침대 위로 눕히려면? 손잡이를 망가뜨리지 않고 방문을 열려면? 인간의 피부가 지닌 매우 정교한 감각들, 자연적인 신축성과 유연성 등은 인공적으로 재현하기 힘들다. 로봇에게 입힐 인공 전자피부는 빠른 시일 내에 개발되지 못할 것이다. 인간의 피부처럼 단지 몇 밀리미터의 두께만으로 수많은 일들을 수행할 만큼 정교하면서도 경제적인 구조를 설계하기까지는 해결해야 할 과제가 너무 많기 때문이다.

로봇의 미래는 실제 피부와 거의 비슷한 인공 피부를 만들어 인간의 촉각을 재현해내는 기술에 달려 있다. 몇몇 유형의 인공 전자피부가 개발 단계에 있으며, 그중에는 거의 '자연적'인 신축성을 가진 것도 있지만 아직 많은 특성들을 결여하고 있다(컬러 사진 14).[11] 우리는 로봇이 인간과 비슷한 감각을 갖게 됨으로써 좀 더 효과적으로 인간의 행동을 모방하고 사람들과 상호작용할 수 있게 되기를 바란다. 정밀한 인공 피부가 만들어지면 지금까지 우리가 예상하지 못한 결과가 나타날 수도 있다. 이를테면 로봇이 자아를 인식할 수도 있을 것이다. 로봇에게 입힌 피부가 자신의 표면과 주변 환경의 표면을 구별하게 된

피부색에 감춰진 비밀

다면, 자신과 환경 사이의 경계에 대한 인식이 싹틀 것이다. 즉 로봇에게 자신의 내부와 외부라는 개념이 생긴다.[12] 인간의 피부를 정밀하게 모방한 인공 피부가 만들어지면 인간과 비슷한 로봇의 개발로 이어질 것이다.

미래에도 피부는 지난 수백만 년 동안 우리를 위해 했던 일을 계속할 것이지만, 기술이 발달함에 따라 촉각과 지각의 범위는 크게 확장되어 문자 그대로의 피부를 넘어설 것이다. 우리 인류는 피부를 현재보다 그리고 다른 어떤 신체 부위들보다 더 즐기게 될 것이다. 우리는 피부에서 직접 받아들이는 물리적 자극으로부터 많은 것을 얻는다. 피부 자극으로부터 다양한 정보를 얻고, 사랑스러운 대상을 포옹할 때는 기쁨을 느낀다. 그러나 같은 이유로 우리는 두려움을 느끼기도 한다. 피부는 신체적·정신적 일체감을 느끼는 경로이기 때문이다. 피부는 우리의 자아상과 사회적 중요성을 비추는 거울이다. 피부를 통해 우리는 다른 이들에게 보이는 자신의 이미지를 상상할 수 있고, 특정 집단과 자신의 관계가 어떠한지 선언한다. 의식적으로든 아니든 우리 대부분은 다양한 집단들과 동질감을 보이거나 거리감을 보이기 위해 피부의 이미지를 항상 갱신하고 있다. 우리는 털이 없고, 땀을 많이 흘리며, 무언가 장식하는 피부를 통해 우리가 누구인지 세상에 알린다. 피부는 곧 우리 자신이다.

- 각질층(角質層 stratum corneum)

  표피의 가장 바깥층으로 케라틴이 풍부하게 함유되어 있다. 물을 비롯한 여러 분자들의 마찰을 견디거나 흡수하는 데 탁월하다. 각질층은 항상 새롭게 보충된다.

- 골화(骨化 ossification)

  뼈 조직을 생성하는 과정. 척추동물에서 골화된 피부는 피골(皮骨)이라 부른다.

- 광보호(光保護 photoprotection)

  자외선으로부터 피부를 보호하는 방법.

- 광피부형(光皮膚形 skin phototype)

  자외선 반응에 따른 피부의 분류. I형(옅은 색 피부에 태닝 불가능)에서부터 VI형(짙은 색 피부에 깊은 태닝 가능)까지 있다.

- 구세계(舊世界 old world)

  지구의 동반구, 즉 유럽 · 아시아 · 아프리카를 말한다.

• 구루병(佝僂病 rickets)
아동의 비타민 D 결핍 질환. 무기질이 부족해 전체적으로 뼈가 약하며 체중이 실리는 뼈에는 쉽게 변형이 온다.

• 기능성 색소침착(facultative pigmentation)
피부가 햇빛에 노출되어 짙어진 상태 혹은 선탠 상태. 자외선이 멜라닌세포의 멜라닌 생산을 활성화시킨 결과다.

• 네발동물(tetrapod)
네 다리와 발가락을 가진 척추동물의 진화계통. 양서류, 파충류, 조류, 포유류가 포함된다.

• 랑게르한스세포(Langerhans cell)
표피의 각질층에 있는 거미 모양의(돌기가 많은) 세포로 표피의 유극층에 있으며 면역체계의 일부다. 발생 초기에 골수로부터 피부 속으로 옮겨가는 이주세포의 한 유형이다. 피부의 '파수꾼'이라 불리며, 침범하는 미생물에 대항하는 최전방 방위선의 일부다. 랑게르한스세포는 항원(외부단백질)을 림프절로 전달하고, 면역체계가 감염에 대항해 싸울 림프구를 생산하도록 자극한다.

• 멜라닌(melanin)
피부색의 대부분을 결정하는 색소. 인간 피부에서 주된 멜라닌은 매우 짙은 색의 유멜라닌이지만, 적황색의 페오멜라닌도 소량 존재한다.

• 멜라닌세포(melanocyte)
피부에서 멜라닌을 생산하는 세포.

• 비타민 D
장에서 칼슘을 흡수하고, 뼈의 성장과 강화에 필요한 필수 비타민. 비타민 D 합성은 피부 속의 콜레스테롤 전구물질로부터 비롯되며, 이 과정을 촉발하는 것이 자외선 B(UVB)다. 비타민 D의 생물학적 활성형은 비타민 D₃이며, 피부에서 시작된 후 간과 신장에서 일어나는 일련의 화학적 변환을 통해 만들어진다.

• 상동유전자(相同遺傳子 orthologs)
공통 선조의 유전자로부터 진화한 서로 다른 종들의 유전자. 다른 종들에 있어도 대부분 비슷한 기능을 지닌다.

피부색에 감춰진 비밀

• 상피 (上皮 epithelium)

신체 내·외부 표면을 덮는 조직을 지칭하는 일반적 용어. 입, 혈관, 내장을 비롯한 여러 장기들의 표면이다.

• 선천적 피부색(constitutive pigmentation)

개인의 유전자에 따라 결정된 피부색. 팔 안쪽과 같이 햇빛에 자주 노출되지 않는 부위에서 잘 드러난다.

• 섬유아세포(纖維芽細胞 fibroblast)

결체조직 세포. 연골 생산 세포, 콜라겐 생산 세포, 뼈 생산 세포로 분화해 신체의 섬유성 조직을 형성한다.

• 성적이형(性的異形 sexual dimorphism)

유전적으로 결정되는 남녀 혹은 암수의 차이. 신체 전체의 크기, 치아 크기, 피부색 같은 특징들을 말한다.

• 신세계(新世界 new world)

지구의 서반구, 즉 남북 아메리카를 말한다.

• 알비노(albino)

멜라닌이 합성되지 못해 피부와 모발 그리고(혹은) 눈에 색소가 없는 사람. 안백색(眼白色, 눈에만 발생)과 안피부백피(眼皮膚白皮, 눈·피부·모발에 발생)가 가장 흔한 형태다.

• 열대(熱帶 tropics)

북위 23.5도에서 남위 23.5도 사이의 지역. 태양이 항상 하늘 높이 있기 때문에 연중 기후 변화가 적다.

• 엽산 (葉酸 folate)

비타민 B에 속하는 비타민으로 DNA 복제와 세포분열에 필요하다.

• 오스트랄로피테신(australopithecine)

오스트랄로피테쿠스 속에 속하는 고대 호미니드 혹은 호모 속보다 먼저 출현한 초기 호미니드를 일컫는 말. 흔히 말하는 거구의 오스트랄로피테신은 큰 이빨에 단단한 턱 구조를 가져서 가냘픈 오스트랄로피테신으로 알려진 종과는 구별된다.

• 외피(外皮 integument)
신체를 덮고 있는 조직들. 피부, 털, 손발톱, 비늘 등이 포함된다.

• 유멜라닌(eumelanin)
우리 몸에서 가장 흔한 유형의 멜라닌색소로 짙은 갈색을 띤다. 작은 소단위들(중합체)이 뭉쳐 있다. 유멜라닌은 피부와 털이 다양한 갈색을 띠게 만들며, 농도가 높을수록 짙은 색이 된다.

• 유전자형(遺傳子型 genotype)
개인의 유전자 구성 형태.

• 유전체학(遺傳體學 genomics)
유전자의 배열과 기능을 연구하는 학문. 비교유전체학은 여러 생명체들의 유전자 배열과 활성화를 비교한다.

• 이주세포(移住細胞 immigrant cells)
발생 초기에 신체 다른 곳에서 피부로 옮겨온 세포. 언젠가 피부 바깥으로 나갈 수 있는 능력을 가진 경우도 있다. 멜라닌세포와 랑게르한스세포가 피부에서 가장 중요한 이주세포들이다.

• 자외선(UVR)
가시광선보다 파장이 짧아서 에너지가 더 높은 일광복사. 파장이 100~400나노미터 범위에 있다.

• 자외선 A(UVA)
파장이 315~400나노미터인 자외선으로, 상대적으로 에너지가 낮다.

• 자외선 B(UVB)
파장이 280~315나노미터인 자외선으로, 상대적으로 에너지가 높다.

• 자외선 C(UVC)
파장이 100~280나노미터인 자외선으로, 자외선 중 에너지가 가장 높다.

• 자유라디칼(free radical)
수명이 짧고 반응성이 매우 강한 분자. 짝짓지 않은 전자를 하나 이상 가지며, 세포 내

피부색에 감춰진 비밀

에서 일어나는 정상적인 화학 반응으로 생겨나는 부산물인 경우가 많다. 과산화물이온과 과산화수소이온이 대표적 예다. 과학 문헌에는 활성산소의 한 종류로 표기되는 경우가 많다. 자외선은 자유라디칼을 만들며 이는 DNA에 손상을 일으킨다.

• 직립보행(bipedalism)
네 발이 아니라 두 발로 서거나 걸을 수 있는 능력. 인간은 상시 직립보행을 한다. 즉 항상 두 발로 서고 걷는다. 상시 직립보행은 척추동물의 여러 진화계통에서 각각 별도로 진화했는데, 도마뱀 및 일부 공룡의 선조들과 조류 및 인간의 선조들이 여기에 포함된다.

• 진피(眞皮 dermis)
피부를 구성하는 두 가지 중요한 층 가운데 아래 층. 콜라겐 소섬유, 엘라스틴 섬유, 산재된 결체조직, 면역세포, 혈관, 신경말단이 밀접하게 얽혀 구성된다. 진피는 피부를 단단하게 만들어준다.

• 체온 조절(體溫調節 thermoregulation)
신체의 온도를 조절하는 기전을 말하며, 항온동물(온혈동물)에게 특히 중요하다.

• 케라틴(keratin)
인간을 비롯해 육지생활을 하는 척추동물의 표피를 형성하는 기본 단백질로, 단단한 섬유질이며 물에 녹지 않는다. α와 β 두 가지 유형이 있는데, α-케라틴은 포유류에, β-케라틴은 조류·양서류·파충류의 피부에 주로 존재한다. 케라틴은 인간의 털과 손톱 대부분을 구성한다. 케라틴은 어디에나 있고 다양하게 사용되기 때문에 '자연의 플라스틱'으로 비유되기도 한다.

• 케라틴세포(keratinocyte)
표피 내에 가장 많이 존재하는 세포. 멜라닌세포에서 멜라닌소체(멜라닌색소 꾸러미)가 케라틴세포로 전달되고, 멜라닌소체가 주로 피부색을 결정한다.

• 켈로이드(keloid)
상처 치유 과정에서 콜라겐이 과잉 생산돼 흉터가 확대된 형태. 짙은 색 피부를 한 사람들에게서 더 흔히 발생한다.

• 탄력섬유증(彈力纖維症 elastosis)
피부의 엘라스틴 섬유들이 파손된 상태. 자외선 노출로 파손이 발생한 경우는 '광탄력섬유증' 이라 부른다.

- 페오멜라닌(pheomelanin)
멜라닌의 한 유형으로 적황색을 띠며, 옅은 색 피부를 지닌 사람의 털에 많다. 페오멜
라닌도 유멜라닌처럼 여러 개의 소단위들로 구성된다. 그러나 유멜라닌과는 달리 자외
선에 노출될 때 자유라디칼을 만들어내지만 중화시키지 못한다. 그리고 이는 옅은 색
피부를 지닌 사람들의 피부암 발생률과 연관된다.

- 표피(表皮 epidermis)
피부의 가장 바깥층.

- 표현형질(表現型質 phenotype)
생명체에서 눈으로 확인되는 구조와 기능적 특성. 개체의 유전적 구성과 환경 사이의
상호작용에 따른 결과다.

- 햅틱(haptic)
촉각(觸覺)을 의미한다.

- 협비원류(狹鼻猿類 Catarrhini)
영장류 목에 속하는 아목으로 구세계 원숭이, 유인원, 인간이 포함된다.

- 호미니드(hominid)
보통 직립보행 인간 선조들을 의미한다. 동물학적으로 엄밀하게는 두 발로 걸은 인간
선조들을 사람아과로 분류하며, 이를 '호미닌(hominin)' 이라 부른다.

- 회음부(會陰部 perineal)
사타구니 아래쪽 외성기와 항문 사이를 가리킨다.

- 흉터 만들기(scarification)
피부를 절개해 흉터를 만들어 장식하는 행위. 절개된 상처 속으로 숯과 같은 자극제를
넣어 흉터가 좀 더 솟아오르도록 만들기도 한다.

머리말

1. Richardson 2003.

2. 인간 진화계통의 시작―즉, 인간으로 이어지는 진화계통이 현대 침팬지로 이어지는 진화
   계통으로부터 분리된 시점―은 대략 600만 년 전이다. 이것은 분자생물학 및 고생물학적
   (화석) 연구를 통해 추정된 결과다. 분자생물학적 증거는 주로 인간과 침팬지, 그리고 다
   른 영장류들 사이에서 세포핵 및 미토콘드리아 DNA의 염기배열 차이에 대한 연구로부
   터 나왔다. 화석 연구의 증거는 최근 중앙아프리카 차드에서 발견된 최초의 호미니드
   (hominid) 종인 사헬란트로푸스 차덴시스(*Sahelanthropus tschadensis*) 화석인데, 이
   화석의 분석 결과 인간 진화계통이 분리되어 나온 시기가 600만 년 전으로 거슬러올라가
   게 되었다. 만약 이 종이 인간보다 침팬지(혹은 다른 유인원)와 더 밀접하게 연관된다면,
   인간 진화계통의 기원은 논란의 여지 없이 케냐의 투르카나 호수 분지 퇴적층에서 발견된
   오스트랄로피테쿠스 아나멘시스(*Australopithecus anamensis*) 종에게 돌아가고, 그 시
   기는 440만 년 전이다.

3. 피부는 오래전부터 몸에서 가장 큰 기관으로 간주되어 왔으며, 전체 몸무게의 15퍼센트,
   표면적은 성인의 경우 1.5~2제곱미터(약 0.6평)에 달한다. 그러나 소장과 대장 내면의 점
   막이 피부보다 표면적이 더 넓고, 골격근의 전체 무게가 더 무겁다고 반론을 제기하는 사

람들도 있다. 하지만 피부가 인간 신체에서 가장 큰 기관 가운데 하나라는 사실에는 변함이 없다.

4. 인간의 피부에서 털이 없어진 사건은 인류 진화 과정에 일어난 가장 중요한 혁신 중 하나임에도 흔히 간과되고 있다. 이 주제와 관련하여 피부에 털이 없고 땀을 많이 흘리면 더운 환경에서 체온을 정상으로 유지하는 데 유리하다고 설명한 피터 휠러(Peter Wheeler)의 분석이 가장 설득력을 가진다(Wheeler 1988). 휠러가 체온 조절 모델로 직립두발보행의 기원을 설명한 것은 맞지 않지만(Chaplin, Jablonski, and Cable 1994), 인류 진화에서 땀 배출이 몸을 식히는 역할을 했다는 그의 인식은 중요한 계기가 되었다.

5. Di Folco 2004, 8.

6. 클로우디아 벤티엔(Claudia Benthien 2002)과 스티븐 코너(Steven Connor 2004)의 최근 연구에서는 미술과 문학으로 상징화된 피부를 다룬다. '피부'라는 단어 혹은 피부를 형상화한 예술작품이 인간성, 정체성, 취약성, 소외 등의 개념을 전달하는 데 어떻게 사용되는지를 생생한 사례를 통해 보여준다.

7. "Whispers of Immortality"; Eliot 1920.

8. Groning 1997; Di Folco 2004; Polhemus 2004.

1. 알몸을 드러낸 피부

1. 털이 많은 다른 포유류 친척들의 피부와 인간 피부 사이의 중요한 해부학적 차이는 피부생물학자 윌리엄 몬타냐(William Montagna)의 유명한 논문들에서 가장 먼저 논의되었다. 그는 인간의 피부가 가진 강한 탄력성과 마모 저항성 및 발한 능력 등에 주목했다(Montagna 1981).

2. 표피의 두께는 신체 표면 부위에 따라 0.4~1.5밀리미터 범위에서 약간씩 차이가 난다(Chu et al. 2003).

3. 여러 형태의 산화성 스트레스에 관한 논의는 엘리어스(Elias), 페인골드(Feingold), 플러(Fluhr)의 2003년 논문 참조.

4. 자외선에 반복적으로 노출되어 각질층이 두꺼워지는 현상은 짙은 색 피부를 가진 사람들 혹은 햇빛에 장시간 노출시켜 피부를 짙게 태운 사람들에게서 가장 두드러지게 나타난다(Taylor 2002).

5. 피터 엘리어스(Peter Elias) 등 연구진은 표피의 물리적·생화학적 특성을 상세히 연구해 우수한 논문과 서적을 많이 발표했다. 좀 더 상세히 알고자 하는 독자들에게는 엘리어스, 페인골드, 플러의 2003년 논문을 비롯해 이들의 연구 결과를 읽어보길 권한다.

6. 몬타냐는 인간 피부의 표피가 매우 효과적으로 수행하는 장벽 기능은 오직 인간만이 지닌 고유한 특성 가운데 하나라고 오랫동안 주장해왔다. 침팬지 유전자의 염기배열이 분석되고, 침팬지 피부와는 다른 인간 피부만의 독특한 기능복합체가 발견됨으로써 그의 가장

중요한 가설이 입증되었다(Chimpanzee Sequencing and Analysis Consortium 2005).

7. 대부분의 사람들에게서 표피와 진피를 합친 피부 전체의 두께는 1.5~4.0밀리미터 범위에 있다(Chu et al. 2003).

8. 부드러운 가죽은 태닝된 표피와 진피 모두로 구성되지만 스웨이드가죽은 표피의 일부 혹은 전부를 제거한 피부로 구성된다. 양피지(羊皮紙)는 송아지, 양, 그리고 새끼염소의 피부를 펼쳐 말리고 가공하여 만든다. 생가죽은 이름 그대로 태닝되지 않은 피부다.

9. 오늘날 진화발생생물학(진화생물학과 발생생물학이 융합한 학문으로 영문 첫 글자들을 따서 '이보디보Evo-Devo'라 부른다) 영역에서는 동물의 외피가 지닌 중요한 특성들(각질층, 털, 깃털 등)에 관한 유전학적 토대를 연구함으로써 척추동물의 피부 진화에 관한 새로운 지식들이 쌓이고 있다. 이 주제에 관한 보다 상세한 정보는 우핑 등 여러 학자들이 2004년 《발생생물학 국제저널International Journal of Developmental Biology》에 게재한 논문들을 참조하라. 최근의 연구에 따르면 털의 모낭과 깃털의 모낭은 순환적 재생이 가능한 특성을 공유하지만, 2억2500만 년에서 1억5500만 년 전 사이에 각각 독립적으로 진화했다(Yue et al. 2005).

10. 찰스 다윈은 인간의 얼굴 표정이 지닌 중요성을 인식하고, 인간의 표정과 동물의 표정 사이에 유사성이 있음을 확인했다. 인간 얼굴 표정의 진화 및 그 사회적 의미에 관한 다윈의 연구는 폴 에크먼(Paul Ekman)과 그의 제자들의 연구로 이어졌다. 오늘날 우리가 이 주제에 대해 알고 있는 지식은 그들의 연구를 토대로 한 것이다(Ekman 1998, 2003).

2. 피부의 진화

1. 고생물학자들은 화석 동물 뼈에서 근육이 붙어 있던 부위의 크기와 위치, 그리고 표면의 울퉁불퉁함 등을 연구함으로써 그곳에 붙어 있던 근육에 관해 상세히 재구성한다. 여기에는 근육의 크기, 가동범위, 그리고 같은 뼈에 붙어 있던 다른 근육들에 대비한 상대적 중요성 등이 포함된다. 이러한 정보를 토대로 고생물학자들은 고대 동물들이 어떤 먹이를 어떤 방식으로 먹었는지 추측한다. 긴뼈에 붙어 있던 근육에 관한 정보와 사지 뼈의 치수에 관한 데이터를 종합하면 동물이 움직였던 방식과 그 속도에 관해 자세한 사항들을 재구성할 수 있다.

2. 매우 진귀한 예외가 있다. 2000년 2월, 미국 유타주 세인트조지 인근의 존슨농장에서 발견된 공룡 딜로포사우루스의 발자국이다. 2억 년 전 미세한 진흙에 만들어진 이 파충류의 발자국은 피부가 비늘로 덮여 있었음을 알 수 있을 정도로 잘 보존되어 있었다. 이에 관한 더 상세한 정보는 http://scienceviews.com/dinosaurs/dinotracks.html에서 얻을 수 있다.

3. Chiappe et al. 1998.

4. 인류학자 도널드 브로스웰(Donald Brothwell)은 신체가 오랜 시간 동안 보존될 수 있는 조건을 잘 보여준다. 브로스웰의 1987년 논문을 참조하라.

5. 중국 신장 위구르 자치구 타클라마칸 사막 동쪽의 도시 누란에 있는 샤오허 묘지에서 발견된 '누란의 미녀'도 미라로 보존된 사체들 가운데 하나다. 이러한 미라들은 홀로세(Holocene: 지질시대의 마지막 시대로 '현세'라고도 함—옮긴이) 중기에 중앙아시아계 인종이 서중국 지역에 거주했음을 말해준다. 추운 기후에 적응된 의복은 또 다른 유명한 고대인 '외치'의 의복과 유사하다. 외치는 오스트리아와 이탈리아 국경 알프스 빙하지대에서 발견된 신석기시대의 냉동인간이다(Barber 2002).

6. 외치의 발견과 복원 그리고 과학적 연구에 관한 좀 더 상세한 이야기는 파울러(Fowler)의 2000년 논문을 참조하라.

7. Ding, Woo, and Chisholm 2004.

8. Whitear 1977.

9. 척추동물 피부에서 케라틴의 형성 및 그 기능에 관해 자세히 알고 싶다면 스피어맨(Spearman)의 1977년 논문을 참조하라. 우핑과 그의 동료 연구진들은 서로 다른 척추동물들의 케라틴 생산과 관련된 유전체들에 대한 논의를 포함하여, 케라틴의 진화발생생물학에 관한 최근의 설명을 상세하게 제공해준다(Wu et al. 2004).

10. 양서류는 피부의 과립샘에서 주로 네 종류의 독성 화합물들을 만들어내며, 그중 일부는 의학이나 제약 분야에서 사용될 수 있는 것으로 입증되었다(Clarke 1997).

11. Wu et al. 2004.

12. 파충류 피부의 골화(骨化)는 포유류 피골(皮骨)의 선구라 할 수 있다. 포유류의 골격은 중요한 두 가지 형태의 뼈들로 구성되는데, 연골을 대체한 경우와 피부에서 직접적으로 형성된 경우다. 후자인 피골은 포유류 두개골의 중요한 요소를 형성하는데, 두개 천정의 뼈와 턱뼈가 여기에 포함된다. 특정한 목적을 위해 진화한 구조—여기서는 악어류에서 마찰에 의한 손상을 방지하는 목적으로 진화한 피골—가 다른 목적으로 사용되는 것은 진화 과정에서 흔하게 일어나는 일이다. '선택적 진화'라는 용어가 이와 같은 현상을 기술하는 데 적용될 수 있다. 포유류 두개의 피골은 뇌를 보호하지만, 파충류 선조에게서와 같은 단단한 갑옷으로서의 외피 기능은 없어졌다.

13. 우핑이 이끄는 연구진은 깃털 진화의 유전학적 증거에 관해 상세히 설명하였다(Wu et al. 2004.). 화석 기록으로 본 깃털 진화의 과정은 두 개의 논문에서 잘 분석하였다(Chiappe 1995, Chuong et al. 2003).

14. Padian 2001.

15. Carpenter, Davies, and Lucey 2000.

16. 럭(C. P. Luck)과 라이트(P. G. Wright)는 하마의 피부를 통한 수분 소실을 잘 설명해준다. 사이카와(Saikawa)를 비롯한 연구진들은 최근 하마의 '붉은 땀'이 지닌 화학적 특성을 분석했다(Saikawa et al. 2004.). 하마의 피부가 지니는 특성에 관한 진화론적·고생

피부색에 감춰진 비밀

물학적 의미는 나의 2004년 논문을 참조하라.

17. Jablonski 2004.

18. 비교생물학적으로 진화계통의 적응 과정을 재구성할 때는 먼저 연구 대상 동물들 사이의 계통발생상 연관성에 대해 가설을 수립해야 한다. 그리고 인간뿐 아니라 우리와 밀접한 영장류 친척들의 피부가 지닌 기능을 알고, 기능 전환이 발생할 수밖에 없었던 이유를 이해해야 한다. 예를 들어 동물들 간에 땀 흘리는 비율이나 피부 색소의 정도를 비교해볼 수도 있다. 이러한 연구가 선행된 다음, 인간 피부의 진화 과정에 발생했던 중요한 사건들을 재구성할 수 있다. 이와 같은 방법론은 진화형태학의 영역에 속하는데, 계통발생학적 토대에 입각하여 구조 및 기능의 변화 단계들을 시간의 흐름에 따라 추적함으로써 적응의 역사를 재구성하는 학문이다.

19. 이러한 동물들의 진화론적 관계는 생물학에서 많은 논란을 초래한 주제였으며, 1980년대 들어 제시된 분자생물학적 증거(미토콘드리아 DNA와 핵 DNA의 뉴클레오티드 배열)가 그 동물들의 분지 관계를 명확하게 드러내주었다. 진화론적 관계를 재구성하는 전통적 방법론은 해부학적 증거를 바탕으로 하지만, 수렴진화(비슷한 환경에 대응하여 비슷한 구조물들이 진화)를 한 동물들의 문제에 직면하면 진화론적 관계를 재구성하기가 어렵고 신뢰성이 떨어질 수 있다. 우수한 계통발생학적 연구들은 대부분 두 가지 형태의 증거를 종합한다.

20. Ruvolo 1997.

21. 조너선 마크스(Jonathan Marks)가 2003년에 출간한 저서에 나온 표현이다. 최근 30년 동안의 분자생물학적 진화론 연구 결과들에 따르면 인간과 침팬지 사이의 '중요한' 형태학적 차이를 가져온 유전적 변화는 비교적 적은 수에 불과하다(Khaitovich et al. 2005).

22. 여기서 논의한 구대륙의 유인원 영장류들의 피부가 가지는 세 가지 중요한 특성들—털 없음, 많은 땀을 흘리는 능력, 멜라닌색소 생산 능력—은 정도의 차이는 있지만 모든 포유류들이 공유하는 특성이기도 하다.

23. Jablonski and Chaplin 2000.

3. 땀

1. 수상 유인원 가설은 1960년 알리스테어 하디(Alistair Hardy)가 처음 제안했고, 1982년 일레인 모건(Elaine Morgan)이 더욱 발전시켰다.

2. 이 책에서 '호미니드(hominid)'라는 용어는 오늘날의 인간이 소속된 진화계통(lineage) 중 멸종된 종들을 의미한다. 약 600만에서 700만 년 전, 오늘날의 침팬지로 이어지는 선조로부터 분리된 영장류 진화계통이다. 호미니드에는 멸종된 많은 종들이 포함되는데, 이들은 오늘날의 인간과 밀접하게 연관된 경우도 있고 거의 관련이 없는 경우도 있다. 최근에 과학 문헌들에 사용된 '호미니드'라는 용어는 같은 집단을 지칭해왔지만 널리 이해

되고 있지는 않다.

3. 1960년대와 1970년대 초반에는 인간 진화에 관한 학술 문헌들이 주로 초기 선사시대 사냥의 중요성을 강조했다. 그리고 이에 영향을 받아 일부 작가들은 인류 진화에 관한 대중적 작품을 발표했는데, 역사 이전의 인간 심리와 시대 방향을 형성하는 데 있어 잔인하고 공격적인 본능과 살해의 중요성을 강조하는 내용이었다. 그중에서 아마추어 인류학자인 로버트 아드리(Robert Ardrey)의 《아프리카에서의 인류 기원*African Genesis*》(1961)이 가장 유명했다. 아드리가 제시한 관점에 대한 반작용으로 수상 유인원 가설이 대중들의 관심을 끌었다고 볼 수 있다.

4. 신체를 뚫고 들어가는 수인성 기생충과 관련된 질병 외에도 말라리아(물에서 자라는 모기를 감염시킨 기생충이 일으키는 질병)도 열대지역에서 질병률과 사망률을 높이는 주된 원인이다.

5. 호미니드가 조개류 등 얕은 물에 서식하는 먹잇감을 이용했을 것이라는 개념은 캘리포니아 대학 버클리 캠퍼스의 통합생물학과 박사과정에 있는 앨런 셔블(Alan Shabel)이 현재 추구하고 있는 생각이다.

6. Wheeler 1985.

7. 수상 유인원 가설을 주장하는 사람들은 또한 인간이 항상 두 발로 서서 걷기(직립보행) 시작한 것은 부분적인 수상생활을 할 때부터였다고 말한다. 인간 진화의 역사에서 이와 같은 핵심적 발전을 설명하기 위해 좀 더 확실한 증거에 입각해 수립된 다른 가설들도 많다. 나와 조지 채플린(George Chaplin)은 인간이 직립보행을 시작한 기원을 직립보행이 사회적 통제에 효과적인 방법이었다는 가설에 근거해 설명했다(Jablonski and Chaplin 1993).

8. Pagel and Bodmer 2003.

9. Bar-Yosef 2002.

10. 인간이 일상적으로 옷을 입기 시작했을 때, 사실상 털이 많아졌을 가능성도 있다. 유럽의 원주민들은 다른 사람들보다 털이 더 많은데, 이는 털이 다시 많아진 결과다. 즉 초기 호미니드 역사에서 처음에는 털이 없어진 후 다시 많아졌다. 동물의 털이나 식물섬유로 만든 두꺼운 옷을 입을 때 발생하는 피부 마찰과 그로 인한 감염을 예방하기 위해 유럽 원주민들의 몸에 털이 다시 생겨났을 것이다.

11. Folk and Semken 1991.

12. 피터 휠러가 1980년대와 1990년대 초반에 발표한 연구 논문들은 인류 진화에 있어 땀 흘리기의 중요성을 강조하고 있다. 효율적으로 많은 땀을 흘릴 수 있고 기능적으로 털이 없는 피부는, 덥고 개방된 환경에서 사냥과 같이 열을 발생시키는 활동을 하는 호미니드에게 필수적이었다. 호모(*Homo*) 속(屬) 초기 구성원들은 이와 같은 환경에서 살았다(Wheeler 1984, 1985, 1991a, 1991b; Zihlman and Cohn 1988; Chaplin, Jablonski and Cable 1994).

13. 인간은 두 유형의 땀을 흘리는데 '열성 땀'과 '정서적 땀'이다. 서로 다른 상황에서 다른 신경들이 이를 자극한다. 8장에서 정서적 발한에 대해 좀 더 상세히 다룬다.

14. 특히 그와 같은 포유류들은 열에 가장 민감한 기관인 뇌를 식히는 기전을 개발했다. 뇌의 기저부에서 서로 그물처럼 교차하는 '괴망(怪網, Rete mirabile)' 구조도 여기에 포함되는데, 코에서 식은 혈액이 심장으로 들어가기 전에 뇌 기저부의 정맥들로 보내 뇌를 식힌다. 이와 같은 기전은 사슴, 물소, 영양과 같이 발굽을 가진 대형 포유류(유제류)들에게서 흔히 보인다. '헐떡임'도 같은 효과(식힌 혈액을 뇌의 기저부로 순환시키는)를 준다. 구강 표면에서 수분이 증발하면 혀와 뺨의 정맥 속을 흐르는 혈액이 식고, 이 혈액은 심장으로 들어가기 전에 뇌의 기저부로 순환된다. 이렇게 뇌를 식히는 기전은 늑대, 개, 사자 같은 육식동물들에게서 흔히 볼 수 있다.

15. 다른 영장류들에게도 인간과 같은 에크린 땀샘이 있지만, 보통 최소한으로만 기능하고 그 수도 대부분의 종에서 아포크린 땀샘에 비해 크게 적다. 파타스원숭이 같은 구대륙의 유인원 영장류 몇 종만이 에크린 땀을 많이 흘릴 수 있다. 파타스원숭이는 적도아프리카의 개방된 지역에서 발견되는 몇 안 되는 비(非)인간 영장류 가운데 하나이다. 이러한 지역에서 소규모 집단을 이루어 살아가며, 좋은 사냥감을 찾거나 포식자들로부터 도망치기 위해 먼 거리를 달리곤 한다. 파타스원숭이는 비인간 영장류들 중 가장 빠른 동물로 알려져 있다. 그들이 적도의 태양 아래서 격렬하게 움직일 때 몸을 식히기 위해서는 에크린 땀을 많이 흘릴 수 있어야 했다. 우리는 실험실에서 파타스원숭이들의 발한 능력을 검사해 보았는데, 그들은 에크린 땀샘이 훨씬 많았으며 이를 이용하여 많은 땀을 흘릴 수 있었다. 그리고 그들의 발한 능력은 가까운 친척관계에 있는 다른 원숭이들에 비해서도 월등했다(Mahoney 1980).

16. 아프리카의 호모 속(屬)에 속하는 초기 구성원들에게 어떤 종명(種名)을 부여할 것인가를 두고 통일된 의견은 없다. 하지만 현대인과 비슷한 팔다리 비율과 활동 수준을 가진 최초의 종이 '호모 에르가스터(Homo ergaster)'라는 데는 대부분의 학자들이 동의한다.

17. 화석의 골격과 현대생물학 연구를 통해 '호모 속' 구성원들이 활발하게 신체활동을 했음을 추정할 수 있었다. 오스트랄로피테쿠스 아파렌시스(Australopithecus afarensis) 같은 인간 진화계통의 최초 구성원들의 평균 뇌 용량은 450cm³인 데 비해 초기 호모 속 구성원들은 700~750cm³에 달했다.

18. 많은 학자들은 투르카나 소년(화석 KNM-WT 15000)의 골격 일부가 호모 에르가스터 종에 속하는 것으로 본다. 이와 같은 종 분류에 모두가 동의하지는 않지만, 호모 속으로 분류하는 데는 아무도 이의를 제기하지 않는다. 화석 골격을 자세히 연구하면 연령, 건강 상태, 식습관 등 많은 정보를 얻을 수 있다(Walker and Leakey 1993).

19. 석기가 발견된 장소와 석기 재료로 사용된 돌이 자연적으로 위치한 곳 사이의 거리를 조사한 결과, 초기 호모 속 구성원들이 적당한 석기 재료를 찾아서 20킬로미터 떨어진 곳까지 여행했음을 알 수 있었다. 이와 같은 정보는 당시의 호미니드들이 먼 거리를 걸어다닐

수 있는 신체적 능력을 소유했을 뿐만 아니라 먼 곳에 있는 여러 장소를 탐색하고 다녔음을 말해준다.

20. 초기 호모 속 구성원들의 팔다리 비율과 관절 구조에 대한 비교 연구를 통해 우리 인간이 소속된 속의 초기 구성원들은 먼 거리를 걷거나 달리기에 해부학적으로 적합한 구조를 가지고 있었음을 알 수 있었다. 그리고 최근에는 인간이 '달리기 운동'에 최대의 효율을 내는 구조를 지니고 있음을 실험적으로 입증함으로써 이러한 결론을 뒷받침해주었다 (Ruff 1991; Carrier 1984; Bramble and Lieberman 2004).

21. Jerison 1978, 1997.

22. 딘 포크(Dean Falk)는 뇌 주위의 정맥들을 자동차 엔진을 냉각 상태로 유지하는 라디에이터에 비유한다. 뇌는 열에 매우 민감하고, 뇌의 열을 좁은 온도 범위 내에서 유지하는 데 발한이 차지하는 중요성은 많은 실험연구를 통해 밝혀졌다. 그중 대표적인 연구는 미셸 카바냑(Michel Cabanac)과 그 동료들의 연구다(Cabanac and Massonnet 1977; Cabanac and Caputa 1979; Caputa and Cabanac 1988). 인간의 건강에서 전신 냉각의 중요성에 대한 상세한 논의는 데이비드 넬슨(David Nelson)과 새러 너넬리(Sarah Nunneley)의 1998년 논문을 참고하라.

23. 피터 휠러는 더 나아가 직립보행 진화의 가설에까지 이러한 설명을 제안했다. 이 이론은 조지 채플린이 이끄는 연구진에 의해 부정되었지만, 이미 많은 땀을 흘릴 수 있도록 진화한 상태에서 직립보행은 머리 바로 위에서 태양이 내리쬐는 낮 시간에 활발한 활동을 하는 데 약간의 도움을 주었다(Wheeler 1984; Chaplin, Jablonski, and Cable 1994).

24. Zihlman and Cohn 1988; Folk and Semken 1991; Goldsmith 2003.

25. Morbeck, Zihlman, and Galloway 1993; Folk and Semken 1991.

26. Knip 1977.

27. 로베르토 프리산초(Roberto Frisancho)는 인간의 적응과 조절에 관한 자신의 저서 (1995)에서, 열 스트레스에 대한 신체의 반응과 순응에 관해 과학적으로 알기 쉽게 설명해준다.

28. Zihlman and Cohn 1988.

29. Pandolf 1992.

30. 이와 같은 관찰은 열전도에 관한 '푸리에법칙'과 일치한다. 체온과 환경온도 사이의 차이에 비례하여 그리고 신체 외피의 두께에 반비례하여 열을 소실하는 속도가 결정된다는 것이다. 그러므로 표면적이 넓을수록 내부의 열이 빠르게 발산될 수 있다. 역으로 내부와 외부 사이의 장벽이 얇을수록 열전도 속도가 더 빨라진다.

4. 피부와 태양

1. UN 산하 세계보건기구(WHO)는 자외선과 건강에 관한 정보를 제공하는 웹사이트를 운

피부색에 감춰진 비밀

영하고 있다(www.who.int/uv/uv_and_health/en/). 뉴질랜드 피부과학회에서 운영하는 웹사이트도 유용하다(http://dermnetnz.org/site-age-specific/UV-index.html). 한편 린 로스차일드(Lynn Rothschild)는 자신의 1999년 논문을 통해 진화에서 자외선이 미친 영향의 중요성에 대해 놀라운 삽화를 곁들여 설득력 있는 설명을 제공한다.

2. 이 지도는 NASA(미국항공우주국)의 TOMS(Total Ozone Mapping Spectrometer)가 수집한 데이터를 가지고 조지 채플린이 작성한 것이다. 그는 2000년 논문에서 자블론스키와 함께 기술했던 방법을 이용해 지도를 만들었다. NASA의 TOMS 위성은 UVMED에 관한 데이터를 수집했다. 이는 피부 홍반을 일으키는 자외선 최소량을 말한다. 즉 UVMED는 밝은 색 피부에서 눈으로 확인 가능한 홍반을 발생시키는 데 필요한 자외선의 양으로 정의된다.

3. 지구 표면에 도달하는 자외선 양에 영향을 주는 다른 요인들에는 계절, 지역 대기의 습도, 오존층의 두께 그리고 궤도 매개변수(지구 궤도의 변이에 따라 특정 시간에 지구와 태양 사이의 근접도) 등이 있다(Hitchcock 2001; Madronich et al. 1998).

4. Caldwell et al. 1998; Johnson, Mo, and Green 1976.

5. 자외선이 인간 피부에 DNA 손상을 일으키는 기전은 많은 연구를 통해 잘 밝혀져 있다. 그중에서 제임스 클리버(James Cleaver)의 연구가 특히 중요하다. 그의 연구는 희귀한 유전질환인 색소성피부건조증을 가진 환자들을 중심으로 진행되었다. 색소성피부건조증은 손상된 DNA를 자체적으로 고칠 수 없는 질환이다. 클리버와 그의 동료 에일린 크로울리(Eileen Crowley)는 최근 자외선 손상과 DNA 수선 그리고 피부암에 관해 탁월하게 분석한 책을 펴낸 바 있다(Cleaver and Crowley 2002). 그 외에도 복잡하고 놀라운 이 주제와 관련하여 좀 더 최신의 정보를 원한다면 울리케 카페스와 동료 연구진들이 쓴 2006년 논문, 게르트 파이퍼와 동료 연구진들이 쓴 2005년 논문을 참고하라. 자외선이 DNA에 작용하여 만들어지는 광생성물질 중 가장 흔한 것은 CPDs(사이클로뷰테인 피리미딘 2분자체)이다.

6. UVA와 UVB가 발생시키는 DNA 손상에 대한 최신 지식은 게르트 파이퍼와 동료 연구진들의 2005년 논문을 참고하라. 최근에 UVA가 악성흑색종의 주요 발생 원인일 가능성이 대두되었다. 이에 관해서는 세드릭 갈런드와 동료 연구진의 2003년 논문, 마츠무라 야스히로와 동료 연구진의 2004년 논문을 참고하라.

7. Cosentino, Pakyz, and Fried 1990; Mathur, Datta, and Mathur 1977.

8. 엽산은 세포의 재생산 능력에 영향을 미치기 때문에 조금만 부족해도 배아의 발달 장애를 초래할 수 있으며 퇴행성질환과도 연관된다(Lucock et al. 2003).

9. Bower and Stanley 1989; Fleming and Copp 1998; Suh, Herbig, and Stover 2001.

10. 엽산과 건강의 연관성에 관한 정보는 인터넷에서도 이용할 수 있다. 예를 들어 미국국립보건원 사이트에서도 확인할 수 있다. http://ods.od.nih.gov/factsheets/folate.asp

11. 햇빛이 엽산을 파괴하는 현상(광분해)은 340나노미터와 312나노미터의 UVA 및 UVA 근접 파장과 감마선에 의해 실험적으로 재현되었다(Hirakawa et al. 2002; Kesavan et al. 2003; Lucock et al. 2003; Off et al. 2005). 나노미터는 약자로 nm이며 전자기파의 파장을 재는 단위다.

12. 1978년, 리처드 브랜다(Richard Branda)와 존 이튼(John Eaton)은 엽산이 UVA(파장 360나노미터)에 노출되면 광분해되는 현상과 사람이 같은 파장의 빛에 장기간 노출되면(최소 3개월 동안 1주일에 30~60분씩 1회 혹은 2회 노출) 엽산 수준이 크게 떨어지는 것을 실험적으로 보여주었다. 이들을 비롯한 여러 학자들(예를 들어 에이드리언 질먼과 브루스 콘의 1988년 논문)은 이와 같은 과정이 피부색의 진화와 관련되어 있을 것이라고 시사했지만 구체적인 인과관계를 제시하지는 못했다.

13. Off et al. 2005.

14. Jablonski and Chaplin 2000.

15. 포유동물에서는 비타민 D를 단순히 비타민이라기보다는 일종의 호르몬으로 보는 것이 낫다. 피부에서 콜레스테롤과 유사한 전구체인 '7-디하이드로콜레스테롤'로부터 만들어지기 때문이다(Holick 2003).

16. 마이클 홀릭(Michael Holick)은 비타민 D의 화학적·생물학적 특성과 임상적 중요성에 관해 집중적으로 연구했다. 특히 각기 다른 형태의 생명체에서 비타민 D의 분포에 흥미를 갖고 이를 진화와 관련시킨 많은 논문(예를 들어 1995년과 2003년 논문)을 발표했다.

17. 마이클 홀릭은 보스턴의과대학에서 수행한 비타민 D 생산과 작용방식에 관한 실험연구 결과, 피부에서 비타민 D 생산을 시작하게 하는 자외선의 파장을 확인할 수 있었다(MacLaughlin, Anderson, and Holick 1982). 그리고 비타민 D 전구체 분자의 화학적 특성과(Webb, Kline, and Holick 1988) 이 비타민의 최종적이고 생물학적인 활성형이 1α, 25-디하이드록시비타민 D₃인 것도 밝혔다. 과거에 일부 학자들은 햇빛에 지나치게 노출되면 신체가 비타민 D 활성형을 과다 생산하여 '비타민 D 중독증'이 발생한다는 이론을 세웠다. 그리고 이러한 기전이 열대지방에서 검은 피부를 진화시킨 원인이라 주장했다(Loomis 1967). 그러나 그 후, 비타민 D 활성형은 과잉 생산될 수 없다는 사실을 확인했다(Holick, MacLaughlin, and Doppelt 1981).

18. Wharton and Bishop 2003; Holick 2001; Yee et al. 2005.

19. Holick 2001; Yee et al. 2005.

20. Garland et al. 2006; Grant 2003.

5. 검은 피부의 비밀

1. Ortonne 2002; Sulaimon and Kitchell 2003.

2. 이토 쇼스케는 2003년 논문에서 인간과 여러 포유류의 피부에 존재하는 두 가지 유형의

피부색에 감춰진 비밀

멜라닌 중 하나인 유멜라닌(eumelanin)의 화학적 구성을 밝히기 위한 노력들을 쉽고 재미있게 서술했다.

3. Kollias et al. 1991; Ortonne 2002.

4. Kollias 1995a; Sarna and Swartz 1998.

5. Kaidbey et al. 1979; Kollias 1995a, 1995b.

6. Young 1997.

7. 이 연구에서는 황금색 제브라피시에 흔한 유전자(slc24a5)의 변이형이 이종상동성 유전자(異種相同性遺傳子, orthologous gene)이며, 대부분의 유럽인들에게 존재하는 유전자임을 확인했다. 진화 과정에서 보존된 유전자의 선조형(ancestral form)은 아프리카와 아시아의 원주민들에게서 발견된다(Lamason et al. 2005).

8. 페오멜라닌은 붉은색 머리카락, 피부가 흰 사람들의 얼굴에 나타나는 붉은색 주근깨 등에 영향을 준다. 동아시아인과 아메리카 인디언 후손의 피부에도 존재한다(Thody et al. 1991; Alaluf et al. 2002). 일부 아시아 주민의 피부에는 페오멜라닌이 있어 '황색 피부'를 만드는 데 영향을 준다.

9. Ortonne 2002.

10. 그 외의 색소 이상으로는 '백반'이나 여러 유형의 '과색소침착'이 있다(Sulaimon and Kitchell 2003; Robins 1991).

11. 1991년, 애슐리 로빈스(Ashley Robins)는 인간의 피부색을 자세히 연구한 자신의 저서에서 인간 알비노증의 형태 및 화학적 기초에 관해 설명한다.

12. 인간의 멜라닌세포 밀도 및 활성도에 관한 연구에 따르면 색소를 생산하는 세포들의 수는 사람들 사이에 거의 동일하지만, 이러한 세포들의 활성도는 유전자에 의해 결정된 색소 수준, 자외선 노출, 연령에 따라 달라진다(Fitzpatrick, Seiji, and McGugan 1961; Halaban, Hebert, and Fisher 2003; Lock-Andersen, Knudstorp, and Wulf 1998).

13. 피부에서 자유라디칼의 생산과 작용에 관해 상세히 분석한 논문을 보려면 다음을 참고하라. Ortonne 2002; Sulaimon and Kitchell 2003; Young and Sheehan 2001.

14. 자외선에 의한 손상으로부터 DNA를 보호하는 일의 중요성과 이 과정에서 멜라닌이 하는 역할에 대해서는 제임스 클리버와 에일린 크로울리의 2002년 논문을 참고하라. 또한 자외선이나 다른 고에너지 복사에 의한 엽산 파괴에 대해서는 벨러펀 케서번(Vellappan Kesavan)과 동료 연구진이 발표한 2003년 논문을 참고하라.

15. 토머스 피츠패트릭(Thomas Fitzpatrick)과 장-폴 오르통(Jean-Paul Ortonne)은 2003년 '태닝' 반응에 관해 뛰어난 논문을 발표했다. 많은 학자들이 본래의 피부색과 피부암 발생 가능성 사이의 연관성에 대해 연구했으며, 그중 리처드 스텀(Richard Sturm)의 2002년 논문과 제니퍼 와그너(Jennifer Wagner) 및 동료 연구진의 2002년 논문에서는 유전적으로 밝은 색 피부를 타고난 사람에게서 일광화상과 피부암 발생 위험이 높아지는 문제를 구체적으로 다루었다.

16. Olivier 1960; von Luschan 1897.

17. 반사율 분광광도계(에반스 일렉트로셀레늄에서 제조)를 인간 피부색 측정에 효율적으로 사용할 수 있다는 사실을 가장 먼저 인지한 것은 조지프 와이너(Joseph Weiner)였다. 와이너는 영국의 뛰어난 인류학자로 '필트다운 사기극(Piltdown hoax)'을 밝혀낸 업적으로도 유명하다. 필트다운 사기극은 1912년 찰스 도슨(Charles Dawson)이 잉글랜드 서식스의 필트다운 퇴적지에서 소위 '필트다운인'을 발견한 사건이다. 처음에 학자들은 필트다운인을 '잃어버린 고리(missing link)'로 간주하여, 발견자의 이름을 따서 가장 오래된 인류라는 뜻의 '에오안트로푸스 도스니(Eoanthropus dawsoni)'라는 학명까지 붙이고 현대 인간과 유인원 모두의 해부학적 특징을 갖추었다고 흥분했다. 그러나 1953년 와이너가 이끄는 연구진은 필트다운인이 중세 인간의 두개골과 오랑우탄의 아래턱뼈를 조합하여 만들어낸 허구임을 밝혀냈다. 이 사기극의 실체는 아직도 고인류학계의 미스터리로 남아 있다.

18. Wassermann 1974.

19. Fitzpatrick and Ortonne 2003.

6. 피부색

1. 진화계통이 지닌 구체적 특성과 관련하여 그 선조들의 상태는 어떠했는지 여러 방법으로 추측할 수 있다. 가장 흔히 사용하는 방법은 '외집단(outgroup)' 분석으로, 가장 밀접히 관련된 개체에게 존재하는 특성을 이용해서 연구 대상의 진화계통 선조들이 어떤 상태였는지 추론하는 것이다. 유인원의 피부색과 발한 능력을 토대로, 가장 밀접히 연관된 집단—구대륙 원숭이—을 외집단으로 하여 선조들의 상태를 추론할 수 있다. 모든 종의 협비원류(狹鼻猿類: 구대륙 원숭이, 유인원, 인간)에서 선조들의 상태는 그다음으로 가장 가까운 관계인 광비원류(廣鼻猿類: 신대륙 원숭이)의 상태를 조사하여 추측할 수 있다. 이와 같은 방법으로 분석했을 때, 모든 영장류들의 선조는 옅은 색 피부를 가졌고, 아포크린 땀샘이 많았으며, 짙은 색 털로 덮여 있었을 것으로 추측된다.

2. 다른 협비원류의 피부와 달리 고릴라—침팬지와 인간 모두와 밀접히 연관된다—의 피부는 짙은 색이며 짙은 색 털로 덮여 있다. 고릴라는 아프리카 열대 밀림에서 서식하지만 낮에는 숲 속의 빈터나 습지에서 먹이를 찾으면서 많은 시간을 보낸다. 큰 나무들이 쓰러진 자리에 생긴 공간이다. 숲 속에 있는 이와 같은 '별천지'는 고릴라가 먹을 수 있는 많은 식물을 제공해준다. 그러나 주위 밀림과는 달리 이와 같이 트인 공간에서는 열대의 태양과 자외선에 고스란히 노출된다. 고릴라는 이러한 장소에서 많은 시간을 보내기 때문에, 자연선택은 보호기능이 있는 짙은 색을 진화시켰을 것이다.

3. 학자들은 두 집단의 호미니드를 생각했다. 한 집단은 오스트랄로피테쿠스 이전에 출현했고 다른 한 집단은 동시대에 살았던 것으로 추정되는데, 이들은 아프리카 차드에서 발견

피부색에 감춰진 비밀

된 약 600만 년 전의 사헬란트로푸스 차덴시스(*Sahelanthropus tchadensis*)와 에티오피아에서 발견된 450만 년 전의 아르디피테쿠스 라미두스(*Ardipithecus ramidus*)이다. 이들의 신체 해부학, 자세, 움직임 등이 상세히 알려져 있지 않기 때문에 피부 상태를 정확하게 규정하기는 어렵다. 호미니드 진화계통에서 가장 핵심적인 적응은 직립보행으로 생각된다.

4. '오스트랄로피테신'은 호모(*Homo*)가 출현하기 이전에 존재했던 모든 호미니드들에 널리 사용되며, 여기에는 오스트랄로피테쿠스(*Australopithecus*), 파란트로푸스(*Paranthropus*), 케냔트로푸스(*Kenyanthropus*) 속의 여러 종들이 포함된다. 오스트랄로피테쿠스 속에는 서로 다른 4종이 포함된다: 오스트랄로피테쿠스 아나멘시스(*A. Anamensis*: 케냐에서 발견, 440만 년 전으로 추정), 오스트랄로피테쿠스 바렐가잘리(*A. Bahrelghazali*: 차드에서 발견, 400만 년 전으로 추정), 오스트랄로피테쿠스 아파렌시스(*A. Afarensis*: 에티오피아와 탄자니아에서 발견, 360만~320만 년 전으로 추정), 오스트랄로피테쿠스 아프리카누스(*A. africanus*: 남아프리카에서 발견, 300만 년 전으로 추정). 이와 밀접하게 관련되지만, 큰 치아와 턱 구조를 하여 소위 '건장한(robust) 오스트랄로피테신'으로 불리는 속은 '가냘픈(gracile) 오스트랄로피테신'으로 불리는 속과 진화론적으로 별개의 계통으로 보인다. 건장한 오스트랄로피테신은 일반적으로 '파란트로푸스'라는 별개의 속으로 분류하는데, 300만 년 전 이전에 오스트랄로피테쿠스 진화계통에서 분리되었다. 파란트로푸스 자체는 파란트로푸스 에티오피쿠스(*P. Aethiopicus*), 파란트로푸스 보이세이(*P. Boisei*), 파란트로스 로부스투스(*P. Robustus*)의 3종으로 구성된다. 최근에는 케냔트로푸스 플라티오프스(*Kenyanthropus Platyops*) 종이 오스트랄로피테신에 추가되었는데, 투르카나 호수에서 발견된 이 화석은 약 350만 년 전 것으로 추정되며 호모 속을 구성하는 초기 종들과 비슷한 두개안면 특징을 가지고 있지만 훨씬 더 오래된 것이다.

5. 지난 30년 동안 여러 종의 오스트랄로피테신이 호모 속의 직접적인 선조일 것으로 제안되었다. 이러한 종들 가운데서 호모의 선조를 찾을 때 가장 큰 문제는 호모 그 자체의 해부학적 상세 구조를 정확히 알지 못한다는 데 있다. 그리고 일부 후보 종은 호모에서의 해부학적 특성으로 일반화시키기에는 너무 특수한 치아와 두개골 구조를 갖고 있다. 보통 시간적으로 더 오래된 종일수록 일반화 가능한 해부학적 구조를 하고 있어 호모의 직접적인 선조 후보로 더 적당하다. 많은 고인류학자들은 모든 오스트랄로피테신 중에서 오스트랄로피테쿠스 아나멘시스가 호모 진화계통의 선조로 보기에 가장 적절한 특징을 갖추고 있다고 생각한다.

6. 인류 진화를 연구하는 학자들은 호모 속에 속하는 최초의 종이 호모 에르가스터라는 데 대부분 동의한다.

7. Rogers, Iltis, and Wooding 2003.

8. 미국의 저명한 형질인류학자인 폴 베이커(Paul Baker)가 이끄는 연구진은 인간의 열 부

담이 피부색에 따라(그리고 다른 요인들에 따라) 어떻게 다른지 연구했다. 그중 많은 연구가 미군들을 대상으로 하였는데, 서로 다른 외모나 체격을 가진 군인들이 혹독한 훈련에서 받는 신체적 스트레스와 이를 견디는 정도를 평가하기 위해서였다(Baker 1958; Daniels 1964). 척추동물들의 열 부담을 결정하는 데 피부색의 일반적 중요성에 대해서는 글렌 왈스버그(Glenn Walsberg)의 1988년 논문을 참고하라.

9. 최초의 호모사피엔스 화석 증거에 대해서는 팀 화이트(Tim White)와 동료 연구진들의 2003년 논문에 기술되어 있다. 현대 인류가 아프리카를 최초로 벗어난 정확한 시기는 아직 논쟁의 대상이다. 관련된 화석들이 드물기 때문이다. 관련된 화석 증거들에 관한 추가 정보는 크리스 스트링어(Chris Stringer)의 2003년 논문을 참고하라.

10. 이와 같은 시기의 추정에는 고고학 및 고생물학적 연구 성과뿐 아니라 각 지역 원주민들의 DNA 비교연구 결과도 중요하다. 이 주제와 관련하여 최근 권위 있는 논문이 몇 편 발표됐다: Underhill et al. 2000; Henshilwood et al. 2002; Adcock et al. 2001; Klein et al. 2004; Luis et al. 2004.

11. 인간 피부색의 진화와 관련된 자세한 이론들은 저자와 동료 연구진의 2000년 논문에 실려 있으며, 저자의 2004년 논문은 이를 요약하고 있다.

12. 피부 변성, 피부암, 일광화상과 관련된 여러 부작용들 중에서 '악성흑색종(惡性黑色腫)' 만이 일반적으로 생식 가능 연령대의 사람들에게서 문제를 일으키며, 그 발생 수는 자연선택 과정에 영향이 없을 정도로 적다(Jablonski and Chaplin 2000). 해럴드 블럼(Harold Blum)도 피부암으로부터 스스로를 보호하기 위한 적응이 짙은 색 피부의 진화를 가져온 주된 이유가 될 수 없다고 했다. 그러한 암은 생식 가능성이 가장 높은 연령에서 사망을 초래하는 경우가 드물기 때문이다(Blum 1961). 짙은 색 피부를 '적응'의 결과로 설명하는 이론에는 '열대 밀림과 같이 어두운 거주지에서 효과적으로 숨을 수 있게 해준다'(Cowles 1959), '열대의 질병과 기생충에 저항성이 더 크다'(Wassermann 1965)는 이론 등이 있었다. 그러나 이와 같은 가설들은 실제적·잠재적으로 생식의 성공을 높여줄 수 있음을 보여주지 못했다(Jablonski and Chaplin 2000; Blum 1961).

13. 신체 내에서 비타민 D의 생물학적 활성형이 만들어지는 과정은 여러 단계들로 구성되며 그 첫 단계가 피부에서 일어난다. 주로 마이클 홀릭의 연구 덕분에 이에 관한 자세한 지식을 얻게 되었다. 그는 수년 동안 보스턴 의과대학의 수석 연구원으로 일하면서 비타민 D와 건강에 대해 집중적으로 연구했다. 그가 이끄는 연구진이 발표한 연구 결과들은 다음의 논문을 참고하라: Holick, MacLaughlin, and Doppelt 1981; Holick 1987; Webb and Holick 1988; Webb, Kline, and Holick 1988; Holick 1995, 1997, 2004.

14. Kaidbey et al. 1979; Stanzl and Zastrow 1995.

15. 옅은 색 피부의 진화에 있어 소위 말하는 비타민 D 가설은 1934년 프레더릭 머레이(Frederick Murray)가 처음 제안했으며, 1967년 판스워스 루미스(Farnsworth Loomis)가 세부적으로 발전시켰다. 그러나 권위 있는 모든 학자들이 이러한 해석에 동의하는 것

은 아니다. 인류학자인 로링 브레이스(C. Loring Brace)는 자연선택이 밝은 색 피부를 선호했기 때문에 인간 피부의 탈색이 발생한 것이 아니라, 더 이상 자외선 차단을 위해 짙은 색 피부가 필요하지 않은 고위도 지역에 거주하게 됨에 따라 피부색에 대한 자연선택의 압력이 해소되었기 때문이라 주장했다. 브레이스가 주장한 구조적 환원 이론은 '돌연변이 효과'에 근거하는데, 멜라닌색소를 조절하는 유전자에 변이가 발생하고, 이러한 변이가 축적되어 멜라닌 생산이 감소하거나 중단되는 상황이다. 브레이스는 이러한 효과가 인간의 피부색뿐 아니라 동굴생활을 하는 동물들의 피부 관련 구조물에서 색이 없어지거나 시력이 소실되는 과정에도 영향을 미칠 것으로 생각했다(Brace 1963).

16. Webb, Kline, and Holick 1988.

17. Jablonski and Chaplin 2000.

18. 이러한 정보는 지도 개발로 이어졌다(Jablonski and Chaplin 2000).

19. Cornish, Maluleke, and Mhlanga 2000.

20. 네안데르탈인과 현대 유럽인 선조의 연관성을 두고 수십 년에 걸쳐 과학적 논쟁이 진행된 후, 지리적으로 서로 다른 네 지역에서 발견된 네안데르탈인 뼈에서 추출한 DNA 증거를 통해 만족스러운 결론에 이를 수 있었다. 네안데르탈인 뼈에서 발견된 미토콘드리아 DNA는 현대인에게 존재하지 않는다. 물론 이러한 발견이 네안데르탈인의 유전자가 현대 인간의 유전자 풀에 기여했을 가능성을 완전히 배제하는 것은 아니다. 하지만 현대 인류가 과거에 존재했다면, 네안데르탈인의 유전자가 현대 인류에 의해 집어삼켜졌거나 유전적 부동(遺傳的浮動, genetic drift)에 의해 제거되었음을 시사해준다(Serre et al. 2004).

21. Lee and Lasker 1959.

22. 흰 피부와 붉은 머리털 그리고 주근깨를 가진 사람들은 흑색종이나 비흑색종 피부암의 발생 위험이 높다. 이런 특성의 피부를 지닌 사람들에게 존재하는 MC₁R 유전자의 변이형 때문이다(Sturm et al. 2003).

23. Ortonne 2002; Kaidbey et al. 1979.

24. 개인이 경험할 수 있는 자외선 최고치는 자외선이 최고 수준에 이르는 여름에 어떤 곳에 있었느냐에 달려 있다. 햇빛 속의 자외선은 위도에 따라 변한다. 대부분의 위도에서는 UVA(장파장자외선)를 더 많이 받는데, UVA는 어떤 각도에서도 대기를 통과할 수 있기 때문이다. 열대 이외의 지역에서는 연중 대부분의 기간 동안 대기가 UVB(단파장자외선)를 걸러낸다.

25. Barker et al. 1995.

26. Cleaver and Crowley 2002.

27. 태닝 반응에 대해 자세한 설명을 원하면 다음 논문을 참고하라: Kaidbey et al. 1979; Ortonne 2002. 피부의 구조 단백질들이 자외선에 노출되어 자유라디칼들이 만들어지는 과정에 대한 설명은 다음 논문을 참고하라: Fisher et al. 2002.

28. 유럽의 해양 국가들과 아시아, 아프리카, 아메리카 연안 지역들은 15세기부터 대규모로 접촉하기 시작했다. 영국에서 피부색과 관련된 문화적 신화들을 탐구했던 수자타 아이엔거(Sujata Iyengar)는 이러한 여행자들이 전한 느낌들을 수집하고 해석했다(Iyengar 2005).

29. 레나토 비아스티가 작성한 지도(1959)는 전 세계 원주민들의 피부색 분포를 보여주는 최초의 지도다. 1991년, 애슐리 로빈스는 이 지도의 결점을 보완하는 데 중점을 두었다.

30. 그림 24의 지도는 저자와 동료 연구진인 채플린이 2000년에 작성한 것과 거의 비슷하며, 반사율 분광광도계(에반스 일렉트로셀레늄에서 제조)로 측정한 피부 반사율 데이터에 근거하여 작성되었다. 이 기구는 20세기 후반 구대륙 원주민을 대상으로 연구한 인류학자들이 많이 사용했다. 그러나 불행히도 신대륙 주민들을 연구한 인류학자들은 다른 기구(포토볼트 코퍼레이션에서 제작)를 이용했고, 이 기구로 측정한 데이터는 에반스 일렉트로셀레늄의 분광광도계 데이터와 표준이 달라서 호환되지 않는다. 20세기 대부분의 기간 동안 오스트레일리아에서는 루샨 타일 혹은 다른 여러 색상 비교 방법을 사용하여 피부색을 기록했으며, 이러한 데이터는 분광광도계로 측정해 얻은 피부 반사율로 신뢰할 만하게 전환될 수 없다. 저자와 채플린의 연구(2000)는 원주민을 '1500년부터 현재의 위치에서 거주해온 주민'들로 정의했다. 이 시기는 현대 유럽인에 의한 식민지 시대의 시작을 반영하는데, 1500년 이전에도 대륙 내에서 몇 차례 인류 집단의 대규모 이동이 있었다(예를 들어 아프리카에서 반투어를 사용하는 집단들의 확대). 이러한 이동과 유럽의 식민지 확대 그리고 점점 더 멀리까지 빠르게 진행되는 사람들의 이주로 인해 역사 이전의 시기에 정착했던 인류의 모습이 근본적으로 변하게 되었다. 특히, 농업이 도입된 이후에 진행된 사람들의 이주는 인간의 표현 형질에서 지리적·생물학적으로 의미 있는 경향을 발견하기 어렵게 만들었다.

31. Chaplin and Jablonski 1998.

32. Chaplin 2001, 2004.

33. Jablonski and Chaplin 2000; Frost 1988.

34. Frost 1988; Aoki 2002.

35. 임신 후기와 수유기 동안 인간 여성은 뼈에 저장된 칼슘과 인산의 양이 일시적으로 10퍼센트까지 감소할 수 있다(Kalkwarf and Specker 2002; Kovacs 2005).

36. Jablonski and Chaplin 2000.

37. 1991년, 애슐리 로빈스는 호르몬이 피부의 착색에 미치는 영향을 간략히 기술하고, 임신 및 경구 피임약 사용으로 인해 기미가 생긴다고 설명한다.

38. 앞의 책.

39. Diamond 2005.

40. Chaplin 2001; Johnson, Mo, and Green 1976.

41. 알류트족 주민들이 전통적 식생활을 포기하고 가공식품이나 비타민 D가 적은 식품으로

피부색에 감춰진 비밀

구성된 현대적 식단을 채택하면서부터 비타민 D 결핍 질환의 발생이 많아지기 시작했으며, 다른 무엇보다 구루병의 증가가 가장 중요한 문제다(Gessner et al. 1997; Haworth and Dilling 1986; Moffatt 1995).

42. Barsh 1996; Sturm, Teasdale, and Box 2001.

43. MC$_1$R 유전자의 진화에 대해서는 전 세계적으로 활발한 연구가 진행되고 있다. 인간의 MC$_1$R 유전자는 쥐 가죽의 유멜라닌과 페오멜라닌 색소 생산을 조절하는 '아구티(*Agouti*) 유전자'에 해당된다. 인간에게서는 α-멜라노트로핀(α-멜라닌세포자극호르몬)이 멜라닌세포에 존재하는 기능성 MC$_1$R 수용체에 결합함으로써 유멜라닌 생산이 촉진된다(Barsh 1996; Rana et al. 1999; Scott, Suzuki, and Abdel-Malek 2002). MC$_1$R 유전자 변이형들의 의미에 대해서는 많은 연구가 있었으며(Rana et al. 1999; John et al. 2003), 특히 여러 다른 형태의 유전자를 가진 사람들 사이에서 피부암 발생 위험도와 관련된 연구들이 중요하다(Healy et al. 2001; Scott et al. 2002; Smith et al. 1998). 한편 앨런 로저스(Alan Rogers), 데이비드 일티스(David Iltis), 스티븐 우딩(Stephen Wooding)의 2003년 연구는 호모 속의 초기 역사에서 짙은 색 피부(그리고 MC$_1$R 유전자 배열에서 변이가 없는)의 중요성을 잘 설명하고 있다.

44. MC$_1$R 유전자 변이의 중요성에 관해서는 다음 논문을 참고하라: Sturm, Teasdale, and Box 2001. 펜실베이니아주립대학의 키이스 쳉(Keith Cheng)이 이끄는 연구진은 최근 실험적 제브라피시 모델을 이용하여 유럽인에게 있는 옅은 색 피부의 유전학적 기초를 밝히는 연구를 수행했다(Lamason et al. 2005).

45. 저자와 동료 연구진의 2000년 논문을 참고하라. 피부의 탈색과 관련된 변이유전자가 발견되어 이와 같은 해석이 설득력을 얻었는데, 이 변이유전자는 옅은 피부색의 유럽인에게서는 발견되지만 옅은 피부색의 아시아인에게는 없다(Lamason et al. 2005).

46. Race, Ethnicity, and Genetics Working Group 2005.

47. 최근에 이러한 미묘하고도 중요한 주제를 다룬 주목할 만한 두 개의 논문이 있다: Parra, Kittles, and Shriver 2004; Gravlee, Dressler, and Bernard 2005.

48. 하와이 카우아이 섬의 일본인들은 일본 본토 사람들보다 비흑색종 피부암 발생이 45배나 많았는데, 이는 카우아이의 자외선이 강한데다 그곳 사람들이 주로 야외에서 생활하기 때문이다(Chuang et al. 1995). 햇빛이 강한 지역으로 이주해온 유럽인들처럼 아시아인들도 옅은 피부색 때문에 피부암 발생이 많아진 것이다.

49. Garland et al. 2005; Hodgkin et al. 1973.

7. 촉각

1. 뛰어난 고생물학자인 헤이라트 페르메이(Geerat Vermeij)의 논문(1999) 속에 포함된 문장을 인용하였다. 시각장애인인 그는 논문에서 상세한 형태학 연구를 위해 스스로 촉각

을 어떻게 사용했는지 기술하고 있다.

2. 쥘 수 있는 엄지발가락은 영장류가 다른 포유류들과 다른 중요한 특징들 중 하나다. 이 특
징은 움직임이 매우 좋은 발목관절과 관련된다. 영장류 외에 설치류나 식충동물(벌레를
먹는 동물) 같은 포유류들에게는 쥘 수 있는 엄지손가락이 있지만, 영장류의 것이 가장 능
란하고 재빠르다.

3. Chu et al. 2003; Dominy 2004.

4. 오랫동안 시력을 잃은 사람의 행동학적 · 신경학적 적응을 중심으로 한 새로운 관찰 및 실
험연구들이 있다. 아주 어릴 적부터 시력을 잃었던 고생물학자 페르메이는 자신이 양손
을 어떻게 사용하여 고생물학적 현장 연구를 수행했는지 잘 설명하고 있다(1999, 217).
시력 상실에 따른 대뇌피질의 적응에는 청각이나 촉각에 관여하는 뇌 부위들이 시각을 담
당하는 피질을 '차용'하는 방식도 포함되는데, 이는 신경계의 융통성을 보여주는 극단적
이지만 중요한 사례라 할 수 있다. 내적 · 외적 입력이 있을 때 신경계 부위들이 적응하는
잠재력이다(Van Boven et al. 2000; Sathian 2005).

5. 박쥐의 비행 조절에 관한 존 주크(John Zook)의 최신 연구를 뉴스 보도한 그레그 밀러
(Greg Miller)의 2005년 《사이언스Science》 기사를 참고하라. 주크는 2005년 신경과학
회의에서 이러한 연구 결과를 보고했지만, 아직 과학 잡지에 실리지는 않았다.

6. 골턴은 표피 이랑의 분지 및 말단 지점을 이용하여 개인의 고유성을 확인했다. 한 개인의
지문은 일생 동안 변하지 않기 때문에(Roddy and Stosz 1997), 오늘날에도 지문을 이용
한 자동인식 시스템이 늘어나고 있다.

7. 연구자들은 도마뱀붙이가 미끄러운 표면에 붙을 때 사용하는 메커니즘이 반데르발스 힘
에 의한 건식 부착임을 입증했다(Autumn et al. 2002). 표면 가시의 밀도는 부착 강도와
관계되고, 이는 나노형 가시들을 채용한 새로운 접착 기술의 개발로 이어졌다.

8. 영장류의 진화에서 시각의 중요성은 오래전부터 인식되었지만, 감각 진화를 포괄적으로
이해하기 시작한 것은 비교적 최근에 이루어진 너새니얼 도미니(Nathaniel Dominy)와
피터 루카스(Peter Lucas)의 연구 덕분이다. 도미니와 루카스는 자연선택이 주위 환경에
서 익은 과일이나 어린잎과 같이 질 좋은 먹이(대개 빨간색이나 노란색 열매)를 잘 고르는
능력을 향상시키는 방향으로 작용함에 따라, 영장류는 매우 섬세한 시각과 촉각을 갖게
되었음을 입증했다(Dominy and Lucas 2001; Dominy 2004).

9. Montagu 1971, 290~291.

10. Horiuchi 2005.

11. 1971년, 애슐리 몬터규는 자신의 저서에서 인간의 자연분만 과정이 지닌 중요성을 상세
히 설명했다. 신생아가 자연분만 과정에서 경험하는 신체적 시련과 출생 후 엄마가 껴안
고 쓰다듬어준 경험은 아기의 생존에 매우 중요하다. 몬터규는 또한 미숙아나 제왕절개
술로 태어나 이러한 경험이 없는 아기들은 자연분만으로 태어난 아기들보다 호흡기 문제
나 신경과민이 나타날 가능성이 더 높다고 한다.

피부색에 감춰진 비밀

12. 애슐리 몬터규의 1971년 연구와 티파니 필드(Tiffany Field)의 2001년 연구는 엄마와 신생아가 신체적 접촉을 많이 할 때 나타나는 여러 효과에 대해 자세히 기술하고 있다.

13. 미숙아를 만져주고 마사지해줄 때 나타나는 반응에 대한 연구는 티파니 필드의 저서 《터치Touch》(2001)를 참고하라.

14. 심리학자 해리 할로와 연구진은 마카크원숭이들을 대상으로 어미와의 신체 접촉을 차단했을 때 나타나는 장·단기적 영향을 잘 보여주었다(Ruppenthal et al. 1976; Harlow and Zimmerman 1958). 할로에 따르면 어미와의 신체 접촉이 차단된 새끼들은 일생 동안 불안과 과다흥분으로 고생했다. 또한 새끼들과 접촉하지 못한 어미들도 어미의 역할을 제대로 수행하지 못했다. 이러한 연구 결과는 동물원이나 영장류 연구시설에 수용된 동물들에게 많은 도움이 되었지만, 인간 아기 양육에는 큰 영향을 주지 못했다(Harlow et al. 1966).

15. Harlow and Zimmerman 1958.

16. 저자는 네팔의 농촌지역에서 아기를 마사지하는 모습을 목격했는데, 긴 시간 동안 몸 전체를 강하게 마사지하는데도 아기는 조용히 편안하게 있었으며, 마사지가 끝나자 곧바로 깊은 잠에 빠져들었다.

17. Field 2001.

18. 1개월 과정의 아기 마사지 치료 연구에 자원하여 참여한 할머니들은 마사지가 자신들에게도 도움이 되었다고 보고했다. 생활양식 개선, 사회적 삶 증대, 그리고 의학적 문제 감소 등이었다(Field 2001).

19. 아기 양육에서 신체 접촉의 중요성은 오래전부터 인식되었다. 독일 고아원 아동들을 대상으로 한 관찰은 매우 유명한데, 1951년 엘지 위도슨(Elsie Widdowson)이 그 결과를 잘 정리해 발표했으며, 아기 양육에 관한 많은 논문과 교과서에서 인용되었다. 몬터규는 1971년, 병원의 소아병동 및 고아원에서 '부드럽고 사랑스런 보육'에 관해 알기 쉽게 설명했다. 한편 로버트 사폴스키(Robert Sapolsky)는 2004년, 스트레스성 왜소증과 양육 과정에 어떤 연관성이 있는지 자세히 설명했다.

20. 자폐증을 가진 사람은 가벼운 신체 접촉에도 민감하게 반응할 수 있는데(Field 2001), 고통스럽고 짜증스럽게 느껴지기 때문이다. 그러나 이러한 사람들에게 신체의 넓은 부위를 깊이 만져주거나 눌러주면 편안하게 느끼는 경우도 있다. 이 같은 현상은 올리버 색스(Oliver Sacks)가 자폐증을 가진 과학자 템플 그랜딘(Temple Grandin)의 이야기를 발표한 후 잘 알려지게 되었다(Sacks 1996). 그랜딘은 초조하고 흥분되는 느낌이 들 때 자신을 진정시켜줄 '압박 의자'를 만들어 사용했는데, 그는 이 이야기를 《자폐증과 함께한 내 삶에서 나온 시각적 사고와 다른 기록들Thinking in Pictures and Other Reports from My Life with Autism》(1996)에 실었다. 그녀는 또한 가축의 몸을 눌러줄 때도 진정 효과가 나타날 수 있다고 설명했다. 한편 사폴스키는 2004년, 깊이 만져주고 마사지해줄 때 나타나는 생리학적 결과에 대해 논의하며 이것이 아동 성장에 도움이 된다고 했다.

21. 프란스 드 발(Frans de Waal)이 이끄는 연구진은 여러 종의 구대륙 원숭이와 침팬지들에서 털 손질이 상호 연대를 구축하고 유지하며 보완해주는 데 효과적인 기능을 한다는 것을 관찰하였다(de Waal and van Roosmalen 1979; de Waal 1993).

22. Sapolsky 2004, 2005.

23. 개코원숭이 사회에서 서열이 낮은 어미들은 양질의 먹이가 많은 구역 바깥으로 밀려난다. 그 결과 그들과 새끼들은 영양가 있는 먹이를 구하기 어렵게 된다. 진 알트만(Jeanne Altmann)과 스튜어트 알트먼(Stuart Altmann)은 이런 처지에 놓인 동물들이 겪는 운명을 집중적으로 관찰 · 연구하였다(Altmann et al. 1977; Silk, Alberts, and Altmann 2003).

24. Suomi 1995.

25. Aurelli and de Waal 2000; de Waal 1993, 1990.

26. 저자의 결혼식이 끝난 후, 영국인 시어머니는 "살면서 이렇게 많은 키스를 받아본 적이 없다"고 외쳤다. 대부분 이탈리아계 미국인이었던 저자의 친척들이 시어머니에게 표현한 애정 어린 몸짓을 두고 한 말이었다. 어떤 문화권에서는 신체 접촉으로 여러 감정을 다른 사람들에게 자유롭게 표현할 수 있지만, 또 다른 문화권에서는 이와 같이 신체 접촉으로 감정을 표현하는 행위가 금기시된다.

27. Montagu 1971. 저자는 2004년 케냐에 갔을 때, 《나이로비 스탠더드Nairobi Standard》지 특집 면과 투고란에 실린 유모차 보급 확대 관련 기사를 살펴본 적이 있다. 당시 의료계와 아동 보육 전문가들은 유모차가 엄마의 애정 어린 접촉으로부터 아동을 떼어놓는 새로운 형태의 고문기구인 것처럼 비판했다.

28. 몬터규는 이 문제와 관련하여 깊이 있는 논의를 했다(1971, 274~275).

29. Field 2002.

30. 몬터규는 이러한 현상을 상세히 조사하고, 아동에 대한 체벌이 20세기 초반 영국 및 나치 독일에서 발생한 여러 사회병리학적 문제들과 연관되었다고 강조했다.

31. "잘 만져주는 의사가 좋은 의사다"라는 말도 있다(린 카마이클 박사의 《필드Field》(2001)에서 인용). 다른 말로 하면, 좋은 의사는 자신의 환자에게 언제 치료적 '접촉'을 해야 하는지 알고 있다.

32. Weze et al. 2005; Dillard and Knapp 2005; Butts 2001; Field 2001.

33. 노인들에게 치료나 간호의 일환으로 신체 접촉과 마사지를 해줄 때 나타나는 효과에 대해 과학적으로 엄격히 수행한 연구는 드물다. 그럼에도 효과가 있으며 임상적으로 좋은 결과를 낳는다는 몇 가지 보고가 있다(Butts 2001; Gleeson and Timmins 2004). 오늘날 요양시설에 거주하는 노인들이 많아지고 있으므로 보건의료인들에게 이와 같은 치료적 접촉 훈련을 시키는 것이 중요하다. 그러나 그런 훈련을 할 때는 환자의 권리와 법률적 문제를 신중히 고려해야 한다.

8. 감정, 섹스 그리고 피부

1. 피부에는 여러 신경수용체 및 화학물질들이 있어, 의식하지 않아도 다양한 자극에 반응한다. 이 중 어떤 반응들은 빠르고, 어떤 반응들은 느리게 나타난다. 피부에서는 또한 갑상선호르몬에서부터 성호르몬(안드로겐과 에스트로겐)에 이르기까지 다양한 자체 화학물질들도 생산한다. 갑상선호르몬은 피부의 섬유아세포와 케라틴세포를 활성화시키며, 털을 만들고 피지를 생산하는 데 중요한 역할을 한다. 안드로겐은 턱과 겨드랑이 및 외음부에 털이 자라도록 자극하며, 에스트로겐은 반대로 털의 성장을 억제하고 피지샘 기능을 저하시킨다. 정상적 노화의 결과로 호르몬 수준에 변화가 생기면 피부 모양에 커다란 영향을 주게 된다. 특히 안드로겐과 에스트로겐이 급속히 증가하는 사춘기와 이러한 호르몬이 감소하는 중년기에 피부가 받는 영향을 뚜렷이 볼 수 있다. 피부는 호르몬을 생산할 뿐 아니라 변화시키기도 한다. 예를 들어 안드로겐 디하이드로에피안드로스테론(dehydroepiandrosterone, DHEA)을 디하이드로테스토스테론(dihydrotestosterone, DHT)으로 변화시킨다. 그렇기 때문에 어떤 과학자들은 인간의 피부를 신체에서 가장 큰 독립적 말초 내분비기관으로 본다(Zouboulis 2000).

2. Zihlman and Cohn 1988; Folk and Semken 1991.

3. 크리스티앙 콜레(Christian Collet)가 이끄는 연구진은 피부의 전기전도성에 나타나는 변화 및 땀샘의 활동성을 반영하는 다른 여러 현상들에 대해 논의했다(Collet et al. 1997). 거짓말탐지기를 신뢰할 수 없다는 논의는 이미 잘 확립되어 있으며(Saxe 1991), 전 세계적으로 대부분의 법정에서 거짓말탐지기 증거를 인정하지 않고 있다(Ben-Shakhar, Bar-Hillel, and Kremnitzer 2002). 현재는 새로운 센서를 이용해 생리학적 데이터를 수집하고 이를 컴퓨터로 처리하여 거짓을 밝히는 탐지기가 정신생리학 영역에서 활용되고 있다(Yankee 1995).

4. 얼굴 동맥이 감정에 더 민감하게 반응한다는 사실은 잘 알려져 있지만(Wilkin 1988), 개인차가 매우 크다(Katsarou-Katsari, Filippou, and Theoharides 1999).

5. Sinha, Lovallo, and Parsons 1992.

6. Montoya, Campos, and Schandry 2005.

7. Drummond 1999; Drummond and Quah 2001.

8. 얼굴에 분포하는 교감신경들은 복잡하여, 혈관을 수축시키는 신경과 확장시키는 신경섬유가 모두 포함된다. 화가 났을 때는 두 효과가 서로 경쟁하는데, 혈관 확장이 혈관 수축보다 훨씬 강하여 대부분의 경우 얼굴이 붉어진다(Drummond and Lance 1987; Drummond 1999). 홍조가 생길 때는 혈관 확장에 관계된 교감신경섬유가 약간 더 활동적으로 되는데, 이러한 효과에 관여하는 뇌의 경로에 미묘한 차이가 있음을 시사해준다. 홍조가 생길 때는 혈관 확장을 방해하는 혈관 수축이 없어서 얼굴 동맥의 혈류 흐름이 증가하고 피부색이 붉게 되는 것으로 생각할 수 있다. 마크 리어리(Mark Leary)와 동료 연

구진이 발표한 1992년 논문에는 홍조 반응의 특성이 잘 기술되어 있다. 갑자기 당황스런 상황에 처하면 얼굴이 붉어지고, 뺨이 달아오르고, 손가락 피부의 전도성이 높아진다. 이는 감정적으로 고무된 다른 상황일 때—분노한 상황일 때—보다 정도가 더 심하다(Shearn et al. 1990). 9장에서 설명할 피부질환인 '주사(딸기코)'가 나타날 개인별 가능성도 홍조 반응의 강도와 관계되는 것으로 보인다. 저명한 피부과 의사인 앨버트 클리그먼(Albert Kligman)은 자신의 최근 강의록을 중심으로 발표한 글에서 이러한 관계를 잘 나타내고 있다(Kligman 2004.).

9. Bogels and Lamers 2002.

10. Jablonski and Chaplin 1993; Jablonski, Chaplin, and McNamara 2002.

11. Montagna 1971.

12. Domb and Pagel 2001; Dunbar 2001.

13. 영장류는 성적으로 성숙해지면 자신이 태어난 무리에서 새로운 무리로 옮겨간다. 이것은 소규모 집단 내에서 근친교배를 막고 유전자를 더 많이 교환하여 유전적 다양성을 높일 수 있도록 진화한 것이다. 그러나 제인 구달(Jane Goodall)은 기존 침팬지들이 어떤 경우에는 자신들의 영역으로 접근하는 다른 침팬지들을 잔인하게 공격한다는 사실을 극적으로 설명하였다(Goodall 1986). 침팬지를 오랫동안 관찰한 다른 영장류학자들도 지난 30년 동안 야생 침팬지들이 다른 침팬지들을 공격하고 습격한 사례들을 관찰하여 기술했다(Manson and Wrangham 1991).

14. Matsumoto-Oda 1998.

15. Abramson and Pearsall 1983. 안면 홍조가 끝나고 목과 가슴의 피부가 상기되는 시점(혹은 그 반대 시점)에 대해서는 아직 학자들 사이에 많은 논란이 있다(Kligman 2004). 성적인 피부 상기는 성적 흥분에 따라 림프관의 기능에 변화가 생겨서 나타나는 것으로 보이지만, 그 정확한 메커니즘은 아직 밝혀지지 않았다.

9. 마모와 손상

1. Connor 2004.

2. Grevelink and Mulliken 2003.

3. 모반 중에서 가장 흔한 형태는 '전형적인 선천성 모반세포성 모반' 혹은 '비전형적인 선천성 모반세포성 모반'이다. 상세한 정보는 다음 논문을 참고하라: Tsao and Sober 2003.

4. 스티븐 코너는 모반과 관련된 예언에 대해 풍부한 자료를 바탕으로 재미있게 서술하였다(2004, 96~108).

5. 피부 상처 치유가 시작되는 단계는 현재 분자 수준에서 이해되고 있다(Diegelmann and Evans 2004; Gharaee-Kermani and Phan 2001). 그 후의 단계와 흉터 형성에 대해서는 상세한 이해가 아직 부족하지만, 곤충 등 동물 모델을 이용해 연구가 계속되고 있다

('Molecular Biology of Wound Healing' 2004).

6. Taylor 2002, 2003; Ketchum, Cohen, and Masters 1974.

7. 절지동물과 그들의 숙주인 척추동물 그리고 그들이 매개하는 질환의 공진화(共進化)에 대한 분자 차원의 연구는 말라리아처럼 오랫동안 인간을 괴롭혀온 질환에 집중되었다. 하지만 몸이나 머리카락에 기생하는 이처럼 심각하지는 않지만 성가신 문제들에 대해서도 많은 연구가 있었다. 예를 들어 대니얼 하틀(Daniel Hartl)의 2004년 논문과 이언 버지스(Ian Burgess)의 2004년 논문이 있다.

8. 이언 버지스는 자신의 2004년 논문에서 인간과 이 사이의 진화론적 관계에 대해 자세히 설명하고 있다.

9. 로버트 셰리든(Robert Sheridan)은 2003년 논문에서 화상 및 그 치료에 관해 간단하지만 권위 있는 설명을 제공했다.

10. 화상의 치료와 관리에 관한 이야기를 다룬 바버라 래비지(Barbara Ravage)의 《화상치료 센터*Burn Unit*》(2004)를 참고하라.

11. 흔히 볼 수 있는 피부염에 관해 유용한 정보를 제공하는 웹사이트가 많이 있다. 그중 자가진단해볼 수 있도록 미국가정의학회에서 피부발진 및 그 변화에 관한 그림을 모아놓은 사이트도 있다. 주소는 다음과 같다. http://familydoctor.org/545.xml

12. Ikoma et al. 2003.

13. 개리 피셔(Gary Fisher)가 이끄는 연구진은 피부 노화와 관련된 생리학적 과정들을 잘 설명하고 있다(Fisher et al. 2002). 나이가 들면서 피부가 지닌 장벽으로서의 효과가 저하될 뿐 아니라 다른 많은 기능들 역시 둔화되거나 감소된다. 여기에는 피부세포의 재생, 상처 치유, 땀 및 피지 생산과 분비, 비타민 D 생산, DNA 수선 등이 포함된다.

14. 피부암에 관한 문헌은 매우 많다. 피부암의 원인과 역학에 관한 최신 정보들은 다음과 같은 참고문헌들에서 얻을 수 있다: Christenson et al. 2005; de Gruijl and van Kranen 2001; Sturm 2002; Garland and Gorham 2003.

15. 이 수치는 미국암학회에서 제공하는 자료에 근거했다. 비흑색종 피부암에 관한 유용한 정보는 다음 웹사이트에서 얻을 수 있다: www.cancer.org/docroot/CRI/content/ CRI_2_4_1X_What_is_skin_cancer_51.asp?sitearea=.

16. Erb et al. 2005; Cleaver and Crowley 2002.

17. Christenson et al. 2005.

18. Sturm et al. 2003; Newton Bishop and Bishop 2005.

19. 흑색종의 예후는 여러 요인들에 따라 결정된다. 병소의 두께, 피부 원발 병소에 생긴 궤양의 정도, 침범된 림프절의 수 등이다. 환자의 나이와 병소의 위치도 임상 경과에 영향을 준다. 악성흑색종에서 전이된 부위 및 그와 관련된 혈액 공급도 중요한 요인이다 (Homsi et al. 2005).

20. 미국암연구소에서 제공하는 웹사이트에는 피부암 예방에 관한 좋은 정보들이 많이 게시

되어 있다: www.cancer.gov/cancertopics/pdq/prevention/skin/Patient/ page2

10. 피부가 전하는 말

1. 인류 역사를 통틀어, 문신은 전쟁 중에 죽은 사람의 신원을 확인하는 데 중요한 역할을 했다. 오늘날에도, 군 입대 지원서나 다른 여러 형태의 공식 신원 확인 문서에는 사망했을 경우 신원을 확인하는 데 유용한 영구적인 표식이나 문신이 있는지 묻는 질문이 포함되어 있다.

2. 눈에 보이는 첫인상을 평가하고 적절히 대응하는 방법은 학습으로 배우는 기술이다. 맬컴 글래드웰(Malcolm Gladwell)은 《블링크*Blink*》(2005)에서 첫인상은 정확할 때가 많으며, 어떤 사람이나 상황에 대한 첫인상을 바꾸는 문화적 합리화 과정은 오히려 위험한 오류를 초래하는 경우가 많다고 주장했다. 의복의 의미와 관련해서는 해럴드 코다(Harold Koda)가 신체 부위별 그림과 함께 '의복의 마술'을 잘 보여준다.

3. 수전 벤슨은 선진국에서 문신 등을 통해 영구적으로 신체를 변형하는 까닭은 개인의 정체성에 대한 인식이 시시각각 변하는 현대 사회에서 자신이 변함없음을 기록으로 남기고 싶어 하기 때문이라고 보았다.

4. 19세기 초 유럽에서는 주로 제1차 세계대전 중 참호 전투에서 부상당한 군인들을 비롯해 수십만 명이 안면 손상으로 고통 받고 있었다(Kemp 2004). 그리고 제2차 세계대전 때는 전투기 조종사들 중 연료 폭발로 심한 화상을 입은 경우가 많아 재건성형수술이 필수적이었다. 당시 유명한 재건성형전문의였던 뉴질랜드 의사 매클린도(Archibald McIndoe)는 영국에서 근무하는 동안 심한 화상을 입은 환자를 치료하기 위해 선구적인 기술을 시도했다. 매클린도는 인간에게 얼굴이 사회적으로 매우 중요하다는 점을 인식했으며, 재건수술을 통해 사회적 통합을 이룰 수 있을 것이라고 생각했다.

5. 재단된 의복이 최초로 등장한 시기는 옷을 만드는 데 사용한 도구, 장식에 사용한 방울, 조개껍질 등 간접적 증거를 통해서만 추정할 수 있다. 이러한 도구와 장식물은 초기 구석기 시대와 관련되는데, 약 4만 년 전에서 1만 년 전 시기다(Bar-Yosef 2002). 처음 만들어진 것으로 추정되는 바늘은 현대 이스라엘의 갈릴리호수 주변에 위치한 오두막의 유적에서 발견되었다(Nadel et al. 2004). 하지만 옷과 신체를 장식하는 데 사용한 조개껍질이나 뼈와 같은 물건들은 터키와 레바논 유적지에서 나왔으며, 그 시기는 4만3000~4만1000년 전이다(Kuhn et al. 2001).

6. 칼 그로닝(Karl Groning)은 1997년 자신의 저서에서 여러 다른 문화들에서 신체 페인팅에 사용한 색소들에 대해 논의했다. 크리스토퍼 헨실우드(Christopher Henshilwood)의 연구진은 남아프리카 블롬보스 동굴 유적에서 적철석을 발견한 후, 이것이 적철석을 신체 장식에 사용한 최초의 기록이라고 주장했다. 신체 페인팅에 대한 더 많은 정보를 원하면 그로닝의 1997년 논문과 필립 월터의 1999년 논문을 참고하라.

피부색에 감춰진 비밀

7. Groning 1997.

8. Groning 1997; Walter et al. 1999.

9. Groning 1997.

10. 1820년대에도 유럽에서는 주재료가 산화아연으로 대체되기 전까지 백연이 널리 사용되었다. 백연 때문에 생긴 납중독으로 얼마나 많은 신경계 질환과 사망이 일어났는지는 아마 영원히 알 수 없을 것이다.

11. 아동기 얼굴의 발달 및 성인에 대비한 상대적 눈 크기가 가지는 의미에 대해서는 여러 연구에서 논의된 바 있다: Brown and Perrett 1993; Campbell et al. 1999; Schmidt and Cohn 2001.

12. 입술에 붉은색을 바르는 행위는 오래전부터 널리 행해왔는데, 이집트 중왕국과 고대 그리스에서 시작된 것으로 알려져 있다. 유럽에서는 중세 이후 붉은 입술이 유행했지만 사회적으로 항상 용인된 것은 아니다. 메그 코헨 레이거스(Meg Cohen Ragas)와 캐런 코즐로스키(Karen Kozlowski)는 1998년 논문에서 립스틱의 역사에 대해 그림과 함께 생생하게 기술하고 있다.

13. 클라우디아 벤티엔은 문학작품(특히 발자크의 소설을 중심으로) 속에서 작중 인물들의 감정 상태와 심리적 특성을 독자들에게 암시하기 위해 얼굴 색상이 어떻게 사용되었는지 설명한다. 화장품 생산과 판매의 급속한 증가에 대해서는 레이거스와 코즐로스키의 1998년 논문을 참고하라.

14. Fowler 2000. 외치의 몸에서 발견된 문신과 그 의미에 대해서는 학술뿐 아니라 대중적으로도 많은 논의가 있었다. 일부 학자들은 외치의 문신이 장식용이 아니라 치료용이었다고 주장한다.

15. Bogucki 1999.

16. Kirch 1997.

17. 수전 벤슨(Susan Benson)은 문신의 기능이 '사회적 보호막'이 없는 사람이나 집단들(예를 들어 최근에 이민 온 사람이나 이사해온 이웃)에게 특히 중요한 것으로 생각한다. 그들은 자기를 보호하고 일체감을 분명히 보여주어야 하기 때문이다. 스티븐 코너는 영구적 문신이 새겨진 얼굴과 대비해 표식 없는 피부가 보여주는 순수함에 대해 흥미롭게 설명한다.

18. 벤슨은 현대 서구에서 시술되는 문신 및 여러 형태의 신체 변형에 대한 역사적 기원을 탐구하고, 현대 문화에서 이러한 시술들의 현황 및 역할을 설득력 있게 기술한다.

19. 여러 민속학적 연구들은 개인의 생활에서 발생한 중요한 사건들을 기록하기 위해 문신이 만들어졌다고 설명한다. 윌리엄 사빌(William Saville)은 1926년 논문에서 이에 관해 상세히 기술했다. 한편 장 크리스 밀러(Jean-Chris Miller)는 2004년 논문에서 오늘날 사람들이 어떤 동기에서 자신의 몸을 영구적 신체 미술로 장식하는지 깊이 있게 논의한다.

20. 레이저를 이용한 문신 제거술은 옅은 색보다 짙은 색 문신을 더 잘 지울 수 있지만 위험

이 수반된다. 문신용으로 사용하는 옅은 색 물감들 중 일부는(널리 사용되는 두 가지 아조 화합물을 포함해) 고강도 레이저에 의해 유독성 물질들로 분해된다(Vasold et al. 2004).

21. 1998년 3월, 캘리포니아자연사박물관의 준 앤더슨(June Anderson)이 멘디 예술가 릴라 켄트(Lila Kent), 라비 카타우라(Ravie Kattaura)와 인터뷰한 내용을 토대로 했다.

22. Gay and Whittington 2002; Klesse 1999.

23. 벤티엔이 자신의 책《피부*Skin*》(2002)에서 인용한 스텔락의 말이다. 1995년 독일 쾰른 미디어아트대학의 파올로 아트조리(Paolo Atzori), 커크 울포드(Kirk Woolford)와의 인터뷰에서 스텔락은 이렇게 말했다. "과거에 나는 형이상학적인 측면에서 피부를 표면이자 경계면으로 간주했습니다. 피부는 영혼의 외피이자 세계의 시작입니다. 기술을 이용해 피부를 당겨 뚫고 나면 경계면으로서의 피부는 없어지게 됩니다." 이 인터뷰의 전체 내용을 보려면 다음 웹사이트를 참고하라. www.ctheory.net/articles.aspx?id=71.

24. Caliendo, Armstrong, and Roberts 2005.

25. Miller 2004.

26. Groning 1997.

27. 많은 학자들이 검은 피부와 낮은 사회적 지위 간의 연관성을 연구했으며, 그러한 연구는 특히 노예무역의 정착 및 유지를 정당화시켰다(Babb 1998; Oakes 1998; Iyengar 2005). 로렌츠 오켄의《자연철학 편람》을 비롯해 피부색의 문화적 평가에 관한 유사 논의들에 대해서는 벤티엔의《피부》에 잘 기술되어 있다. 피부색에 대한 상상력과 피부를 영구적인 의복으로 보는 견해는 전 세계에 걸쳐 문학적 소재로 널리 활용되었으며, 벤티엔은 이 주제에 대해 상세히 논의했다.

28. 아프리카와 남태평양군도의 짙은 색 피부 주민들 사이에서 옅은 색 피부를 선호하는 문제에 대해서는 에드윈 아드너(Edwin Ardener)의 1954년 논문을 참고하라. 캐나다 라발대학의 피터 프로스트(Peter Frost)는 이 주제를 비교적 상세히 다루었다. 그의 웹사이트 (http://pages.globetrotter.net/peter_frost61z/)도 도움이 된다. 미국의 피부색 차별 기원과 전개에 대해서는 세드릭 헤링(Cedric Herring) 등이 공저한《피부*Skin*》(2004)를 참고하라. 옅은 색 피부가 아기 및 여성성과 어떻게 연관되는지는 프로스트의 1988년 논문과 2005년 논문을 참고하라. 사회적 개념 및 사회적 지향으로서의 순백(純白)과 옅은 색 피부의 연관성에 대해서는 발레리 밥(Valerie Babb)의 1998년 저술과 수자타 아헹가 (Sujata Iyengar)의 2005년 저술을 참고하라.

29. Taylor 2002, 2003.

30. 옅은 색 피부를 지닌 사람이 자외선에 자주 노출된 결과 피부 DNA에 손상이 생기면 피부암 발생 위험이 높아진다(Cleaver and Crowley 2002; Sinni-McKeehen 1995; Christenson et al. 2005). 4장에서 논의한 바와 같이 자외선 노출로 인한 엽산 파괴는 실험적으로 확인되었으며, 사람들이 자외선에 오랫동안 노출되면 엽산 결핍증이 발생할 수 있다(Branda and Eaton 1978; Jablonski and Chaplin 2000). 인공 태닝을 자주 한

피부색에 감춰진 비밀

여성들에게서 신경관 결손을 가진 아기가 많이 태어나는 이유가 이 때문인 것으로 보인다. 좀 더 많은 정보를 원하면 파블로 라푼지나(Pablo Lapunzina)의 1996년 논문을 참고하라. 미국 피부과학회에서는 인공 태닝의 위험성을 직접적으로 경고하는 소책자를 발간했다. 이는 다음 웹사이트를 참고하라. www.aad.org/public/Publications/ pamphlets/DarkerSideTanning.htm

31. Monfrecola and Prizio 2001.

32. Brown 2001; Randle 1997; Monfrecola and Prizio 2001.

33. Anderson 1994.

34. "Cosmetic Enhancement Statistics at a Glance," New Beauty, Summer 2005, 25.

35. 오를랑의 웹사이트(www.orlan.net)를 참고하라. 'Digitized Bodies Project' 라는 웹사이트도 그의 일생과 업적을 간결하고 깊이 있게 소개한다. www.digibodies.org/online/orlan.htm

11. 피부의 미래

1. 현대의 심각한 화상환자 관리 및 피부 배양법과 관련된 문제들에 대해서는 카리나 데니스(Carina Dennis)의 2005년 논문을 참고하라. 환자의 피부를 이용해 이식하는 기술은 현재 환자의 피부세포로 새로운 피부를 '배양하는' 방법으로 진화하고 있다. 우표만한 크기의 피부조각에서 케라틴세포를 추출해 빠르게 배양한 후 적당한 크기의 노즐이 달린 주사기를 이용해 피부 위로 뿌린다. '셀스프레이(CellSpray)' 라 불리는 이 방법은 화상 부위가 넓지 않으면 단독으로 사용하고, 넓을 경우에는 피부이식과 함께 시술된다.

2. Wood 2003.

3. Mansbridge 1999.

4. Zenz et al. 2005.

5. Wadman 2005; Martin and Parkhurst 2004.

6. 이 기술은 미국의 베리칩 코퍼레이션(VeriChip Corporation)에서 주도적으로 개발해왔다. 이 회사의 'RFID칩(radio frequency identification)' 은 쌀알 크기 정도로 작으며 미국에서 인간에게 사용이 승인된 유일한 제품이다. 이 기술에 대한 정보는 회사의 웹사이트를 참고하라. www.verimedinfo.com/tehnology.html

7. 일부에서는 필수적인 사회적 · 의학적 정보를 수록한 이식형 마이크로칩을 개인 식별 수단들 중 가장 안전하고 편리하며 신뢰할 수 있는 방법으로 생각한다. 그러나 많은 인권기구들은 이러한 생각에 반대한다. RFID칩이 개인의 사생활을 파괴하거나 본인의 의사에 반해 강제 이식될 수 있으며, 수록된 정보를 부정확하거나 왜곡된 정보로 쉽게 바꿀 수 있다는 것이다.

8. 스페인 바르셀로나의 바자비치 클럽(Baja Beach Club)에서는 손님들이 입장하기 전 마

이크로칩 '전표 카드'를 구입해 피부 아래에 이식하는데, 빠르고 통증 없는 방법이다. 그리고 돈이 다 없어질 때까지 파티를 즐긴다. 더 즐기려면 언제든지 자신의 칩에 추가로 충전하면 된다. 이러한 시스템이 얼마나 정교한가는 수록될 데이터베이스를 어떻게 구체화하느냐에 달려 있으며, RFID 기술 그 자체는 비교적 간단하다. 다음 웹사이트를 참고하라. www.verichipcorp.com/content/solutions/verichip.

9. Sanchez-Vives and Slater 2005.

10. 싱가포르 난양공대의 학자들은 닭을 연구 대상으로 '허그 수트(hug suit)', 즉 포옹하는 옷을 개발했다. 이것은 센서가 장착된 모델을 두드리면 멀리 떨어진 곳의 닭에게 촉감을 전달할 수 있는 구조다. 센서는 인터넷을 통해 닭에게 입힌 재킷으로 자극을 전달하고, 재킷이 진동하며 촉각을 시뮬레이션한다. 이 연구에 관해 더 많은 정보를 원하면 다음 웹사이트를 참고하라. www2.ntu.edu.sg/ClassAct/Dec05/Research/1.htm

11. Someya et al. 2005; Someya and Sakurai 2003; Someya et al. 2004; Cheung and Lumelsky 1992.

12. Manzotti and Tagliasco 2001.

Abramson, Paul R., and Eldridge H. Pearsall. 1983. "Pectoral Changes during the Sexual Response Cycle: Thermographic Analysis." *Archives of Sexual Behavior* 12 (4): 357-368.

Adcock, Gregory J., Elizabeth S. Dennis, Simon Easteal, Gavin A. Huttley, Lars S. Jermiin, W. James Peacock, and Alan Thorne. 2001. "Mitochondrial DNA Sequences in Ancient Australians: Implications for Modern Human Origins." *Proceedings of the National Academy of Sciences U.S.A.* 98 (2): 537-542.

Alaluf, Simon, Derek Atkins, Karen Barrett, Margaret Blount, Nik Carter, and Alan Heath. 2002. "Ethnic Variation in Melanin Content and Composition in Photoexposed and Photoprotected Human Skin." *Pigment Cell Research* 15 (2): 112-118.

Altmann, Jeanne, Stuart A. Altmann, Glenn Hausfater, and Sue Ann McCuskey. 1997. "Life History of Yellow Baboons: Physical Development, Reproductive Parameters, and Infant Mortality." *Primates* 18 (2): 315-330.

Anderson, Mark M. 1994. *Kafka's Clothes: Ornament and Asceticism in the Habsburg Fin de Siècle.* Oxford: Oxford University Press.

Aoki, Kenichi. 2002. "Sexual Selection as a Cause of Human Skin Colour Variation: Darwin's Hypothesis Revisited." *Annals of Human Biology* 29 (6): 589-608.

Ardener, Edwin W. 1954. "Some Ibo Attitudes to Skin Pigmentation." *Man* 54 (101): 71-73.

Ardrey, Robert. 1961. *African Genesis: A Personal Investigation into the Animal Origins and Nature of Man.* New York: Simon and Schuster.

Aurelli, Filippo, and Frans B. M. de Waal, eds. 2000. *Natural Conflict Resolution.* Berkeley: University of California press.

Autumn, Kellar, Matin Sitti, Yiching A. Liang, Anne M. Peattie, Wendy R. Hansen, Simon Sponberg, Thomas W. Kenny, Ronald Fearing, Jacob N. Israelachvili, and Robert J. Full. 2002. "Evidence for van der Waals Adhesion in Gecko Setae." *Proceedings of the National Academy of Sciences U.S.A.* 99 (19): 12252-12256.

Babb, Valerie. 1998. *Whiteness Visible: The Meaning of Whiteness in American Literature and Culture.* New York: New York University Press.

Baker, Paul T. 1958. "The Biological Adaptation of Man to Hot Deserts." *American Naturalist* 92 (867): 337-357.

Barber, Elizabeth. 2002. "Fashioned from Fiber." In *Along the Silk Road*, edited by E. Ten Grotenhuis, chap. 3. Washington, D.C.: Sackler Gallery, Smithsonian Institution.

Barker, Diane, Kathleen Dixon, Estela E. Medrano, Douglas Smalara, Sungbin Im, David Mitchell, George Babcock, and Zalfa A. Abdel-Malek. 1995. "Comparison of the Responses of Human Melanocytes with Different Melanin Contents to Ultraviolet B Irradiation." *Cancer Research* 55 (18): 4041-4046.

Barsh, Gregory. 1996. "The Genetics of Pigmentation: From Fancy Genes to Complex Traits." *Trends in Genetics* 12 (8): 299-305.

Bar-Yosef, Ofer. 2002. "The Upper Paleolithic Revolution." *Annual Review of Anthropology* 31: 363-393.

Ben-Shakhar, Gershon, Maya Bar-Hillel, and Mordechai Kremnitzer. 2002. "Trial by Polygraph: Reconsidering the Use of the Guilty Knowledge Technique in Court." *Law and Human Behavior* 26 (5): 527-541.

Benson, Susan. 2000. "Inscriptions of the Self: Reflections on Tattooing and Piercing in Contemporary Euro-America." In *Written on the Body: The Tattoo in European and American History*, edited by Jane Caplan. London: Reaktion Books.

Benthien. Claudia 2002. *Skin: On the Cultural Border between Self and the World.* Translated by Thomas Dunlap. New York: Columbia University Press.

Biasutti, Renato. 1959. *Le razze e i popoli della terra: Razze, popoli, e culture.* 4 vols. Vol. 1, *Le razze e i popoli della terra.* Torino: Unione Tipografico-Editrice Torinese.

Blum, Harold F. 1961. "Does the Melanin Pigment of Human Skin Have Adaptive Value?" *Quarterly Review of Biology* 36: 50-63.

Bögels, Susan M., and Caroline T. Lamers. 2002. "The Causal Role of Self-Awareness in Blushing-Anxious, Socially-Anxious, and Social Phobics Individuals." *Behaviour Research and Therapy* 40 (12): 1367-1384.

Bogucki, Peter 1999. *The Origins of Human Scoitey*. Malden, Mass.: Blackwell.

Bower, Carol, and Fiona J. Stanley. 1989. "Dietary Folate as a Risk Factor for Neural-Tube Defects: Evidence from a Case-Control Study in Western Australia." *Medical Journal of Australia* 150 (11): 613-619.

Brace, C. Loring. 1963. "Structural Reduction in Evolution." *American Naturalist* 97 (892): 39-49.

Bramble, Dennis M., and Daniel E. Lieberman. 2004. "Endurance Running and the Evolution of Homo." *Nature* 432(7015): 345-352.

Branda, Richard F., and Johm W. Eaton. 1978. "Skin Color and Nutrient Photolysis: An Evolutionary Hypothesis." *Science* 201 (4356): 625-626.

Brothwell, Don R. 1987. *The Bog Man and the Archaeology of People*. Cambridge, Mass.: Harvard University Press.

Brown, David A. 2001. "Skin Pigmentation Enhancers." In *Sun Protection in Man*, edited by Paolo U. Giacomoni. Amsterdam: Elsevier.

Brown, Elizabeth H., and David I. Perrett. 1993. "What Gives a Face Its Gender?" *Perception* 22 (7): 829-840.

Burgess, Ian F. 2004. "Human Lice and Their Control." *Annual Review of Entomology* 49: 457-481.

Butts, Janie B. 2001. "Outcomes of Comfort Touch in Institutionalized Elderly Female Residents." *Geriatric Nursing* 22 (4): 180-184.

Cabanac, Michael, and Michael Caputa. 1979. "Natural Selective Cooling of the Human Brain: Evidence of Its Occurrence and Magnitude." *Journal of Physiology* 286 (1): 255-264.

Cabanac, Michel, and B. Massonnet. 1977. "Thermoregulatory Responses as a Function of Core Temperature in Humans." *Journal of Physiology* 265 (1): 587-596.

Caldwell, Martyn M., Lars O. Björn, Janet F. Bornman, Stephan D. Flint, G. Kulandaivelu, Alan H. Teramura, and Manfred Tevini. 1998. "Effects of Increased Solar Ultraviolet Radiation on Terrestrial Ecosystems." *Journal of Photochemistry and Photobiology B: Biology* 46 (1-3): 40-52.

Caliendo, Carol, Myrna L. Armstrong, and Alden E. Roberts. 2005. "Self-Reported Characteristics of Women and Men with Intimate Body Piercings." *Journal of Advanced Nursing* 49 (5): 474-484.

Campbell, Ruth, Philip J. Benson, Simon B. Wallace, Suzanne Doesbergh, and Michael Coleman. 1999. "More about Brows: How Poses That Change Brow Position Affect Perceptions of Gender." *Perception* 28 (4): 489-504.

Caputa, Michael, and Michel Cabanac. 1988. "Precedence of Head Homoeothermia over Trunk Homoeothermia in Dehydrated Men." *European Journal of Applied Physiology* 57 (5): 611-613.

Carpenter, Peter W., Christopher Davies, and Anthony D. Lucey. 2000. "Hydrodynamics and Compliant Walls: Does the Dolphin Have a Secret?" *Current Science* 79 (6): 758-765.

Carrier, David R. 1984. "The Energetic Paradox of Human Running and Hominid Evolution." *Current Anthropology* 25 (4): 483-495.

Chaplin, George. 2001. "The Geographic Distribution of Environmental Factors Influencing Human Skin Colouration." MSc thesis, Manchester Metropolitan University.

————. 2004. "Geographic Distribution of Environmental Factors Influencing Human Skin Coloration." *American Journal of Physical Anthropology* 125 (3): 292-302.

Chaplin, George, and Nina G. Jablonski. 1998. "Hemispheric Difference in Human Skin Color." *American Journal of Physical Anthropology* 107 (2): 221-223.

Chaplin, George, Nina G. Jablonski, and N. Timothy Cable. 1994. "Physiology, Thermoregulation, and Bipedalism." *Journal of Human Evolution* 27 (6): 497-510.

Cheung, Edward, and Vladimir Lumelsky. 1992. "Sensitive Skin System for Motion Control of Robot Arm Manipulators." *Robotics and Autonomous Systems* 10 (1): 9-32.

Chiappe, Luis M. 1995. "The First 85 Million Years of Avian Evolution." *Nature* 378 (6555): 349-355.

Chiappe, Luis M., Rodolfo A. Coria, Lowell Dingus, Frankie Jackson, Anusuya Chinsamy, and Marilyn Fox. 1998. "Sauropod Dinosaur Embryos from the Late Cretaceous of Patagonia." *Nature* 396 (6708): 258-261.

Chimpanzee Sequencing and Analysis Consortium. 2005. "Initial Sequence of the Chimpanzee Genome and Comparison with the Human Genome." *Nature* 437 (7055): 69-87.

Christenson, Leslie J., Theresa A. Borrowman, Celine M. Vachon, Megha M. Tollefson,

Clark C. Otley, Amy L. Weaver, and Randall K. Roenigk. 2005. "Incidence of Basal Cell and Squamous Cell Carcinomas in a Population Younger Than 40 Years." *Journal of the American Medical Association* 294 (6): 681-690.

Chu, David H., Anne R. Haake, Karen Holbrook, and Cynthia A. Loomis. 2003. "The Structure and Development of Skin." In *Fitzpatrick's Dermatology in General Medicine*, edited by Irwin M. Freedberg. Arthur Z. Eisen, Klaus Wolff, K. Frank Austen, Lowell A. Goldsmith, and Stephen I. Katz. 6th ed. New York: McGraw-Hill.

Chuang, Tsu-Yi, George T. Reizner, David J. Elpern, Jenny L. Stone, and Evan R. Farmer. 1995. "Nonmelanoma Skin Cancer in Japanese Ethnic Hawaiians in Kauai, Hawaii: An Incidence Report." *Journal of the American Academy of Dermatology* 33 (3): 422-426.

Chuong, Cheng-Ming, Ping Wu, Fu-Cheng Zhang, Xing Xu, Minke Yu, Randall B. Widelitz, Ting-Xin Jiang, and Lianhai Hou. 2003. "Adaptation to the Sky: Defining the Feather with Integument Fossils from Mesozoic China and Experimental Evidence from Molecular Laboratories." *Journal of Experimental Zoology, Part B, Molecular and Developmental Evolution* 298 (1): 42-56.

Clarke, Barry T. 1997. "The Natural History of Amphibian Skin Secretions, Their Normal Functioning and Potential Medical Applications." *Biological Reviews of the Cambridge Philosophical Society* 72 (3): 365-379.

Cleaver, James E., and Eileen Crowley. 2002. "UV Damage, DNA Repair, and Skin Carcinogenesis." *Frontiers in Bioscience* 7: 1024-1043.

Collet. Christian. Evelyne Vernet-Maury, Georges Delhomme, and André Dittmar. 1997. "Autonomic Nervous System Response Patterns Specificity to Basic Emotions." *Journal of the Autonomic Nervous System* 62 (1-2): 45-57.

Connor, Steven. 2004. *The Book of Skin*. Ithaca. N.Y.: Cornell University Press.

Cornish, Daryl A., Vusi Maluleke, and Thulani Mhlanga. 2000. "An Investigation into a Possible Relationship between Vitamin D. Parathyroid Hormone, Calcium, and Magnesium in a Normally Pigmented and an Albino Rural Black Population in the Northern Province of South Africa." *Bio-Factors* 11 (1-2): 35-38.

Cosentino, M. James, Ruth E. Pakyz, and Josef Fried. 1990. "Pyrimethamine: An Approach to the Development of a Male Contraceptive." *Proceedings of the National Academy of Sciences U.S.A.* 87 (4): 1431-1435.

Cowles, Raymond B. 1959. "Some Ecological Factors Bearing on the Origin and Evolution of Pigment in the Human Skin." *American Naturalist* 93 (872): 283-293.

Daniels, Farrington. 1964. "Man and Radiant Energy: Solar Radiation." In *Handbook of Physiology, Section 4: Adaptation to the Environment,* edited by D. B. Dill, E. F. Adolph, and C. G. Wilber, Washington, D.C.: American Physiological Society.

de Gruijl, Frank R., and Henk J. van Kranen. 2001. "UV Radiations, Mutation, and Oncogenic Pathways in Skin Cancer." In *Sun Protection in Man,* edited by Paolo U. Giacomoni. Amsterdam: Elsevier.

Dennis, Carina. 2005. "Spray-On Skin: Hard Graft." *Nature* 436 (7048): 166-167.

de Waal, Frans B. M. 1990. *Peacemaking among Primates.* Cambridge, Mass: Harvard University Press.

———. 1993. "Reconciliation among Primates: A Review of Empirical Evidence and Unresolved Issues." In *Primate Social Conflict,* edited by William A. Mason and Sally P. Mendoza. New York: SUNY Press.

de Waal, Frans B. M., and Angeline van Roosmalen. 1979. "Reconciliation and Consolation among Chimpanzees." *Behavioral Ecology and Sociobiology* 5 (1): 55-66.

Diamond, Jared. 2005. *Collapse: How Societies Choose to Fail or Succeed.* New York: Viking Press.

Diegelmann, Robert F., and Melissa C. Evans. 2004. "Wound Healing: An Over view of Acute, Fibrotic, and Delayed Healing." *Frontiers in Bioscience* 9: 283-289.

Di Folco, Philippe. 2004. *Skin Art.* Paris: Fitway Publishing.

Dillard, James N., and Sharon Knapp. 2005. "Complementary and Alternative Pain Therapy in the Emergency Department." *Emergency Medicine Clinics of North America* 23 (2): 529-549.

Ding, Mei, Wei-Meng Woo, and Andrew D. Chisholm. 2004. "The Cytoskeleton and Epidermal Morphogenesis in *C. elegans.*" *Experimental Cell Research* 301 (1): 84-90.

Domb, Leah G., and Mark Pagel. 2001. "Sexual Swellings Advertise Female Quality in Wild Baboons." *Nature* 410 (6825): 204-206.

Dominy, Nathaniel J. 2004. "Fruits, Fingers, and Fermentation: The Sensory Cues Available to Foraging Primate." *Integrative and Comparative Biology* 44 (4): 295-303.

Dominy, Nathaniel J., and Peter W. Lucas. 2001. "Ecological Importance of Trichromatic Vision to Primates." *Nature* 410 (6826): 363-366.

Drummond, Peter D. 1999. "Facial Flushing during Provocation in Women." *Psychophysiology* 36 (3): 325-332.

Drummond, Peter D., and James W. Lance. 1987. "Facial Flushing and Sweating

Mediated by the Sympathetic Nervous System." *Brain* 110 (3): 793-803.

Drummond, Peter D., and Saw Han Quah. 2001. "The Effect of Expressing Anger on Cardiovascular Reactivity and Facial Blood Flow in Chinese and Caucasians." *Psychophysiology* 38 (2): 190-196.

Dunbar, Robin I. M. 2001. "What's in a Baboon's Behind?" *Nature* 410 (6825): 158.

Ekman, Paul. 1998. "Introduction to the Third Edition." In *The Expression of the Emotions in Man and Animals*, by Charles Darwin. New York: Oxford University Press.

———. 2003. *Emotions Revealed: Recognizing Faces and Feelings to Improve Communication and Emotional Life*. New York: Time Books.

Elias, Peter M., Kenneth R. Feingold, and Joachim W. Fluhr. 2003. "Skin as an Organ of Protection." In *Fitzpatrick's Dermatology in General Medicine*, edited by Irwin M. Freedberg, Arthur Z. Eisen, Klaus Wolff, K. Frank Austen, Lowell A. Goldsmith, and Stephen I. Katz. 6th ed. New York: McGraw-Hill.

Eliot, T. S. 1920. *Poems*. New York: Knopf.

Erb, Peter, Jingmin Ji, Marion Wernli, Erwin Kump, Andrea Glaser, and Stanislaw A. Buchner. 2005. "Role of Apoptosis in Basal Cell and Squamous Cell Carcinoma Formation." *Immunology Letters* 100 (1): 68-72.

Falk, Dean. 1990. "Brain Evolution in Homo: The 'Radiator' Theory." *Behavioral and Brain Sciences* 13: 333-381.

Field, Tiffany. 2001. *Touch*. Cambridge, Mass.: MIT Press.

———. 2002. "Violence and Touch Deprivation in Adolescents." *Adolescence* 37 (148): 735-749.

Fisher, Gray J., Sewon Kang, James Varani, Zsuzsanna Beta-Csorgo, Wen Yinsheng, Subhash Datta, and John J. Voorhees. 2002. "Mechanisms of Photoaging and Chronological Skin Aging." *Archives of Dermatology* 138 (11): 1462-1470.

Fitzpatrick, Thomas B., Makoto Seiji, and A. David McGugan, 1961. "Melanin Pigmentation." *New England Journal of Medicine* 265 (7): 328-332.

Fitzpatrick, Thomas R., and Jean-Paul Ortonne. 2003. "Normal Skin Color and General Considerations of Pigmentary Disorders." In *Fitzpatrick's Dermatology in General Medicine*, edited by Irwin M. Freedberg, Arthur Z. Eisen, Klaus Wolff, K. Frank Austen, Lowell A. Goldsmith, and Stephen I. Katz. 6th ed. New York: McGraw-Hill.

Fleming, Angeleen, and Andrew J. Copp. 1998. "Embryonic Folate Metabolism and Mouse Neural Tube Defects." *Science* 280 (5372): 2107-2109.

Folk, G. Edgar, Jr., and Holmes A. Semken Jr. 1991. "The Evolution of Sweat Glands."

International Journal of Biometeorology 35 (3): 180-186.

Fowler, Brenda. 2000. *Iceman: Uncovering the Life and Times of a Prehistoric Man Found in an Alpine Glacier*. Chicago: University of Chicago Press.

Frisancho, A. Roberto. 1995. *Human Adaptation and Accommodation*. Rev. ed. Ann Arbor: University of Michigan Press.

Frost, Peter. 1988. "Human Skin Color: A Possible Relationship between Its Sexual Dimorphism and Its Social Perception." *Perspectives in Biology and Medicine* 32 (1): 38-59.

———. 2005. *Fair Women, Dark Men: The Forgotten Roots of Color Prejudice*. N.p.: Cybereditions.

Garland, Cedric F., Frank C. Garland, and Edward D. Gorham. 2003. "Epidemiologic Evidence for Different Roles of Ultraviolet A and B Radiation in Melanoma Mortality Rates." *Annals of Epidemiology* 13 (6): 395-404.

Garland, Cedric F., Frank C. Garland, Edward D. Gorham, Martin Lipkin, Harold Newmark, Sharif B. Mohr, and Michael F. Holick. 2006. "The Role of Vitamin D in Cancer Prevention." *American Journal of Public Health* 96 (2): 252-261.

Gay, Kathlyn, and Christine Whittington. 2002. *Body Marks: Tattooing, Piercing, and Scarification*. Brookfield, Conn.: Millbrook Press.

Gessner, Bradford D., Elizabeth de Schweinitz, Kenneth M. Petersen, and Christopher Lewandowski. 1997. "Nutritional Rickets among Breast-Fed Black and Alaska Native Children." *Alaska Medicine* 39 (3): 72-87.

Gharaee-Kermani, Mehrnaz, and Sem H. Phan. 2001. "Role of Cytokines and Cytokine Therapy in Wound Healing an Fibrotic Diseases." *Current Pharmaceutical Design* 7 (11): 1083-1103.

Givler, Robert C. 1920. *Psychology: The Science of Human Behavior*. New York: Harper.

Gladwell, Malcolm. 2005. *Blink: The Power of Thinking without Thinking*. New York: Little, Brown.

Gleeson, Madeline, and Fiona Timmins. 2004. "The Use of Touch to Enhance Nursing Care of Older Person in Long-Term Mental Health Care Facilities." *Journal of Psychiatric and Mental Health Nursing* 11(5): 541-545.

Goldsmith, Lowell A. 2003. "Biology of Eccrine and Apocrine Sweat Glands." In *Fitzpatrick's Dermatology in General Medicine*, edited by Irwin M. Freedberg, Arthur Z. Eisen, Klaus Wolff, K. Frank Austen, Lowell A. Goldsmith, and Stephen I. Katz. 6th ed. New York: McGraw-Hill.

Goodall, Jane. 1986. *The Chimpanzees of Gombe: Patterns of Behavior*. Cambridge, Mass.: Belknap Press of Harvard University Press.

Grandin, Temple. 1996. *Thinking in Pictures and Other Reports from My Life with Autism*. New York: Vintage Books.

Grant, William B. 2003. "Ecologic Studies of Solar UV-B Radiation and Cancer Mortality Rates." *Recent Results in Cancer Research* 164: 371-377.

Gravlee, Clarence C., William W. Dressler, and H. Russell Bernard. 2005. "Skin Color, Social Classification, and Blood Pressure in Southeastern Puerto Rico." *American Journal of Public Health* 95 (12): 2191-2197.

Grevelink, Suzanne Virnelli, and John Butler Mulliken. 2003. "Vascular Anomalies and Tumors of Skin and Subcutaneous Tissues." In *Fitzpatrick's Dermatology in General Medicine*, edited by Irwin M. Freedberg, Arthur Z. Eisen, Klaus Wolff, K. Frank Austen, Lowell A. Goldsmith, and Stephen I. Katz. 6th ed. New York: McGraw-Hill.

Groning, Karl. 1997. *Decorated Skin: A World Survey of Body Art*. London: Thames and Hudson.

Halaban, Ruth, Daniel N. Hebert, and David E. Fisher. 2003. "Biology of Melanocytes." In *Fitzpatrick's Dermatology in General Medicine*, edited by Irwin M. Freedberg, Arthur Z. Eisen, Klaus Wolff, K. Frank Austen, Lowell A. Goldsmith, and Stephen I. Katz. 6th ed. New York: McGraw-Hill.

Hardy, Alister. 1960. "Was Man More Aquatic in the Past?" *New Scientist* 7: 642-645.

Harlow, Harry F., Margaret K. Harlow, Robert O. Dodsworth, and G. L. Arling. 1966. "Maternal Behavior of Rhesus Monkeys Deprived of Mothering and Peer Associations in Infancy." *Proceedings of the American Philosophical Society* 110 (1): 58-66.

Harlow, Harry F., and Robert R. Zimmerman. 1958. "The Development of Affectional Responses in Infant Monkeys." *Proceedings of the American Philosophical Society* 102 (5): 501-509.

Hartl. Daniel L. 2004. "The Origin of Malaria: Mixed Messages From Genetic Diversity." *Nature Reviews: Microbiology* 2 (1): 15-22.

Haworth, James C., and Louise A. Dilling. 1986. "Vitamin-D-Deficient Rickets in Manitoba, 1972-84." *Canadian Medical Association Journal* 134 (3): 237-241.

Healy, Eugene, Siobhan A. Jordan, Peter S. Budd, Ruth Suffolk, Jonathan L. Rees, and Ian J. Jackson. 2001. "Functional Variation of MC₁R Alleles from Red-Haired Individuals." *Human Molecular Genetics* 10 (21): 2397-2402.

Henshilwood, Christopher S., Francesco d'Errico, Royden Yates, Zenobia Jacobs, Chantal Tribolo, Geoff A. T. Duller, Norbert Mercier, Judith C. Sealy, Helene Valladas, Ian Watts, and Ann G. Wintle. 2002. "Emergence of Modern Human behavior: Middle Stone Age Engravings from South Africa." *Science* 295 (5558): 1278-1280.

Herman, Jay R., and Edward A. Celarier. 1996. "TOMS Version 7 UV-Erythemal Exposure: 1978-1993." *CD-ROM*. Edited by NASA. Goddard Space Flight Center.

Herring, Cedric, Verna M. Keith, and Hayward Derrick Horton, eds. 2004. *Skin/Deep: How Race and Complexion Matter in the 'Color-Blind' Era*. Urbana: Institute for Research on Race and Public Policy and University of Illinois Press.

Hirakawa, Kazutaka, Hiroyuki Suzuki, Shinji Oikawa, and Shosuke Kawanishi. 2002. "Sequence-Specific DNA Damage Induced by Ultraviolet A-Irradiated Folic Acid via Its Photolysis Product." *Archives of Biochemistry and Biophysics* 410 (2): 261-268.

Hitchcock, R. Timothy. 2001. *Ultraviolet Radiation*. 2nd ed. Nonionizing Radiation Guide Series. Fairfax, Va.: American Industrial Hygiene Association.

Hodgkin, P., G. H. Kay, P. M. Hine, G. A. Lumb, and S. W. Stanbury. 1973. "Vitamin-D Deficiency in Asians at Home and in Britain." *The Lancet* 2 (7822): 167-172.

Holick, Michael F. 1987. "Photosynthesis of Vitamin D in the Skin: Effect of Environmental and Life-Style Variables." *Federation Proceedings* 46 (5): 1876-1882.

———. 1995. "Environmental Factors That Influence the Cutaneous Production of Vitamin D." *American Journal of Clinical Nutrition* 61 (3 suppl.): 638S-645S.

———. 1997. "Photobiology of Vitamin D." In *Vitamin D*, edited by David Feldman, Francis H. Glorieux, and J. Wesley Pike. San Diego: Academic Press.

———. 2001. "A Perspective on the Beneficial Effects of Moderate Exposure to Sunlight: Bone Health, Cancer Prevention, Mental Health, and Well Being." In *Sun Protection in Man*, edited by Paolo U. Giacomoni. Amsterdam: Elsevier.

———. 2003. "Evolution and Function of Vitamin D." *Recent Results in Cancer Research* 164: 3-28.

———. 2004. "Vitamin D: Importance in the Prevention of Cancers, Type 1 Diabetes, Heart Disease, and Osteoporosis." *American Journal of Clinical Nutrition* 79 (3): 362-371.

Holick, Michael F., Julia A. MacLaughlin, and S. H. Doppelt. 1981. "Regulation of Cutaneous Previtamin D_3 Photosynthesis in Man: Skin Pigment Is Not an Essential Regulator." *Science* 211 (4482): 590-593.

피부색에 감춰진 비밀

Homsi, Jade, Mohammed Kashani-Sabet, Jane L. Messina, and Adil Daud. 2005. "Cutaneous Melanoma: Prognostic Factors." *Cancer Control* 12 (4): 223-229.

Horiuchi, Shiro. 2005. "Affiliative Relations among Male Japanese Macaques(*Macaca fuscata yakui*) within and outside a Troop on Yakushima Island." *Primates* 46 (3): 191-197.

Ikoma, Akihiko, Roman Rukwied, Sonja Ständer, Martin Steinhoff, Yoshiki Miyachi, and Martin Schmelz. 2003. "Neurophysiology of Pruritus: Interaction of Itch and Pain." *Archives of Dermatology* 139 (11): 1475-1478.

Ito, Shosuke. 2003. "A Chemist's View of Melanogenesis." *Pigment Cell Research* 16 (3): 230-236.

Iyengar, Sujata. 2005. *Shades of Difference: Mythologies of Skin Color in Early Modern England*. Philadelphia: University of Pennsylvania Press.

Jablonski, Nina G. 2004. "The Evolution of Human Skin and Skin Color." *Annual Review of Anthropology* 33: 585-623.

Jablonski, Nina G., and George Chaplin. 1993. "Origin of Habitual Terrestrial Bipedalism in the Ancestor of the Hominidae." *Journal of Human Evolution* 24 (4): 259-280.

———. 2000. "The Evolution of Skin Coloration." *Journal of Human Evolution* 39 (1): 57-106.

Jablonski, Nina G., George Chaplin, and Kenneth J. McNamara. 2002. "Natural Selection and the Evolution of Hominid Patterns of Growth and Development." In *Human Evolution through Developmental Change*, edited by Nancy Minugh-Purvis and Kenneth J. McNamara. Baltimore: Johns Hopkins University Press.

Jerison, Harry J. 1978. "Allometry and Encephalization." In *Recent Advances in Primatology*, vol. 3, Evolution, edited by D. J. Chivers and K. A. Joysey. London: Academic Press.

———. 1997. "Evolution of Prefrontal Cortex." In *Development of the Prefrontal Cortex: Evolution, Neurobiology, and Behavior*, edited by Norman A. Krasnegor, G. Reid Lyon, and Patricia S. Rakic. Baltimore: Paul H. Brookes.

John, Premila R., Kateryna Makova, Wen-Hsiung Li, Trefor Jenkins, and Michele Ramsay. 2003. "DNA Polymorphism and Selection at the Melanocortin-1 Receptor Gene in Normally Pigmented Southern African Individuals." *Annals of the New York Academy of Sciences* 994: 299-306.

Johnson, Francis S., Tsan Mo, and Alex E. S. Green. 1976. "Average Latitudinal Variation in Ultraviolet Radiation at the Earth's Surface." *Photochemistry and Photo-*

biology 23: 179-188.

Kaidbey, Kays H., Patricia Poh Agin, Robert M. Sayre, and Albert M. Kligman. 1979. "Photoprotection by Melanin: A Comparison of Black and Caucasian Skin." *American Academy of Dermatology* 1 (3): 249-260.

Kalkwarf, Heidi J., and Bonny L. Specker. 2002. "Bone Mineral Changes during Pregnancy and Lactation." *Endocrine* 17 (1): 49-53.

Kappes, Ulrike P., Dan Luo, Marisa Potter, Karl Schulmeister, and Thomas M. Runger. 2006. "Short-and Long-Wave UV Light(UVB and UVA) Induce Similar Mutations in Human Skin Cells." *Journal of investigative Dermatology* 126 (3): 667-675.

Katsarou-Katsari, Alexandra, A. Filippou, and Theoharis C. Theoharides. 1999. "Effect of Stress and Other Psychological Factors on the Pathophysiology and Treatment of Dermatoses." *International Journal of Immunopathology and Pharmacology* 12 (1): 7-11.

Kemp, Sandra. 2004. *Future Face: Image, Identity, Innovation.* London: Profile Books.

Kesavan, Vellappan, Madan S. Pote, Vipen Batra, and Gomathy Viswanathan. 2003. "Increased Folate Catabolism Following Total Body Y-Irradiation in Mice." *Journal of Radiation Research* 44 (2): 141-144.

Ketchum, L. D., I. K. Cohen, and F. W. Masters. 1974. "Hypertrophic Scars and Keloidal Scars." *Plastic and Reconstructive Surgery* 53 (2): 140-154.

Khaitovich, Philipp, Ines Hellmann, Wolfgang Enard, Katja Nowick, Marcus Leinweber, Henritte Franz, Gunter Weiss, Michael Lachmann, and Svante Pääbo. 2005. "Parallel Patterns of Evolution in the Genomes and Transcriptomes of Humans and Chimpanzees." *Science* 309 (5742): 1850-1854.

Kirch, Patrick V. 1997. *The Lapita Peoples: Ancestors of the Oceanic World.* Malden, Mass.: Blackwell.

Klein, Richard G., Graham Avery, Kathryn Cruz-Uribe, David Halkett, John E. Parkington, Teresa Steele, Thomas P. Volman, and Royden Yates. 2004. "The Ysterfontein 1 Middle Stone Age Site, South Africa, and Early Human Exploitation of Coastal Resources." 10.1073/pnas.0400528101. *Proceedings of the National Academy of Sciences U.S.A.* 101 (16): 5708-5715.

Klesse, Christian. 1999. "'Modern Primitivism': Non-Mainstream Body Modification and Racialized Representation." *Body and Society* 5 (2-3): 15-38.

Kligman, Albert M. 2004. A Personal Critique on the State of Knowledge of Rosacea. *Dermatology* 208 (3): 191-197.

Knip, Agatha S. 1977. "Ethnic Studies on Sweat Gland Counts." In *Physiological Variation and Its Genetic Basis*, edited by J. S. Weiner. London: Taylor and Francis.

Koda, Harold. 2001. *Extreme Beauty: The Body Transformed*. New York: Metropolitan Museum of Art.

Kollias, Nikiforos. 1995a. "The Physical Basis of Skin Color and Its Evaluation." *Clinics in Dermatology* 13 (4): 361-367.

———. 1955b. "The Spectroscopy of Human Melanin in Pigmentation." In *Melanin: Its Role in Human Photoprotection*, edited by Lisa Zeise, Miles R. Chedekel, and Thomas B. Fitzpatrick. Overland Park, KS: Valdenmar Publications.

Kollias, Nikiforos, Robert M. Sayre, Lisa Zeise, and Miles R. Chedekel. 1991. "New Trends in Photobiology: Photoprotection by Melanin." *Journal of Photochemistry and Photobiology B* 9 (2): 135-160.

Kovacs, Christopher S. 2005. "Calcium and Bone Metabolism during Pregnancy and Lactation." *Journal of Mammary Gland Biology and Neoplasia* 10 (2): 105-118.

Kuhn, Steven L., Mary C. Stiner, David S. Reese, and Erksin Gülec. 2001. "Ornaments of the Earliest Upper Paleolithic: New Insights from the Levant." *Proceedings of the National Academy of Sciences U.S.A.* 98 (13): 7641-7646.

Lamason, Rebecca L., Manzoor-Ali P. K. Mohideen, Jason R. Mest, Andrew C. Wong, Heather L. Norton, Michele C. Aros, Michael J. Jurynec, Xianyun Mao, Vanessa R. Humphreville, Jasper E. Humbert, Soniya Sinha, Jessica L. Moore, Pudur Jagadeeswaran, Wei Zhao, Gang Ning, Izabela Makalowska, Paul M. Mckeigue, David O'Donnell, Rick Kittles, Esteban J. Parra, Nancy J. Mangini, David J. Grunwald, Mark D. Shriver, Victor A. Canfield, and Keith C. Cheng. 2005. "SLC24A5, a Putative Cation Exchanger, Affects Pigmentation in Zebrafish and Humans." 10.1126/science.1116238. *Science* 310 (5755): 1782-1786.

Lapunzina, Pablo. 1996. "Ultraviolet Light-Related Neural Tube Defects?" *American Journal of Medical Genetics Part B neuropsychiatric Genetics* 67 (1): 106.

Leary, Mark R., Thomas W. Britt, William D. Cutlip II, and Janice L. Templeton. 1992. "Social Blushing." *Psychological Bulletin* 112 (3): 446-460.

Lee, Marjorie M. C., and Gabriel W. Lasker. 1959. "The Sun-Tanning Potential of Human Skin." *Human Biology* 31: 252-260.

Lock-Andersen, Jorgen, N. Ditlev Knudstorp, and Hans Christian Wulf. 1998. "Facultative Skin Pigmentation in Caucasians: An Objective Biological Indicator of Lifetime Exposure to Ultraviolet Radiation?" *British Journal of Dermatology* 138 (5): 826-832.

Loomis, W. Farnsworth. 1967. "Skin-Pigment Regulation of Vitamin-D Biosynthesis in Man." *Science* 157 (3788): 501-506.

Luck, C. P., and P. G. Wright. 1964. "Aspects of the Anatomy and Physiology of the Skin of the Hippopotamus (*H. amphibius*)." *Quarterly Journal of Experimental Physiology and Cognate Medical Sciences* 49 (1): 1-14.

Lucock, Mark, Zoe Yates, Tracey Glanville, Robert Leeming, Nigel Simpson, and Ioannis Daskalakis. 2003. "A Critical Role for B-Vitamin Nutrition in Human Development and Evolutionary Biology." *Nutrition Research* 23 (11): 1463-1475.

Luis, J. R., Diane J. Rowold, M. Regueiro, B. Caeiro, Cengiz Cinnioglu, Charles Roseman, Peter A. Underhill, L. Luca Cavalli-Sforza, and Rene J. Herrera. 2004. "The Levant versus the Horn of Africa: Evidence for Bidirectional Corridors of Human Migrations." *American Journal of Human Genetics* 74 (3): 532-544.

MacLaughlin, Julia A., R. R. Anderson, and Michael F. Holick. 1982. "Spectral Character of Sunlight Modulates Photosynthesis of Previtamin D_3 and Its Photoisomers in Human Skin." *Science* 216 (4549): 1001-1003.

Madronich, Sasha, Richard L. McKenzie, Lars O. Björn, and Martyn M. Caldwell. 1998. "Changes in Biologically Active Ultraviolet Radiation Reaching the Earth's Surface." *Journal of Photochemistry and Photobiology B: Biology* 46 (1-3): 5-19.

Mahoney, Sheila A. 1980. "Cost of Locomotion and Heat Balance during Rest and Running from 9 to 55 C in a Patas Monkey." *Journal of Applied Physiology* 49 (5): 780-800.

Mansbridge, Jonathan. 1999. "Tissue-Engineered Skin Substitutes." *Expert Opinion on Investigative Drugs* 8 (7): 957-962.

Manson, Joseph H., and Richard W. Wrangham. 1991. "Intergroup Aggression in Chimpanzees and Humans." *Current Anthropology* 32 (4): 369-391.

Manzotti, Riccardo, and Vincenzo Tagliasco. 2001. "On Building and Artificial Conscious Being." Paper presented at In Search of a Science of Consciousness conference. Skovde, Sweden.

Marks, Jonathan. 2003. *What It Means to Be 98% Chimpanzee: Apes, People, and Their Genes*. Berkeley: University of California Press.

Martin, Paul, and Susan M. Parkhurst. 2004. "Parallels between Tissue Repair and Embryo Morphogenesis." *Development* 131 (1): 3021-3034

Mathur, U., S. L. Datta, and B. B. Mathur. 1977. "The Effect of Aminopterin-Induced Folic Acid Deficiency on Spermatogenesis." *Fertility and Sterility* 28 (12): 1356-1360.

Matsumoto-Oda, Akiko. 1998. "Injuries to the Sexual Skin of Female Chimpanzees at Mahale and Their Effect on Behaviour." *Folia Primatologica* 69 (6): 400-404.

Matsumura, Yashuhiro, and Honnavara N. Ananthawamy. 2004. "Toxic Effects of Ultraviolet Radiation on the Skin." *Toxicology and Applied Pharmacology* 195 (3): 298-308.

Mayhew, Emily. 2004. *The Reconstruction of Warriors: Archibald McIndoe, the Royal Air Force, and the Guinea Pig Club*. London: Greenhill Books.

Miller, Greg. 2005. "Bats Have a Feel for Flight." *Science* 310 (5752): 1260-1261.

Miller, Jean-Chris. 2004. *The Body Art Book: A Complete Illustrated Guide to Tattoos, Piercings, and Other Body Modifications*. New York: Berkley.

Moffatt, Michael E. K. 1995. "Current Status o Nutritional Deficiencies in Canadian Aboriginal People." *Canadian Journal of Physiology and Pharmacology* 73 (6): 754-758.

"The Molecular Biology of Wound Healing." 2004. *Public Library of Science: Biology* 2 (8): e278.

Monfrecola, Giuseppe, and Emilia Prizio. 2001. "Self Tanning." In *Sun Protection in Man*, edited by Paolo U. Giacomoni. Amsterdam: Elsevier.

Montagan, William. 1971. "Cutaneous Comparative Biology." *Archives of Dermatology* 104 (6): 577-591.

———. 1981. "The Consequences of Having a Naked Skin." *Birth Defects: Original Article Series* 17 (2): 1-7.

Montagu, Ashley. 1971. *Touching: The Human Significance of the Skin*. New York: Columbia University Press.

Montoya, Pedro, J. Javier Campos, and Rainer Schandry. 2005. "See Red? Turn Pale? Unveiling Emotions through Cardiovascular and Hemodynamic Changes." *Spanish Journal of Psychology* 8 (1): 79-85.

Morbeck, Mary Ellen, Adrienne L. Zihlman, and Alison Galloway. 1993. "Biographies Read in Bones: Biology and Life History of Gombe Chimpanzees." In *Proceedings of the 1992 ChimpanZoo Conference*, edited by V. Landau. Jane Goodall Institute.

Morgan, Elaine. 1982. *The Aquatic Ape*. London: Souvenir.

Murray, Frederick G. 1934. Pigmentation. Sunlight, and Nutritional Disease. *American Anthropologist* 36 (3): 438-445.

Nadel, Dani, Ehud Weiss, Orit Simchoni, Alexnder Tsatskin, Avinoam Danin, and Mordechai Kislev. 2004. "Stone Age Hut in Israel Yields World's Oldest Evidence of Bedding." *Proceedings of the National Academy of Sciences U.S.A.* 101 (17):

6821-6826.

Nelson, David A., and Sarah A. Nunneley. 1998. "Brain Temperature and Limits on Transcranial Cooling in Humans: Quantitative Modeling Results." *European Journal of Applied Physiology* 78 (4): 353-359.

Newton Bishop, Julia A., and D. Timothy Bishop. 2005. "The Genetics of Susceptibility to Cutaneous Melanoma." *Drugs of Today* 41 (3): 193-203.

Oakes, James. 1998. *The Ruling Race: A History of American Slaveholders*. New York: Norton.

Off, Morten Christian, Arnfinn Engeset Steindal, Alina Carmen Porojnicu, Asta Juzeniene, Alexander Vorobey, Anders Johnsson, and Johan Moan. 2005. "Ultraviolet Photodegradation of Folic Acid." *Journal of Photochemistry and Photobiology B: Biology* 80 (1): 47-55.

Olivier, Georges. 1960. *Pratique anthropologique*. Paris: Vigot Frères, Editeurs.

Ortonne, Jean-Paul. 2002. "Photoprotective Properties of Skin Melanin." *British Journal of Dermatology* 146 (suppl. 61): 7-10.

Padian, Kevin. 2001. "Cross-Testing Adaptive Hypotheses: Phylogenetic Analysis and the Origin of Bird Flight." *American Zoologist* 41 (3): 598-607.

Pagel, Mark, and Walter Bodmer. 2003. "A Naked Ape Would Have Fewer Parasites." *Proceedings of the Royal Society of London B* 270 (suppl.): S117-S119.

Parra, Estaban J., Rick A. Kittles, and Mark D. Shriver. 2004. "Implications of Correlations Between Skin Color and Genetic Ancestry for Biomedical Research." *Nature Genetics* 36 (11 suppl.): S54-S60.

Pfeifer, Gerd P., Young-Hyun You, and Ahmad Besaratinia. 2005. "Mutations Induced by Ultraviolet Light." *Mutation Research* 571 (1-2): 19-31.

Polhemus, Ted. 2004. *Hot Bodies, Cool Styles: New Techniques in Self-Adornment*. Photographs by UZi PART B. London: Thames and Hudson.

Race, Ethnicity, and Genetics Working Group. 2005. "The Use of Racial, Ethnic, and Ancestral Categories in Human Genetics Research." *American Journal of Human Genetics* 77 (4): 519-532.

Ragas, Meg C., and Karen Kozlowski. 1998. *Read My Lips: A Cultural History of Lipstick*. San Francisco: Chronicle Books.

Rana, Brinda K., David Hewett-Emmett, Li Jin, Benny H. J. Chang, Namykhishing Sambuughin, Marie Lin, Scott Watkins, Michael Bamshad, Lynn B. Jorde, Michele Ramsay, Trefor Jenkins, and Wen-Hsiung Li. 1999. "High Polymorphism at the Human Melanocortin 1 Receptor Locus." *Genetics* 151 (4): 1547-1557.

Randle, Henry W. 1997. "Suntanning: Differences in Perceptions throughout History." *Mayo Clinic Proceedings* 72 (5): 461-466.

Ravage, Barbara. 2004. *Burn Unit: Saving Lives after the Flames*. Cambridge, Mass.: Da Capo Press.

Richardson, M. 2003. "Understanding the Structure and Function of the Skin." *Nursing Times* 99 (31): 46-48.

Robins, Ashley H. 1991. *Biologica Perspectives on Human Pigmentation*. Vol. 7, *Cambridge Studies in Biological Anthropology*, edited by G. W. Lasker, C. G. N. Mascie-Taylor, and D. F. Roberts. Cambridge: Cambridge University Press.

Roddy, A. R., and J. D. Stosz. 1997. "Fingerprint Features: Statistical Analysis and System Performance Estimates." *Proceedings of the IEEE* 85 (9): 1390-1421.

Rogers, Alan R., David Iltis, and Stephen Wooding. 2003. "Genetic Variation at the MC₁R Locus and the Time since Loss of Human Body Hair." *Current Anthropology* 45 (1): 105-108.

Rothschild, Lynn J. 1999. "The Influence of UV Radiation on Protistan Evolution." *Journal of Eukaryotic Microbiology* 46 (5): 548-555.

Ruff, Christopher B. 1991. "Climate and Body Shape in Hominid Evolution." *Journal of Human Evolution* 21 (2): 81-105.

Ruppenthal, Gerald C., G. L. Arling, Harry F. Harlow, Gene P. Sackett, and Stephen J. Suomi. 1976. "A 10-Year Perspective of Motherless-Mother Monkey Behavior." *Journal of Abnormal Psychology* 85 (4): 341-349.

Ruvolo, Maryellen. 1997. "Molecular Phylogeny of the Hominoids: Inferences from Multiple Independent DNA Sequence Data Sets." *Molecular Biology and Evolution* 14 (3): 248-265.

Sacks, Oliver. 1996. *An Anthropologist on Mars*. New York: Vintage Books.

Saikawa, Saito, Kimiko Hashimoto, Masaya Nakata, Masato Yoshihara, Kiyoshi Nagai, Motoyasu Ida, and Teruyuki Komiya. 2004. "The Red Sweat of the Hippopotamus." *Nature* 429 (6990): 363.

Sanchez-Vives, Maria V., and Mel Slater. 2005. "From Presence to Consciousness through Virtual Reality." *Nature Reviews: Neuroscience* 6 (4): 332-339.

Saplosky, Robert M. 2004. *Why Zebras Don't Get Ulcers*. 3rd ed. New York: Owl Books.

―――. 2005. "The Influence of Social Hierarchy on Primate Health." *Science* 308 (5722): 648-652.

Sarna, Tadeusz, and Harold M. Swartz. 1998. "The Physical Properties of Melanins."

In *The Pigmentary System: Physiology and Pathophysiology*, edited by James J. Nordlund, Raymond E. Boissey, Vincent J. Hearing, Richard A. King, William Oetting, and Jean-Paul Ortonne. New York: Oxford University Press.

Sathian, Krishnankutty. 2005. "Visual Cortical Activity during Tactile Perception in the Sighted and the Visually Deprived." *Developmental Psychobiology* 46 (3): 279-286.

Saville, William J. V. 1926. *In Unknown New Guinea*. London: Seeley Service.

Saxe, Leonard. 1991. "Science and the CQT Polygraph: A Theoretical Critique." *Integrative Physiological and Behavioral Science* 26 (3): 223-231.

Schmidt, Karen L., and Jeffrey F. Cohn. 2001. "Human Facial Expressions as Adaptations: Evolutionary Questions in Facial Expression Research." *Yearbook of Physical Anthropology* 44: 3-24.

Scott, M. Cathy, Itaru Suzuki, and Zalfa A. Abdel-Malek. 2002. "Regulation of the Human Melanocortin 1 Receptor Expression in Epidermal Melanocytes by Paracrine and Endocrine Factors and by Ultraviolet Radiation." *Pigment Cell Research* 15 (6): 43-439.

Scott, M. Cathy, Kazumasa Wakamatsu, Shosuke Ito, Ana Luisa Kadekaro, Nobuhiko Kobayashi, Joanna Groden, Renny Kavanagh, Takako Takakuwa, Victoria Virador, Vincent J. Hearing, and Zalfa A. Abdel-Malek, 2002. "Human Melanocortin 1 Receptor Variants, Receptor Function, and Melanocyte Response to UV Radiation." *Journal of Cell Science* 115 (11): 2349-2355.

Serre, David, André Langaney, Mario Chech, Maria Teschler-Nicola, Maja Paunovic, Philippe Mennecier, Michael Hofreiter, Göran Possnert, and Svante Pääbo. 2004. No Evidence of Neandertal mtDNA Contribution to Early Modern Humans. *Public Library of Science: Biology* 2 (3): E57.

Shearn, Don, Erik Bergman, Katherine Hill, Andy Abel, and L. Hinds. 1990. "Facial Coloration and Temperature Responses in Blushing." *Psychophysiology* 27 (6): 687-693.

Sheridan, Robert L. 2003. "Burn Care: Results of Technical and Organizational Progress." *Journal of the American Medical Association* 290 (6): 719-722.

Silk, Joan B., Susan C. Alberts, and Jeanne Altmann. 2003. "Social Bonds of Female Baboons Enhance Infant Survival." *Science* 302 (5648): 1231-1234.

Sinha, Rajita, William R. Lovallo, and Oscar A. Parsons. 1992. "Cardiovascular Differentiation of Emotions." *Psychosomatic Medicine* 54 (4): 422-435.

Sinni-McKeehen, Barbara. 1995. "Health Effects and Regulation of Tanning Salons."

Dermatology Nursing 7 (5): 307-312.

Smith, Rachel M., Eugene Healy, Shazia Siddiqui, Niamh Flanagan, Peter M. Steijlen, Inger Rosdahl, Jon P. Jacques, Sarah Rogers, Richard Turner, Ian J. Jackson, Mark A. Birch-Machin, and Jonathan L. Rees. 1998. "Melanocortin 1 Receptor Variants in an Irish Population." *Journal of Investigative Dermatology* 111 (1): 119-122.

Someya, Takao, Yusaku Kato, Tsuyoshi Sekitani, Shing Iba, Yoshiaki Noguchi, Yousuke Murase, Hiroshi Kawaguchi, and Takayasu Sakurai. 2005. "From the Cover. Conformable, Flexible, Large-Area Netwoorks of Pressure and Thermal Sensors with Organic Transistor Active Matrixes." *Proceedings of the National Academy of Sciences U.S.A.* 102 (35): 12321-12325.

Someya, Takao, and Takayasu Sakurai. 2003. "Integration of Organic Field-Effect Transistors and Rubbery Pressure Sensors for Artificial Skin Applications." *International Electron Devices Meeting '03 Technical Digest. IEEE International* 8.4.1-8.4.4.

Someya, Takao, Tsuyoshi Sekitani, Shingo Iba, Yusaku Kato, Hiroshi Kawaguchi, and Takayasu Sakurai. 2004. "A Large-Area, Flexible Pressure Sensor Matrix with Organic Field-Effect Transistors for Artificial Skin Applications." *Proceedings of the National Academy of Sciences U.S.A.* 101 (27): 9966-9970.

Spearman, R. I. C. 1977. "Keratins and Keratinization." In *Comparative Biology of Skin*, edited by R. I. C. Spearman. London: Academic Press.

Stanzl, Klaus, and Leonhard Zastrow. 1995. "Melanin: An Effective Photoprotectant against UV-A Rays." In *Melanin: Its Role in Human Photoprotection*, edited by Lisa Zeise, Miles R. Chedekel, and Thomas B. Fitzpatrick. Overland Park, KS: Valdenmar Publications.

Stringer, Chris. 2003. "Human Evolution: Out of Ethiopia." *Nature* 423 (6941): 692-695.

Sturm, Richard A. 2002. "Skin Colour and Skin Cancer-MC₁R, the Genetic Link." *Melanoma Research* 12 (5): 405-416.

Sturm, Richard A., David L. Duffy, Neil F. Box, Wei Chen, Darren J. Smit, Darren L. Brown, Jennifer L. Stow, J. Helen Leonard, and Nicholas G. Martin. 2003. "The Role of Melanocortin-1 Receptor Polymorphism in Skin Cancer Risk Phenotypes." *Pigment Cell Research* 16 (3): 266-272.

Sturm, Richard A., Rohan D. Tesadale, and Neil F. Box. 2001. "Human Pigmentation Genes: Identification, Structure, and Consequences of Polymorphic Variation." *Gene* 277 (1-2): 49-62.

Suh, Jae Rin, A. Katherine Herbig, and Patrick J. Stover. 2001. "New Perspectives on Folate Catabolism." *Annual Review of Nutrition* 21: 255-282.

Sulaimon, Shola S., and Barbara E. Kitchell. 2003. "The Biology of Melanocytes." *Veterinary Dermatology* 14 (2): 57-65.

Suomi, Stephen J. 1995. "Touch and the Immune System in Rhesus Monkeys." In *Touch in Early Development*, edited by T. M. Field. Mahwah, N. J.: Lawrence Erlbaum.

Taylor, Susan C. 2002. "Skin of Color: Biology, Structure, Function, and Implications for Dermatologic Disease." *Journal of the American Academy of Dermatology* 46 (2): S41-S62.

―――. 2003. B*rown Skin: Dr. Susan Taylor's Prescription for Flawless Skin, Hair, and Nails.* New York: HarperCollins.

Thody, Anthony J., Elizabeth M. Higgins, Kazumasa Wakamatsu, Shosuke Ito, Susan A. Burchill, and Janet M. Marks. 1991. "Pheomelanin as well as Eumelanin Is Present in Human Epidermis." *Journal of Investigative Dermatology* 97 (2): 340-344.

Taso, Hensin, and Arthur J. Sober. 2003. "Atypical Melanocytic Nevi." In *Fitzpatrick's Dermatology in General Medicine*, edited by Irwin M. Freedberg, Arthur Z. Eisen, Klaus Wolff, K. Frank Austen, Lowell A. Goldsmith, and Stephen I. Katz. 6th ed. New York: McGraw-Hill.

Underhill, Peter A., Peidong Shen, Alice A. Lin, Li Jin, Giuseppe Passarino, Wei H. Yang, Erin Kauffman, Batsheva Bonné-Tamir, Jaume Bertranpetit, Paolo Francalacci, Muntaser Ibrahim, Trefor Jenkins, Judith R. Kidd, S. Qasim Mehdi, Mark T. Seielstad, R. Spencer Wells, Alberto Piazza, Ronald W. Davis, Marcus W. Feldman, L. Luca Cavlli-Sforza, and Peter J. Oefner. 2000. "Y Chromosome Sequence Variation and the History of Human Populations." *Nature Genetics* 26 (3): 358-361.

Van Boven, Robert W., Roy H. Hamilton, Thomas Kauffman, Julian P. Keenan, and Alvaro Pascual-Leone. 2000. "Tactile Spatial Resolution in Blind Braille Readers." *Neurology* 54 (12): 2230-2236.

Vasold, Rudolf, Natascha Naarmann, Heidi Ulrich, Daniela Fischer, Burkhard K?nig, Michael Landthaler, and Wolfgang Bäumler. 2004. "Tattoo Pigments Are Cleaved by Laser Light-The Chemical Analysis in vitro Provide Evidence for Hazardous Compounds." *Photochemistry and Photobiology* 80 (2): 185-190.

Vermeij, Geerat J. 1999. "The World According to the Hand: Observation, Art, and

Learning through the Sense of Touch." *Journal of Hand Surgery* 24A: 215-218.

von Luschan, Felix. 1897. *Beitrage zur volkekunde der deutschen Schutzgebiete.* Berlin.

Wadman, Meredith. 2005. "Scar Prevention: The Healing Touch." *Nature* 436 (7054): 1079-1080.

Wagner, Jennifer K., Esteban J. Para, Heather L. Norton, Celina Jovel, and Mark D. Shiver. 2002. "Skin Responses to Ultraviolet Radiation: Effects of Constitutive Pig-mentation, Sex, and Ancestry." *Pigment Cell Research* 15 (5): 385-390.

Walker, Alan, and Richard E. Leakey, eds. 1993. *Nariokotome Homo erectus Skeleton.* Cambridge. Mass.: Harvard University Press.

Walsberg, Glenn E. 1988. "Consequences of Skin Color and Fur Properties for Solar Heat Gain and Ultraviolet Irradiance in Two Mammals." *Journal of Comparative Physiology* B 158 (2): 213-221.

Walter, Philippe, Pauline Martinetto, Georges Tsoucaris, Rene Bréniaux, M. A. Lefebvre, G. Richard, J. Talabot, and Eric Dooryhée. 1999. "Making Make-Up in Ancient Egypt." *Nature* 397 (6791): 483-484.

Wassermann, Hercules P. 1965. "Human Pigmentation and Environmental Adaptation." *Archives of Environmental Health* Ⅱ (5): 691-694.

――――. 1974. *Ethnic Pigmentation.* New York: American Elsevier.

Webb, Ann R., and Michael F. Holick. 1988. "The Role of Sunlight in the Cutaneous Production of Vitamin D_3. *Annual Review of Nutrition* 8: 375-399.

Webb, Ann R., L. Kline, and Michael F. Holick, 1988. "Influence of Season and Latitude on the Cutaneous Synthesis of Vitamin D_3: Exposure to Winter Sunlight in Boston and Edmonton Will Not Promote Vitamin D_3 Synthesis in Human Skin." *Journal of Clinical Endocrinology and Metabolism* 67 (2): 373-378.

Weze, Clare, Helen L. Leathard, John Grange, Peter Tiplady, and Gretchen Stevens. 2005. "Evaluation of Healing by Gentle Touch." *Public Health* 119 (1): 3-10.

Wharton, Brian, and Nick Bishop. 2003. "Rickets." *The Lancet* 362 (9393): 1389-1400.

Wheeler, Peter E.1984. "The Evolution of Bipedality and Loss of Functional Body Hair in Hominids." *Journal of Human Evolution* 13: 91-98.

――――. 1985. "The Loss of Functional Body Hair in Man: The Influence of Thermal Environment, Body Form, and Bipedality." *Journal of Human Evolution* 14: 23-28.

――――. 1988. "Stand Tall and Stay Cool." *New Scientist* 118: 62-65.

――――. 1991a. "The Influence of Bipedalism on the Energy and Water Budgets of Early Hominids." *Journal of Human Evolution* 21 (2): 117-136.

———. 1991b. "The Thermoregulatory Advantages of Hominid Bipedalism in Open Equatorial Environments: The Contribution of Increased Convective Heat Loss and Cutaneous Evaporative Cooling." *Journal of Human Evolution* 21 (2): 107-115.

White, Tim D., Berhane Asfaw, David DeGusta, Henry Gilbert, Gary D. Richards, Gen Suwa, and F. Clark Howell. 2003. "Pleistocene Homo sapiens from Middle Awash, Ethiopia." *Nature* 423 (6941): 742-747.

Whitear, Mary. 1977. "A Functional Comparison between the Epidermis of Fish and of Amphibians." In *Comparative Biology of Skin*, edited by R. I. C. Spearman. London: Academic Press.

Widdowson, Elsie M. 1951. "Mental Contentment and Physical Growth." *The Lancet* 1 (24): 1316-1318.

Wilkin, Jonathan K.1988. "Why Is Flushing Limited to a Mostly Facial Cutaneous Distribution?" *Journal of the American Academy of Dermatology* 19 (2, pt. 1): 309-313.

Wood, Fiona. 2003. "Clinical Potential of Autologous Epithelial Suspension." *Wounds* 15 (1): 16-22.

Wu, Ping, Lianhai-Hou, Maksim Plikus, Michael Hughes, Jeffrey Scehnet, Sanong Suksaweang, Randall B. Widelitz, Ting-Xin Jiang, and Cheng-Ming Chuong. 2004. "*Evo-Devo* of Amniote Integuments and Appendages." *International Journal of Developmental Biology* 48 (2-3): 249-270.

Yankee, William J. 1995. "The Current Status of Research in Forensic Psychophysi-ology and Its Application in the Psychophysiological Detection of Deception." *Journal of Forensic Science* 40 (1): 63-68.

Yee, Ying K., Subba R. Chintalacharuvu, Jianfen Lu, and Sunil Nagpal. 2005. "Vitamin D Receptor Modulators for Inflammation and Cancer." *Mini Reviews in Medicinal Chemistry* 5 (8): 761-778.

Young, Antony R. 1997. "Chromophores in Human Skin." *Physics in Medicine and Biology* 42: 789-802.

Young, Antony R., and John M. Sheehan. 2001. "UV-Induced Pigmentation in Human Skin." In *Sun Protection in Man*, edited by Paolo U. Giacomoni. Amsterdam: Elsevier.

Yue, Zhicao, Ting-Xin Jiang, Randall Bruce Widelitz, and Cheng-Ming Chuong. 2005. "Mapping Stem Cell Activities in the Feather Follicle." *Nature* 438 (7070): 1026-1029.

Zenz, Rainier, Robert Eferl, Lukas Kenner, Lore Florin, Lars Hummerich, Denis

Mehic, Harald Scheuch, Peter Angel, Erwin Tschachler, and Erwin F. Wagner. 2005. "Psoriasis-like Skin Disease and Arthritis Caused by Inducible Epidermal Deletion of Jun Proteins." *Nature* 437 (7057): 369-375.

Zihlman, Adrienne L., and Bruce A. Cohn. 1988. "The Adaptive Response of Human Skin to the Savanna." *Human Evolution* 3 (5): 397-409.

Zouboulis, Christos C. 2000. "Human Skin: An Independent Peripheral Endocrine Organ." *Hormone Research* 54 (5-6): 230-242.

《스킨: 피부색에 감춰진 비밀》은 양문출판사에서 펴낸 '자연사' 시리즈 중 세번째 책이다. 가장 먼저 출간된 애드리언 포사이스Adrian Forsyth의 《성의 자연사》는 동물의 세계를 중심으로 생식, 즉 섹스가 진화해온 역사와 다양한 행태를 다루었다. 또한 두번째로 출간한 조나단 실버타운Jonathan Silvertown의 《씨앗의 자연사》는 식물의 세계를 중심으로 '섹스'가 어떻게 진화해왔는지 그 다양한 면모를 보여준다. 이 책을 읽어보면 식물에게도 왜 '섹스'라는 말을 적용할 수 있는지를 알수 있다.

그리고 이번에 펴내는 《스킨: 피부색에 감춰진 비밀》에서도 앞의두 자연사 서적에서와 비슷한 관점에서 피부색을 진화의 산물로 보고그 과학적 근거들을 쉬운 문장과 재미있는 사례를 통해 설명한다. 저자는 유럽인과 그 후손들인 현대 아메리카인, 그리고 아시아인 등 옅은 피부색을 가진 사람들은 피부색이 검었던 아프리카 사람들에게서 진화했다고 말한다. 물론 이 사실은 저자가 처음으로 제기한 것이 아니다. 다만 이 책에서는 왜 검은색 피부가 좀 더 옅은 색 피부를 지닌 인류를 출현시키는 방향으로 진화할 수밖에 없었는지를 밝히고 있다는 점이 중요하다. 서구 문명에서는 식민시대 이후 피부색의 차이를 단지 미개인과 문명인의 차이로 쉽게 치부했다. 하지만 저자는 일조량이 많은 저위도 지역에서 일조량이 적은 고위도 지역으로 인류가 이주해감에 따라, 순전히 생식과 번식에 유리한 방향으로 신체를 보호하기 위해 피부색이 옅어질 수밖에 없었음을 보여준다. 또한 흥미로운 점은 식민 정복자들이 흑인들을 미개인으로 쉽게 규정한 여러 이유 가운데 하나가 표정과 감정이 피부에 쉽게 드러나지 않았기 때문이라는 것이다. 즉 감정이 드러나지 않으니 수치심도 두려움도 없는 미개한 동물이라 여겼다는 것이다. 그 외에는 저자는 이 책에서 피부가 단지 인간의 신체를 덮고 있는 '외피'라는 단순한 사실을 넘어 생존과 소통을 위해 효율적으로 설계된 가장 섬세한 '기관'임을 보여준다.

저자 니나 자블론스키Nina G. Jablonski 교수는 펜실베이니아주립대학 인류학과 학과장으로, 피부의 진화에 관한 세계적인 권위자다. 그녀가 20년 동안 세계의 온갖 지리적 환경을 찾아 갖가지 피부색의 주민들을 만나면서 밝혀낸 피부의 비밀은, 피부색이 인류가 출현해 멸망하지 않고 지금까지 생존해오는 데 매우 중요한 역할을 했음을 입증한다. 그리고 한 꺼풀의 피부색으로 인종을 나누는 것이 얼마나 불합리한 행위인지도 말해준다. 이 책을 읽고 번역하면서 피부색을 기준으로 한 인종 분류가 정치적 · 사회적 목적에 따라 때로는 악의적으로 조작되었으며, 생물학적으로는 아무런 의미가 없는 분류에 지나지 않음을 알게 되었다. 이는 또한 평소 약간의 콤플렉스처럼 느꼈던 역자의 까무잡잡한 피부에 대해 나름 뿌듯함을 가질 수 있는 계기도 되었다.

2010년 오스트레일리아 ABC 방송에서 저자 니나 자블론스키와의 인터뷰 및 이 책의 주요 내용을 'Skin Deep'이라는 제목의 다큐멘터리로 방영했는데, 2011년 3월 KBS에서 자막 및 더빙 작업을 해 '피부색에 감춰진 비밀'이라는 제목으로 국내에서 방영했다. 이 책을 읽고 피부색에 관심을 더 많이 가지게 된 독자들에게 유익할 것으로 생각되어 시청을 권한다. 책에서 다룬 내용을 좀 더 입체적으로 느낄 수 있게 해줄 것이다.

2012년 5월

진 선 미

피부색에 감춰진 비밀

피부색에 감춰진 비밀

피부색에 감춰진 비밀

피부색에 감춰진 비밀

스킨
피부색에 감춰진 비밀

초판 찍은날 2012년 5월 22일 **초판 펴낸날** 2012년 5월 30일

지은이 니나 자블론스키 | **옮긴이** 진선미

펴낸이 김현중
편집장 옥두석 | **책임편집** 이준호 | **디자인** 권수진 | **관리** 위영희

펴낸곳 (주)양문 | **주소** (132-728) 서울시 도봉구 창동 338 신원리베르텔 902
전화 02.742-2563-2565 | **팩스** 02.742-2566 | **이메일** ymbook@empal.com
출판등록 1996년 8월 17일(제1-1975호)

ISBN **978-89-94025-20-9 03400**   잘못된 책은 교환해 드립니다.